"十四五"高等学校新工科计算机类专业系列教材

信创服务器操作系统（银河麒麟版）——系统管理

王煜林　刘飞生　刘　晖◎主　编
孙仲洋　陈易平　钟雪艳　王　利◎副主编

中国铁道出版社有限公司
CHINA RAILWAY PUBLISHING HOUSE CO., LTD.

内 容 简 介

本书根据国家自主创新政策，紧跟信息技术产业创新的前沿发展，结合普通高等院校服务器操作系统相关课程大纲编写，旨在为读者提供全面、深入的麒麟操作系统管理知识，涵盖麒麟操作系统运维工程师（KYCA）认证的所有内容。

本书是在中国电子信息产业集团有限公司和麒麟软件有限公司指导下编写的面向高等院校新工科计算机类专业的教材。全书共14章，包括认识Linux和麒麟操作系统、终端与Shell、用户和组管理、文件与目录管理、文本编辑器、文件查找与归档压缩、输入/输出重定向、软件包管理、服务和进程管理、计划任务、麒麟操作系统启动流程、网络管理、远程连接、磁盘管理。

本书适合作为普通高等院校计算机类专业教材，也可供对麒麟操作系统感兴趣的读者自学。

图书在版编目（CIP）数据

信创服务器操作系统：银河麒麟版. 系统管理 / 王煜林，刘飞生，刘晖主编. —北京：中国铁道出版社有限公司，2024.3（2025.1 重印）

"十四五"高等学校新工科计算机类专业系列教材

ISBN 978-7-113-30769-1

Ⅰ.①信… Ⅱ.①王… ②刘… ③刘… Ⅲ.①操作系统–高等学校–教材 Ⅳ.①TP316

中国国家版本馆CIP数据核字（2023）第234218号

书　　名	信创服务器操作系统（银河麒麟版）——系统管理
作　　者	王煜林　刘飞生　刘　晖
策划编辑	唐　旭　贾　星　　　　编辑部电话：（010）63549501
责任编辑	贾　星　张　彤
封面设计	尚明龙
责任校对	刘　畅
责任印制	赵星辰
出版发行	中国铁道出版社有限公司（100054，北京市西城区右安门西街8号）
网　　址	https://www.tdpress.com/51eds
印　　刷	天津嘉恒印务有限公司
版　　次	2024 年 3 月第 1 版　2025 年 1 月第 2 次印刷
开　　本	787 mm×1 092 mm　1/16　印张：16.75　字数：417 千
书　　号	ISBN 978-7-113-30769-1
定　　价	55.00 元

版权所有　侵权必究

凡购买铁道版图书，如有印制质量问题，请与本社教材图书营销部联系调换。电话：（010）63550836
打击盗版举报电话：（010）63549461

前 言

信创，即信息技术应用创新。过去很多年，我国的IT底层标准、架构、生态等大多都由国外IT公司制定，存在很多安全风险。因此，国家倡导要逐步建立基于自己的IT底层架构和标准，形成自有开放生态，这也是信创产业的核心。通俗来讲，就是在核心芯片、基础硬件、操作系统、中间件、数据库服务器等领域实现国产替代。信创产业是数据安全、网络安全的基础，也是"新基建"的重要内容，是推动信息产业高质量发展的迫切要求和建设科技强国的必由之路。

为了顺应产业发展趋势、满足国家战略需求，中国电子信息产业集团有限公司发挥中央企业在国家关键信息基础设施建设中的主力军作用，成立了麒麟软件有限公司，打造中国操作系统核心力量。麒麟软件有限公司以安全可信的操作系统技术为核心，旗下拥有以服务器操作系统、桌面操作系统、嵌入式操作系统、麒麟云操作系统增值产品为代表的产品线，支持飞腾、鲲鹏、龙芯、申威、海光、兆芯等国产CPU，能够提供完整的国产化解决方案。

银河麒麟高级服务器操作系统V10（以下简称麒麟操作系统）是基于Linux内核的服务器操作系统，它是针对企业级关键业务，适应虚拟化、云计算、大数据、工业互联网时代对主机系统可靠性、安全性、性能、扩展性和实时性等需求，开发的新一代自主服务器操作系统，应用于政府、金融、教育、财税、公安、审计、交通、制造等领域。

任何计算机的运行都离不开操作系统，服务器也一样。服务器操作系统是所有信息系统的基础架构平台，所以掌握服务器操作系统的使用对于普通高等院校计算机类专业的学生来说非常有必要。本书是在国家自主创新和信息技术产业创新的大背景下编写的。当前，国家信息技术产业迅猛发展，特别是在服务器操作系统领域。在这个变革的浪潮中，麒麟操作系统作为我国自主研发的重要成果，不仅承载着国家自主创新的理念，也是信息技术产业自主安全可控的重要体现。

本书得到了麒麟软件有限公司的技术支持，旨在为读者提供全面、深入的麒麟操作系统管理知识，涵盖了麒麟操作系统运维工程师（KYCA）认证的所有内容，主要从操作系统概述、终端与Shell使用，到用户和组管理、文件与目录管理，再到进程管理、磁盘管理等各个方面。每章最后都提供实训内容，帮助读者巩固和理解所学知识，提高实践能力。

本书具有以下三个特点：

（1）对接产业的权威性：本书是在中国电子信息产业集团有限公司和麒麟软件有限公司指导下编写的，确保了其内容的权威性和实用性。由于这些组织在国家关键信息基础设施建设中扮演重要角色，因此本书能够紧跟行业的最新动态和技术要求，为读者提供与产业实际紧密相关的知识和技能。

（2）对接认证的全面性：本书内容覆盖了 KYCA 认证的所有内容，凸显了其内容的全面性，与专业认证对接的特点使得本书不仅适合高校学生学习，也适合寻求专业资格认证的人士阅读。

（3）注重实践性和应用性：本书强调理论与实践相结合，通过大量的实际案例和动手实践练习，不仅可帮助读者理解理论知识，更重要的是提高读者动手能力和解决实际问题的技能。这种应用性强的特点使得本书更能满足当下信息技术领域对于实践技能的更高需求。

本书由王煜林、刘飞生、刘晖任主编，孙仲洋、陈易平、钟雪艳、王利任副主编。具体编写分工如下：第 1、8、14 章由王煜林编写，第 2、10 章由孙仲洋编写，第 3、9 章由陈易平编写，第 4、5、6 章由刘飞生编写，第 7、11 章由钟雪艳编写，第 12、13 章由王利编写，全书由王煜林、刘飞生、刘晖统稿，由麒麟软件有限公司广东教育行业总监刘晖提供技术支持。

由于编者水平有限，加之时间仓促，书中疏漏之处在所难免，恳请广大读者批评指正。

编 者

2023 年 12 月

目 录

第1章 认识 Linux 和麒麟操作系统

1.1 Linux 操作系统概述 1
    1.1.1 Linux 的发展 1
    1.1.2 Linux 的版本 2
    1.1.3 Linux 的特性 2

1.2 麒麟操作系统概述 3
    1.2.1 麒麟操作系统简介 3
    1.2.2 麒麟操作系统的特点 3
    1.2.3 麒麟操作系统的应用领域 3

1.3 安装麒麟操作系统 4
    1.3.1 安装虚拟机 4
    1.3.2 新建虚拟机 5
    1.3.3 麒麟操作系统的安装 9
    1.3.4 系统的登录与管理 12

本章实训 13
习题 13

第2章 终端与 Shell

2.1 终端概述 15
    2.1.1 终端的基础知识 15
    2.1.2 命令行操作界面的打开方式 17

2.2 Shell 概述 18
    2.2.1 用户界面 18
    2.2.2 Shell 基础知识 19
    2.2.3 Shell 命令行操作界面的简要说明 22
    2.2.4 Shell 命令行操作界面的环境变量 22

2.3 基础命令及脚本 24
    2.3.1 麒麟操作系统基础命令简介 24
    2.3.2 Shell 基础命令使用方法 25

本章实训 32
习题 34

第 3 章 用户和组管理

3.1 用户和组概述 35
    3.1.1 用户和组的基本概念 35
    3.1.2 用户账户 35
3.2 用户账户和类型 36
    3.2.1 用户账户信息 36
    3.2.2 超级用户（root） 36
    3.2.3 普通用户 36
    3.2.4 系统用户 36
3.3 管理用户账户 37
    3.3.1 用户账户文件 37
    3.3.2 创建用户账户 38
    3.3.3 修改用户账户 39
    3.3.4 删除用户账户 40
    3.3.5 用户密码管理 41
3.4 管理组账户 41
    3.4.1 创建组账户 41
    3.4.2 修改组账户 42
    3.4.3 删除组账户 42
    3.4.4 用户与组关联 43
本章实训 43
习题 44

第 4 章 文件与目录管理

4.1 文件与目录概述 45
    4.1.1 文件与目录的基本概念 45
    4.1.2 文件和目录的层次结构 46
    4.1.3 文件和目录的命名规则 47
    4.1.4 文件种类和扩展名 48
4.2 文件和目录操作 49
    4.2.1 目录相关操作 49

  4.2.2 文件创建相关操作 50
  4.2.3 文件内容查看 51
  4.2.4 文件处理 53
 4.3 文件和目录的权限 55
  4.3.1 文件和目录权限概述 55
  4.3.2 查看权限信息 56
  4.3.3 修改权限 57
 4.4 硬链接与软链接 59
  4.4.1 硬链接 59
  4.4.2 软链接（符号链接） 60
 本章实训 61
 习题 62

第 5 章 文本编辑器

 5.1 VIM 编辑器介绍 63
  5.1.1 VIM 简介 63
  5.1.2 VIM 的使用 64
 5.2 VIM 基本命令 64
  5.2.1 VIM 工作模式 64
  5.2.2 基本导航 65
  5.2.3 文本编辑 66
  5.2.4 保存和退出 68
  5.2.5 查找和替换 68
 5.3 其他文本编辑器简介 68
  5.3.1 Nano 68
  5.3.2 Emacs 69
  5.3.3 其他编辑器 69
 本章实训 69
 习题 71

第 6 章 文件查找与归档压缩

 6.1 命令的查询方法 72
  6.1.1 使用 man 命令 72
  6.1.2 查询命令的选项 73

6.2 文件的查询方法 ... 74
6.2.1 which——查找可执行文件的路径 ... 74
6.2.2 whereis——查找二进制、源代码和帮助页面的位置 ... 74
6.2.3 find——查找文件和目录 ... 74
6.2.4 文件查找的高级技巧 ... 74
6.3 文件内搜索内容的方法 ... 75
6.3.1 grep 命令 ... 75
6.3.2 其他文本搜索工具 ... 77
6.4 文件归档与压缩 ... 77
6.4.1 文件归档 ... 77
6.4.2 文件压缩及解压缩 ... 78
本章实训 ... 80
习题 ... 81

第7章 输入/输出重定向

7.1 重定向概述 ... 82
7.1.1 重定向的概念及使用场景 ... 82
7.1.2 标准输入/输出设备 ... 83
7.2 输入重定向 ... 84
7.2.1 符号格式及功能 ... 85
7.2.2 一般形式 ... 85
7.2.3 here 字符串 ... 85
7.2.4 here 文档 ... 86
7.3 输出重定向 ... 87
7.3.1 符号格式及功能 ... 87
7.3.2 覆盖模式 ... 87
7.3.3 追加模式 ... 88
7.4 错误输出重定向 ... 89
7.4.1 符号格式及功能 ... 89
7.4.2 覆盖模式的错误重定向 ... 90
7.4.3 追加模式的错误重定向 ... 91
7.4.4 覆盖模式的标准及错误重定向 ... 92
7.4.5 追加模式的标准及错误重定向 ... 92

7.5 管道技术 93
    7.5.1 符号格式及功能 93
    7.5.2 管道命令示例 grep 94
    7.5.3 管道命令示例 sed 95
    7.5.4 管道命令示例 awk 95
7.6 命令替换 96
本章实训 96
习题 97

第 8 章 软件包管理

8.1 使用 rpm 命令管理 RPM 软件包 99
    8.1.1 认识 RPM 软件包 99
    8.1.2 RPM 软件包的查询 101
    8.1.3 RPM 软件包的安装 102
    8.1.4 RPM 软件包的卸载 103
    8.1.5 RPM 软件包的升级 103
    8.1.6 RPM 软件包的校验 104
8.2 使用 yum 命令管理 RPM 软件包 105
    8.2.1 YUM 源设置 106
    8.2.2 使用 yum 命令查询 RPM 软件包 107
    8.2.3 使用 yum 语句安装 RPM 软件包 108
    8.2.4 使用 yum 语句卸载 RPM 软件包 110
    8.2.5 使用 yum 语句升级 RPM 软件包 111
8.3 源码编译安装 111
本章实训 115
习题 116

第 9 章 服务和进程管理

9.1 进程和服务概述 117
    9.1.1 进程和服务的基本概念 117
    9.1.2 进程和服务之间的关系 117
9.2 进程管理 118
    9.2.1 查看运行中的进程 118
    9.2.2 进程的状态和属性 119

9.2.3 终止进程 119
9.2.4 进程优先级 120
9.3 服务管理 120
9.3.1 服务的基本概念 120
9.3.2 启动和停止服务 120
9.3.3 管理服务状态 121
9.3.4 自动启动服务 121
本章实训 122
习题 122

第10章 计划任务

10.1 系统定时任务 124
10.1.1 系统定时任务概述 124
10.1.2 计划任务的分类 125
10.2 一次性任务管理 125
10.2.1 at 任务概述 125
10.2.2 at 任务的操作 126
10.2.3 at 任务的配置 127
10.2.4 at 任务指定时间的方法 128
10.3 周期性任务管理 128
10.3.1 周期性定时任务 128
10.3.2 安装 cron 任务 129
10.3.3 运行 crond 服务 130
10.3.4 cron 任务配置 130
10.3.5 crontab 命令 132
10.3.6 使用 crontab 命令的注意事项 133
本章实训 134
习题 135

第11章 麒麟操作系统启动流程

11.1 概　　述 136
11.2 系统启动流程 137
11.2.1 总流程 137
11.2.2 初始化 BIOS 137

11.2.3 启动管理器 BootLoader 138
11.2.4 加载内核 141
11.2.5 启动 systemd 守护进程 141
11.2.6 进入登录界面 144
11.3 开机自启动设置 145
11.3.1 服务文件格式 145
11.3.2 编写服务文件 146
11.3.3 设置开机自启动 146
本章实训 147
习题 147

第 12 章 网络管理

12.1 网络管理基础 149
12.1.1 网络相关概念 149
12.1.2 常用网络配置文件 152
12.1.3 NetworkManager 简介 153
12.2 麒麟操作系统网络配置 154
12.2.1 通过图形界面配置网络 154
12.2.2 通过命令行配置网络 158
12.2.3 通过修改配置文件配置网络 172
12.3 常用的网络管理命令 174
12.3.1 查看和修改主机名称 174
12.3.2 网络配置工具 177
12.3.3 配置和显示网络接口 185
12.3.4 检查网络状况 187
12.3.5 网络测试 191
12.3.6 ss 命令 192
12.3.7 route 命令 193
本章实训 197
习题 198

第 13 章 远程连接

13.1 远程连接管理简介 199
13.2 通过字符界面实现远程连接管理 200

13.2.1 OpenSSH 简介 200
13.2.2 配置 OpenSSH 201
13.2.3 使用 SSH 客户端程序 202
13.2.4 构建密钥对验证的 SSH 体系 212
13.3 通过 B/S 方式实现远程连接 214
13.3.1 Cockpit 远程管理 214
13.3.2 Webmin 远程管理 216
13.4 通过 C/S 方式实现远程连接 217
13.4.1 TigerVNC 简介 217
13.4.2 TigerVNC 安装 218
13.4.3 启动查看与关闭 TigerVNC 服务 218
13.4.4 配置 TigerVNC 219
13.4.5 VNC 客户机连接 VNC 服务器 225
本章实训 225
习题 226

第 14 章 磁盘管理

14.1 磁盘的基本管理 227
14.1.1 磁盘的基本概念 227
14.1.2 文件系统 230
14.1.3 磁盘分区管理 234
14.2 磁盘阵列 241
14.2.1 磁盘阵列概述 241
14.2.2 使用 mdadm 管理磁盘阵列 244
14.3 LVM 248
14.3.1 LVM 概述 248
14.3.2 LVM 管理 249
本章实训 254
习题 255

第 1 章
认识 Linux 和麒麟操作系统

操作系统（operation system，OS）是管理硬件资源和软件资源的程序，是计算机系统的核心。操作系统由操作系统内核和提供基础服务的其他系统软件组成。操作系统按应用领域可分为三类：服务器操作系统、桌面操作系统和嵌入式操作系统。服务器操作系统一般指的是安装在大型计算机上的操作系统，如 Web 服务器、应用服务器和数据库服务器等。服务器操作系统可以实现对计算机硬件与软件的直接控制和管理协调，其主要分为四大流派：Windows Server、NetWare、UNIX 和 Linux。银河麒麟操作系统是一款基于 Linux 内核的具有自主知识产权的新一代图形化操作系统，现已适配国产主流软硬件平台。正因为麒麟操作系统是基于 Linux 操作系统发展而来的，所以本章首先介绍 Linux 操作系统的发展、版本和特性，同时讲解麒麟操作系统的特性，以及通过虚拟机如何安装麒麟操作系统。

学习目标

- 了解 Linux 的发展历程；
- 了解 Linux 的版本；
- 了解 Linux 的特性；
- 了解麒麟操作系统的特性；
- 能够使用 VMware 安装麒麟操作系统。

1.1 Linux 操作系统概述

1.1.1 Linux 的发展

Linux 操作系统是世界上最流行的开源操作系统之一，它起源于 1991 年，由芬兰大学生 Linus Torvalds 在 Minix 操作系统的基础上开发。Linux 操作系统的开发遵循了开源软件的模式，任何人都可以自由使用、修改和发布 Linux 的源代码。

Linux 操作系统的发展可分为以下几个阶段：

起源阶段（1991—1996 年）：这一阶段是 Linux 操作系统的萌芽阶段，Linus Torvalds 在 Minix 操作系统的基础上开发了 Linux 0.1 版本。

成长阶段（1996—2000 年）：这一阶段是 Linux 操作系统的快速发展阶段，Linux 的版本不断更新，并开始在服务器和嵌入式领域得到应用。

成熟阶段（2000 年至今）：这一阶段是 Linux 操作系统的广泛应用阶段，Linux 操作系统已经成为世界上最流行的开源操作系统之一，在桌面、服务器、嵌入式、云计算、大数据、人工智能、物联网等领域得到了广泛应用。

Linux 操作系统在国内得到了快速发展，目前已成为国内重要的操作系统之一。中国电子信息产业发展研究院发布的《2022 年中国操作系统市场研究报告》显示，2022 年中国 Linux 操作系统市场规模达到 79.1 亿元，同比增长 10.8%。

1.1.2　Linux 的版本

Linux 内核通常简称为"Linux"，是一款开源的、免费的操作系统内核，用于控制计算机硬件资源和管理系统任务。Linux 内核是整个 Linux 操作系统的核心组件，它与应用程序和系统工具一起构成了完整的操作系统。

图 1.1　Linux 发行版

Linux 操作系统具有众多的发行版本，如图 1.1 所示，每个版本都有其特定的特性和用途。一些知名的 Linux 发行版包括但不限于 debian、SUSE Linux Enterprise、Red Hat Enterprise Linux、Fedora、ubuntu 和 CentOS 等。

国产主流操作系统大部分是基于 Linux 内核的二次开发，主要厂商有麒麟软件、普华、统信、中科方德等，如图 1.2 所示。

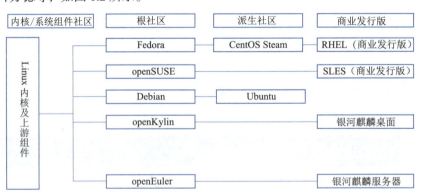

图 1.2　国产主流操作系统

1.1.3　Linux 的特性

Linux 之所以能够称为当今世界上最流行的操作系统之一，得益于其优秀的特性：

（1）开源哲学：Linux 采用了自由软件和开源源代码的理念。这意味着任何人都可以查看、修改和分发 Linux 的源代码，这为全球的开发者社区创造了一个积极参与的环境。

（2）全球社区：Linux 发展成了一个全球性的开源项目，吸引了来自不同国家和背景的开发者。这个庞大的社区不断为 Linux 增加新的特性、修复漏洞，并提供支持。

（3）跨平台：Linux 内核的跨平台性使其能够在各种硬件架构上运行，从个人计算机到服务器、嵌入式系统和超级计算机。

（4）稳定性和性能卓越：Linux 以其卓越的稳定性和性能而著称。它能够在服务器环境中长时间运行，处理大量的并发请求。

1.2 麒麟操作系统概述

1.2.1 麒麟操作系统简介

麒麟操作系统是一款基于 Linux 内核的国产操作系统，以开源根社区为基础，汇集各方开源资源而打造，其作为麒麟软件有限公司的旗舰产品，凝聚了中华民族在自主创新道路上的智慧与汗水。该系统是天津麒麟信息技术有限公司和中标软件有限公司强强联合后，以安全可信的技术为核心，面向通用和专用领域打造的安全创新的操作系统产品。银河麒麟高级服务器操作系统在系统安全、稳定可靠、好用易用和整体性能等方面具有领先优势，是我国最高等级的安全操作系统。自 2020 年发布以来，麒麟操作系统不仅获得了"2020 年度央企十大国之重器"的荣誉，还被广泛应用于党政、行业信息化及国家重大工程建设中，连续多年保持中国 Linux 市场占有率第一的位置，为中国在全球信息化进程中的领导地位做出了重要贡献。

麒麟操作系统针对企业级关键业务的需求，提供内生安全、云原生支持、自主平台深入优化、高性能、易管理等特性，支持飞腾、龙芯、申威、兆芯、海光、鲲鹏等自主 CPU 平台，并支持 Intel/AMD 等国际主流 CPU，可部署在物理服务器和虚拟化环境、私有云、公有云、混合云环境，广泛应用于政府、财税、审计、能源、金融、交通、教育、医疗、制造等领域。

1.2.2 麒麟操作系统的特点

麒麟操作系统继承了 Linux 操作系统的优秀特性，同时，还具备以下特点：

（1）高度可定制性：麒麟操作系统允许用户根据需求进行深度定制，包括内核、桌面环境、应用程序等各个方面，以满足不同场景和用途的需求。

（2）优秀的兼容性：麒麟操作系统支持多种硬件平台，包括 x86、ARM、MIPS 等，同时还兼容多种国际标准，如 ISO、Linux 基金会等。

（3）强大的安全性：麒麟操作系统在设计之初就注重安全性，采用了多种安全技术，如自研内核统一访问控制安全框架 KYSEC、支持多策略融合的强制访问控制机制等，确保系统的安全性。

（4）易用性：麒麟操作系统采用了人性化的设计，提供了丰富的图形界面和便捷的操作系统工具，使得用户可以更轻松地完成各种操作。

1.2.3 麒麟操作系统的应用领域

麒麟操作系统在我国得到了广泛的应用，尤其在政府、教育、金融、能源、医疗等领域取得了显著成果。

（1）政府领域：麒麟操作系统广泛应用于政府办公、电子政务、信息安全等领域，为政府提供高效、安全、稳定的信息化支持。

（2）教育领域：麒麟操作系统在教育领域的应用包括校园信息化、在线教育、实验室研究等，为学生和教师提供良好的学习和工作环境。

（3）金融领域：麒麟操作系统在金融领域的应用包括银行、保险、证券等，为金融行业提供稳定、高效、安全的业务系统。

（4）能源领域：麒麟操作系统在能源领域应用于电力、石油、天然气等，为能源行业提供可靠的信息系统，确保能源供应的安全和稳定。

（5）医疗领域：麒麟操作系统在医疗领域的应用包括医院信息管理系统、医疗设备控制、电子病历等，为医疗服务提供高效、安全的信息化支持。

1.3 安装麒麟操作系统

1.3.1 安装虚拟机

VMware Workstation Pro 是一款强大的虚拟化软件，允许用户在单台物理计算机上创建和运行多个虚拟机，每个虚拟机可以独立运行不同的操作系统和应用程序。它提供了灵活的虚拟化环境，适用于开发、测试、演示和安全性等各种用途，使用户能够轻松管理和运行多个操作系统实例，提高计算机资源的利用率和工作效率。下面详细介绍如何利用 VMware Workstation Pro 创建并配置新的虚拟机。

① 运行 VMware Workstation Pro 的安装包，将弹出图 1.3 所示的程序安装界面，单击"下一步"按钮。

② 进入最终用户许可协议界面，勾选"我接受许可协议中的条款"复选框，单击"下一步"按钮，如图 1.4 所示。

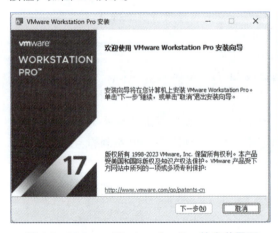

图 1.3　VMware Workstation Pro 的安装界面

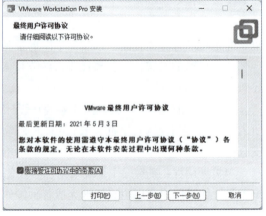

图 1.4　接受许可条款

③ 选择虚拟机的安装路径（保持默认路径即可），勾选"增强型键盘驱动程序"和"将

VMware Workstation 控制台工具添加到系统 PATH"复选框,单击"下一步"按钮,如图 1.5 所示。

④根据自己的情况选择是否勾选"启动时检查产品更新"和"加入 VMware 客户体验提升计划"复选框,之后单击"下一步"按钮,如图 1.6 所示。

图 1.5 选择 VMware Workstation Pro 的安装路径

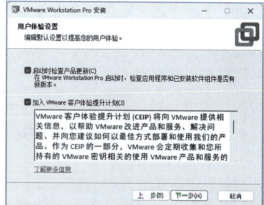

图 1.6 选择自动检查更新与用户体验选项

⑤选择创建 VMware Workstation Pro 快捷方式的位置:桌面和开始菜单程序文件夹。一般默认即可,选择完毕之后单击"下一步"按钮,如图 1.7 所示。

⑥单击"安装"按钮,如图 1.8 所示。随后进入安装过程,如图 1.9 所示,等待 VMware Workstation Pro 安装完成即可。

图 1.7 选择快捷方式的生成位置

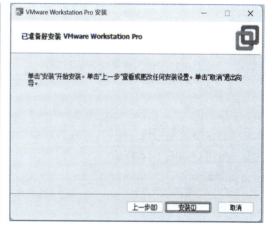

图 1.8 准备安装 VMware Workstation Pro 虚拟机

⑦当虚拟机安装完毕之后,会在桌面和"开始"菜单栏生成快捷方式并且弹出图 1.10 所示的界面,单击"许可证"按钮,进入图 1.11 所示的界面,输入许可证密钥之后单击"输入"按钮,进入图 1.12 所示的界面,单击"完成"按钮,重启计算机,即可成功安装 VMware Workstation Pro 虚拟机软件。

1.3.2 新建虚拟机

新建虚拟机的具体步骤如下:

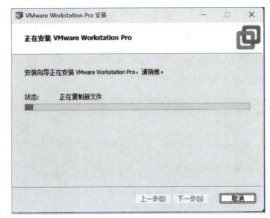

图1.9 等待VMware Workstation Pro安装完成

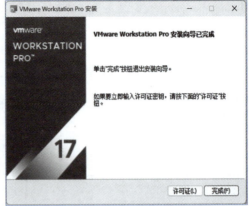

图1.10 VMware Workstation Pro虚拟机安装完成界面

图1.11 输入许可证密钥界面

图1.12 VMware Workstation Pro虚拟机安装完毕界面

①在桌面上打开VMware Workstation Pro虚拟机,进入虚拟机的管理界面,如图1.13所示。单击"创建新的虚拟机"按钮,进入新建虚拟机向导,选择"典型(推荐)"安装方式,单击"下一步"按钮,如图1.14所示。

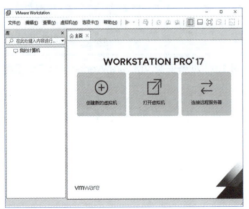

图1.13 VMware Workstation Pro虚拟机管理界面

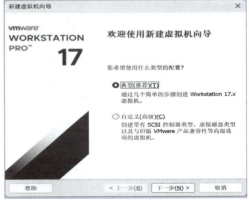

图1.14 新建虚拟机向导界面

②进入选择安装来源界面，如图 1.15 所示，可以选择"安装程序光盘"、"安装程序光盘映像文件（iso）"和"稍后安装操作系统"，这里选择第三个，然后单击"下一步"按钮，进入选择操作系统页面，如图 1.16 所示，选择"Linux"选项，并且版本选择"其他 Linux 5.x 内核 64 位"，单击"下一步"按钮。

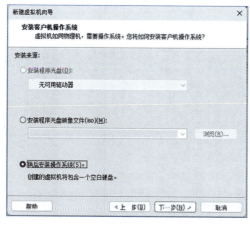

图 1.15 选择安装来源

图 1.16 选择操作系统和选择内核

③进入虚拟机的命名界面和选择位置界面，如图 1.17 所示，设置好虚拟机名称和存放位置后单击"下一步"按钮，进入指定磁盘容量界面，如图 1.18 所示，根据官方给出的建议磁盘不少于 50 GB 的容量大小，下面默认选择"将虚拟磁盘拆分成多个文件"单选按钮，单击"下一步"按钮。

图 1.17 命名虚拟机和选择存放位置

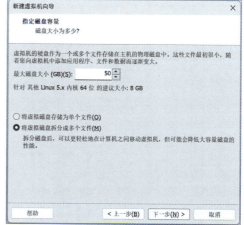

图 1.18 指定磁盘容量

④到目前为止虚拟机已经初步配置完毕，如图 1.19 所示，但是还需要调整运行内存大小，单击"自定义硬件"按钮，进入虚拟机设置界面，如图 1.20 所示，把内存调到 8 GB，"新 CD/DVD（IDE）"选项中选择"使用 ISO 映像文件"，单击"浏览"按钮，选择麒麟的映像文件。随后单击"关闭"按钮，退回到图 1.20 所示的界面，单击"完成"按钮，出现图 1.21 所示的配置成功界面。

图 1.19 虚拟机配置完毕

图 1.20 虚拟机设置界面

第1章 认识 Linux 和麒麟操作系统

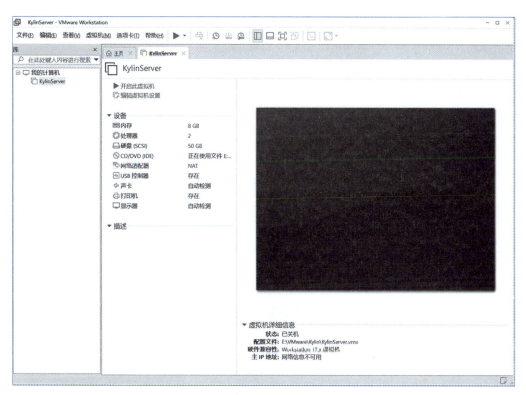

图 1.21 虚拟机配置成功的界面

1.3.3 麒麟操作系统的安装

安装麒麟操作系统的具体步骤如下：

① 在图 1.22 所示的界面中，单击"开启此虚拟机"，启动虚拟机系统，进入图 1.23 所示的界面，选择第一个选项，按【Enter】键进入安装界面。

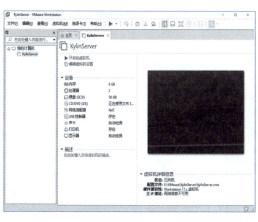

图 1.22 开启虚拟机界面

图 1.23 银河麒麟操作系统安装界面

② 加载完成后进入图 1.24 所示的语言选择界面，选择"简体中文"，然后单击"继续"按钮，进入图 1.25 所示的界面，单击"安装目的地"图标，进入安装位置界面，如图 1.26 所示，选择设置好的磁盘，单击"完成"按钮，再选择"网络和主机名"，进入网络设置界面，如

图 1.27 所示,打开以太网开关,单击"完成"按钮,进入"Root 密码"设置界面,如图 1.28 所示,设置好 Root 密码后单击左上角"完成"按钮。

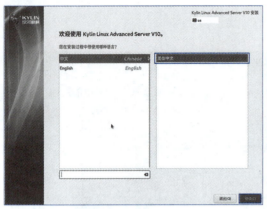

图 1.24　语言选择界面　　　　　　　　图 1.25　安装界面

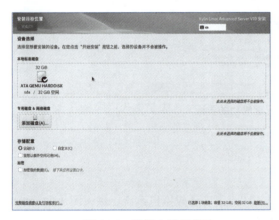 

图 1.26　选择安装目的地　　　　　　　图 1.27　网络设置

③当一切设置完毕之后,会返回到图 1.25,单击"开始安装"按钮,安装过程一般持续 20~40 min,如图 1.29 所示,耐心等待安装完成。完成后如图 1.30 所示,单击"重启系统"按钮进入麒麟操作系统。

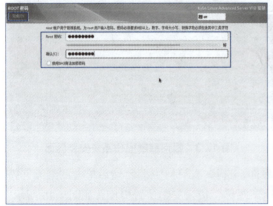 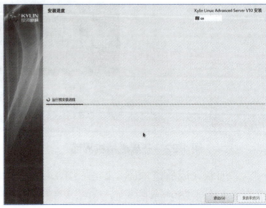

图 1.28　设置 Root 密码　　　　　　　图 1.29　操作系统安装过程

第 1 章　认识 Linux 和麒麟操作系统

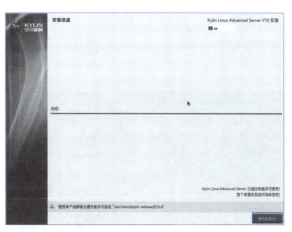

图 1.30　麒麟系统安装完成

④重启之后进入系统的内核编辑界面，如图 1.31 所示，默认选择第一个选项，按【Enter】键进入系统，等待 2 min 左右进入系统的初始界面，如图 1.32 所示，单击"许可信息"，进入许可证信息界面，如图 1.33 所示，勾选"我同意许可协议"复选框，单击左上角的"完成"按钮，回到初始设置界面，单击右下角的"结束配置"按钮，如图 1.34 所示。至此，麒麟操作系统安装完毕。

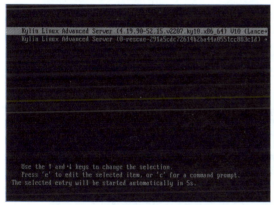

图 1.31　内核编辑界面

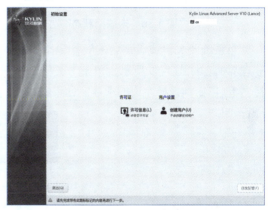

图 1.32　初始界面

图 1.33　许可证信息

图 1.34　初始设置完毕

1.3.4 系统的登录与管理

启动系统后，出现登录界面，如图1.35所示，输入账户名"root"，输入刚才安装的时候设置的密码进入系统。

图1.35　登录界面

首次进入系统后默认是断网的状态，如图1.36所示，需要手动开启互联网操作，单击右下角的网络图标，单击设置的网卡，显示联网成功即可，如图1.37所示。

图1.36　未联网状态　　　　　　　　　图1.37　联网状态

当系统要关机或者重启的时候，单击左下角的菜单管理图标，如图1.38所示，进入菜单管理界面，如图1.39所示，单击"关机"按钮，弹出电源管理选项，如图1.40所示，如果选择"重启"，则选择左边的选项，如果选择关机，则选择右边的选项。

图1.38　菜单图标

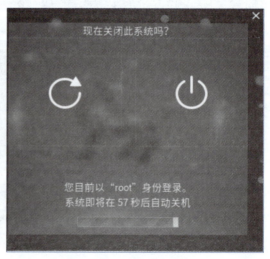

图1.39　菜单管理界面　　　　　　　　图1.40　电源管理选项

本章实训

一、实训目的

（1）掌握 VMware Workstation Pro 软件的安装。
（2）掌握 VMware Workstation Pro 虚拟机的创建。
（3）掌握麒麟操作系统的安装。

实训视频
讲解

二、实训环境

（1）操作系统：Windows 7/10/11。
（2）硬件要求：至少 16 GB RAM，50 GB 硬盘空间，双核处理器。

三、实训内容

（1）在 PC 上安装 VMware Workstation Pro 软件。
（2）创建一台 VMware Workstation Pro 的虚拟机。
（3）安装麒麟操作系统。

习 题

一、选择题

1. Linux 操作系统的最大特点是（　　）。
   A. 闭源商业模式　　　　　　　　B. 开源免费模式
   C. 专有软件支持　　　　　　　　D. 云计算集成
2. Linux 操作系统是基于（　　）开发的。
   A. Windows 内核　　　　　　　　B. MacOS 内核
   C. UNIX 内核　　　　　　　　　D. Android 内核
3. Linux 操作系统的发行版（distribution）是（　　）。
   A. Windows Server　　　　　　　B. Ubuntu
   C. macOS　　　　　　　　　　　D. Android
4. 银河麒麟操作系统主要支持（　　）CPU 平台。（多选题）
   A. 飞腾　　　　　　　　　　　　B. 鲲鹏
   C. Intel/AMD　　　　　　　　　D. ARM
5. 下列（　　）不是麒麟操作系统的特点。
   A. 高度可定制性　　　　　　　　B. 强大的安全性
   C. 开源哲学　　　　　　　　　　D. 低成本商业模式
6. 麒麟操作系统在（　　）领域应用较为广泛？（多选题）
   A. 政府　　　　　　　　　　　　B. 教育
   C. 金融　　　　　　　　　　　　D. 餐饮服务

二、简答题

1. Linux 操作系统主要由哪两个分支构成？
2. Linux 操作系统有哪两个版本？如何查看 Linux 内核版以及发行版。
3. 请概述银河麒麟操作系统是如何在 Linux 操作系统的基础上发展起来的，并说明它与原始 Linux 系统的联系以及主要区别。
4. 简述麒麟操作系统在中国的应用领域及其在这些领域中的具体作用。

第 2 章
终端与 Shell

随着麒麟操作系统的不断发展和普及，终端技术也在不断演进。在麒麟操作系统中，终端不仅可以通过串口或网络连接与计算机进行交互，还可以通过图形用户界面（GUI）与用户进行交互。随着麒麟操作操作系统的广泛应用，Shell 成了麒麟操作系统中不可或缺的一部分。Shell 是计算机的命令行解释器，具有灵活性和高效性，可以执行各种命令和脚本，管理文件系统、进程和网络等。同时，Shell 也成了麒麟操作系统自动化和配置管理的重要工具。Shell 发展历程是一个不断演进和改进的过程，从最早的 V6 Shell 到现在的各种派生 Shell，Shell 的功能越来越强大，使用越来越方便。

学习目标
- ➢ 掌握打开终端的方法；
- ➢ 掌握 Shell 和终端的基本知识和相关操作；
- ➢ 了解麒麟操作系统环境变量；
- ➢ 掌握使用命令的正确方法。

2.1 终端概述

2.1.1 终端的基础知识

1. 终端的定义

终端（terminal）是与计算机系统相连的一种输入/输出设备，通常离计算机较远。终端就是人与计算机交互的接口。UNIX 和 Linux 把这些人机交互的接口统称为终端。可以简单将终端理解为"鼠标、键盘、显示器、扬声器、麦克风"等硬件设备。根据功能不同，可分若干类。具有某些处理功能的终端称为灵巧终端或智能终端，这类终端有它自己的微处理器和控制电路；没有此功能的称为哑终端，它没有微处理器；支持与计算机会话或处理的终端称为交互终端或联机终端。

2. 终端的发展

早期的计算机终端一般是机电的电传打字机，比如 ASR-33。计算机体型巨大，而且价格非常昂贵，通常只用作科学研究，所以一个人拥有一台计算机是不可能的。但计算机可用资源很多，通常一个人用一台计算机往往造成资源浪费，所以多任务多用户成了计算机使用的重要目标。UNIX 和类 UNIX 正是以此为目标而开发的操作系统。

UNIX 的创始人 Ken Thompson 和 Dennis Ritchie 打算设计一个能够支持多用户进行操作的操作系统（也就是现在的 UNIX），实现将一台计算机提供给多位用户进行使用。想要实现多用户操作，首先需要给每位用户提供一套基本的输入/输出设备来进行操作。但是当时的计算机设备非常昂贵，每位用户实现人手一套是不可能的。所以，最后他们找到了电传打字机作为替代，也就是图 2.1 所示的 ASR-33 电传打字机。

图 2.1　ASR-33 电传打字机

从图 2.1 中可以看出，ASR-33 电传打字机有键盘和纸带，用户可以通过键盘向计算机输入信息，然后计算机在纸带上打印输出结果。这样看来，ASR-33 电传打字机完全可以作为人机交互设备使用。于是 UNIX 成了世界上第一个支持多用户的操作系统，而 ASR-33 成了第一个 UNIX 终端。

随着计算机快速发展，其硬件设备价格越来越低且先进。像电传打字机这样的早期终端设备早已退出历史舞台，取而代之的是键盘、鼠标、显示器等设备。虽然现在电传打字机已经不再适用，但它也是计算机发展的一个重要象征。目前台式机的终端输入设备包括：键盘、鼠标、麦克风等；终端输出设备包括：显示器、扬声器等。

3. 麒麟操作系统下的终端

实际上，前面所述的终端都是指物理的终端设备，而在麒麟操作系统上常说的终端其实是终端模拟器——Terminal Emulator（一种模拟终端的程序），也称为虚拟终端，一般直接称为终端。可以将麒麟操作系统终端看作一个使用软件来模拟的输入/输出设备，其作用就是提供一个命令的输入/输出环境。在麒麟操作系统中，为了让多个用户登录系统进行操作，或打开多个窗口执行多个任务，麒麟操作系统设置了多个虚拟终端设备。

麒麟操作系统终端是基于物理终端之上的。因此，可以将终端分为物理终端和虚拟终端。

①物理终端：物理终端与计算机的串口对应，每一个串口对应一个物理终端。

②虚拟终端：随着图形界面和网络的不断发展，终端也有了新的定义，用户通过与互联网接入的终端或者图形界面启动的终端都是虚拟终端。

2.1.2 命令行操作界面的打开方式

终端就是命令行窗口，可在窗口中键入命令完成任务。

1. 终端的两种启动方式

（1）在图形界面下

在图形界面下，按【Ctrl+Alt+T】组合键，通过虚拟终端登录到系统，如图 2.2 所示。

图 2.2　启动图形界面下的终端

说明如下：

① "~" 表示用户的主工作目录。
② "@" 表示连接符，固定格式。
③ "." 表示用户的当前目录。
④ "#" 表示超级用户 root 的命令提示符。
⑤ "$" 是普通用户命令提示符。

（2）在非图形界面下

在非图形界面下，启动时按【Ctrl+Alt+F3】组合键可直接进入终端，如图 2.3 所示，这本身就处在终端界面。要返回图形界面时按【Ctrl+Alt+F1】组合键即可。

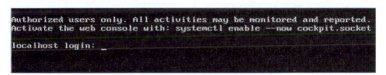

图 2.3　启动非图形界面下的终端

2. 终端的命令格式

终端命令格式为：

命令 [- 选项][参数]

说明如下：

◎ 命令：相应功能英文单词或者缩写，例如，ls 是命令名 list 的缩写。
◎ - 选项：对命令进行选择控制（注意，前面有一横杠），例如，-l 表示命令的控制选项，-l 意味着以长格式显示详细的文件资料。
◎ 参数：给命令加上范围，中括号表示可省略。例如，test.txt 表示命令的操作对象是文件 test.txt。

> 提示：
>
> 　　许多刚开始学习的同学都以为上面这个黑黑的终端窗口（见图2.3）就是 Shell，但事实并非如此。终端 和 Shell 是两个不同的概念。终端是 terminal，而 Shell 的意思是 "壳"，这是两个完全不同的东西。

2.2 Shell 概述

在麒麟操作系统中，Shell 是一种特殊的交互式工具，它为用户提供了启动程序、管理文件系统中的文件以及运行在麒麟操作系统上的进程的途径。在图形化桌面出现以前，与类 UNIX 系统进行交互的方式就是借助由 Shell 所提供的文本命令行界面 CLI。CLI 只能接收文本输入，而不能像在图形界面进行鼠标单击，因此受用的范围有限，一般不是专业人员很难掌握。因此，另一种方式就是在图形化终端中访问，即进入用户界面进行操作，一般可以通过在"搜索"中搜索"terminal"来找到，然后单击进入。下面先简单介绍一下这两种用户界面。

2.2.1 用户界面

1. 字符界面

字符界面是基于文本的用户界面。用户通过终端在键盘上输入命令完成对系统的控制，更直接、自动化，占用更少的系统资源，应用执行更高效，如图 2.4 所示。

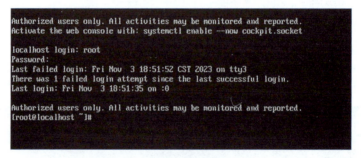

图 2.4　字符界面

2. 图形界面

在图形用户界面中，用户使用窗口、鼠标指针、图标等进行操作。通过单击桌面窗口、"开始"菜单、系统面板、工具栏等组件就可以完成操作，如图 2.5 所示。

图 2.5　图形界面

2.2.2 Shell 基础知识

1. Shell 的定义

在计算机科学中，Shell 俗称"壳"（区别于"核"——麒麟操作系统内核）简单来说，Shell 就是接收用户输入的命令，然后提交给麒麟操作系统内核处理的一个壳程序。Shell 是一个用 C 语言编写的程序，是用户使用麒麟操作系统的桥梁。Shell 既是一种命令语言，又是一种程序设计语言。在使用麒麟操作系统的时候，一般不是对系统直接进行操作，而是通过一个中间程序实现，这个中间程序就是——Shell。Shell 指"提供给使用者使用界面"的软件，即 Command Interpreter（命令解析器）。Shell 接收用户或者其他应用程序的命令，然后将这些命令转化成内核能够理解的语言并传递给内核，内核执行命令完成后，再将执行结果返回给用户或者应用程序。

Shell 是包裹在操作系统外层的一道程序，负责外界与麒麟操作系统"内核"的交互，但它隐藏了操作系统底层的具体细节，就像是麒麟操作系统内核的一个"外壳"，所以 Shell （壳）的名称也由此而来。Shell 的模型如图 2.6 所示。

图 2.6 Shell 的模型

2. Shell 的分类

Shell 主要是提供用户与操作系统进行交互操作的接口和脚本语言编程环境，方便用户使用系统中的软硬件资源，并完成简单到复杂的任务调度。Shell 种类多样，每种 Shell 提供不同的特性和功能。大多数 Shell 有自己的脚本语言，使用脚本语言可以建立复杂的自动执行程序，例如 C Shell、Bourne Shell、Korn Shell、Z Shell、Bourne-again Shell 等。

Shell 相当于是一个翻译器，将用户在计算机上的操作或命令，翻译为计算机可识别的二进制命令，传递给内核，以便调用计算机硬件执行相关的操作；同时，计算机执行完命令后，再通过 Shell 翻译成自然语言呈现在用户面前。其他的 Shell 还有 sh、bash、ksh、rsh、csh 等。Ubuntu 系统常用的是 bash，Bio-linux 系统是基于 Ubuntu 定制的，但是却使用了 Zsh。sh 的全称是 Bourne Shell，其中 Bourne 就是这个 Shell 的作者，bash 的全称是 Bourne Again Shell。最开始在 UNIX 系统中流行的是 sh，而 bash 作为 sh 的改进版本，提供了更加丰富的功能。

bash（GNU Bourne-Again Shell）是最常用的一种 Shell，是当前大多数 Linux 发行版的默认 Shell。麒麟操作系统默认使用的 Shell 是 bash。可以通过命令"cat /etc/shells"来查看麒麟系统支持哪些 Shell，运行结果如图 2.7 所示。

图 2.7　查看麒麟系统支持的 Shell

用户进入命令行界面时，就已自动运行一个默认的 Shell 程序，并提供交互式命令执行环境给用户。在麒麟终端命令行环境下，bash 提供了数百个系统命令，尽管这些命令功能不同，但它们的使用方式和规则都是一致的。同样的，可以通过 echo 命令查看系统中的 Shell 环境：

[root@localhost ~]# echo $SHELL/bin/bash

3. Shell 的基本功能

（1）Tab 命令/文件名补全功能

用户输入命令/文件名时，不需输入完整的命令/文件名，而系统会自动找出最符合的命令名称/文件名称，这种功能可以节省输入长串命令/长串文件名的时间。具体方法如下：

只需输入开头几个字母，然后按【Tab】键一次系统会补充完整，连续按两次【Tab】（【Esc】）键系统会显示所有符合输入前缀的命令名称/文件名称。

（2）别名（Alisa）功能

① 查询目录系统所有别名。

[root@localhost ~]# alias

② 设置别名。

[root@localhost ~]# alias ll=ls -l

③ 使用别名。

[root@localhost ~]# ll /etc

④ 取消别名。

[root@localhost ~]# unalias ll

alias 命令的效力仅限于该次登录，在注销系统后，这个别名的定义就会消失。如果希望每次登录都使用这些别名，则应该将别名的设置加入"~/.bashrc"文件中，若是写入"/etc/bashrc"文件中（修改后需要 source 调用新配置），则系统上的所有用户都能使用这个别名。

（3）查阅历史记录（- history 命令）

在 Kylin 系统终端上输入命令并能执行后，Shell 就会存储用户所敲入命令的历史记录（存放在 ~/.bash_history），方便用户再次运行之前的命令，预定的记录为 1 000 笔，这些都定义在环境变量中。可以使用方向键【↑】和【↓】来查看之前执行过的命令，可以使用【Ctrl+R】组合键来搜索命令历史记录。下面介绍 history 命令的几个使用示例。

① 列出所有的历史记录。

[root@localhost ~]# history

②只列出最近 5 笔记录。

```
[root@localhost ~]# history 5
```

③使用命令记录号码执行命令。

```
[root@localhost ~]# !561
```

④重复执行上一个命令。

```
[root@localhost ~]# !!
```

⑤执行最后一次以 ls 开头的命令。

```
[root@localhost ~]# !ls
```

（4）任务控制（Job Control）

想在一个 Shell 中完成多个任务时，可以使用 Shell 的一个特性——任务控制。Shell 任务控制的一些常见术语如下：

①前台任务：在 Shell 中运行，任务完成前 Shell 提示符不会出现，因而不能同时运行其他任务。

②后台任务：在 Shell 中运行，但不独占 Shell，任务完成前 Shell 提示符就能出现，因而可以在同一个 Shell 下同时运行其他任务。

③暂停：临时停止执行前台任务。

④恢复：让暂停的任务继续执行。

通常将比较耗时的工作放在后台执行。要执行后台程序，只要在输入命令时，在命令的后面加上"&"符号，之后按【Enter】键，系统即会开始以后台的方式执行该命令。若目前已在执行某个命令，无法使用"&"符号将它加入后台中执行，需先按【Ctrl+Z】组合键暂停这程序的执行，然后再直接输入"bg"命令，就可将此工作放入后台执行。查看后台所有任务状态命令如下：

```
[root@localhost ~]# jobs -l
```

（5）交互式处理（Interactive Processing）

①接收来自用户输入的命令后，Shell 会根据命令类型来执行。

②执行完毕后，Shell 会将结果回传给用户，并等待用户下一次输入。

③用户执行 exit 或是按【Ctrl+D】组合键来注销交互式登录。

④退出交互式命令：quit。

Shell 交互式处理过程如图 2.8 所示。

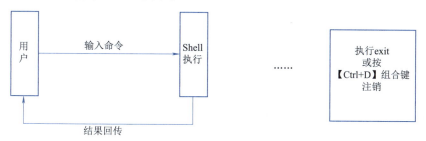

图 2.8　Shell 交互式处理过程图例

2.2.3 Shell 命令行操作界面的简要说明

1. 执行命令的注意事项

①要调用以前输入过的命令，可以用上下方向键进行选择。

②使用 bash 的命令自动补全功能，可以减少不必要的输入错误。当输入命令、路径、文件名等内容的一部分时，如果剩余部分没有歧义，按【Tab】键就可以将剩余部分补全；如果剩余部分有多个匹配内容，再按一次【Tab】键就可以获取与已输入部分匹配的内容列表，以便用户选择。

③可以在一个命令行中使用多个命令，用分号";"将各个命令隔开。例如，

```
[root@localhost ~]# s-l; pwd
```

④当一个命令行无法输入全部命令，可以用反斜杠"\"将一个命令行持续到下一行。

⑤在当前命令执行的过程中，可以使用【Ctrl+C】组合键强制中断当前运行的命令或程序，后台执行的命令不能用【Ctrl+C】组合键强制中断。

2. 特殊字符

（1）单引号、双引号及反引号的功能（见表 2.1）

表 2.1 单引号、双引号及反引号的功能

字符	功能
'（单引号）	由单引号括起来的字符串视为普通字符串，包括空格、$、/、\ 等特殊字符
"（双引号）	由双引号括起来的字符串，除 $、\、单引号和双引号仍作为特殊字符并保留其特殊功能外，其他都视为普通字符对待。"\\"是转义符，Shell 不会对其后面的那个字符进行特殊处理，要将 $、\、单引号和双引号作为普通字符，在其前面加上转义符"\\"即可
`（反引号）	由反引号括起来的字符串被 Shell 解释为命令行，在执行时首先执行该命令行，并以它的标准输出结果替代该命令行（反引号括起来的部分，包括反引号）

（2）其他字符及功能（见表 2.2）

表 2.2 其他字符及功能

字符	功能
#	注释
\	转义符，将特殊字符或通配符还原成一般字符
|	分隔两个管道命令
;	分隔多个命令
/~	用户的主目录
$	变量前需要加的变量值
&	将该符号前的命令放到后台执行

2.2.4 Shell 命令行操作界面的环境变量

每个用户登录麒麟系统后，都会有一个专用的运行环境。通常各个用户默认的环境都是相同的，这个默认环境实际上就是一组环境变量的定义。用户可直接引用环境变量，也可修

改环境变量来定制运行环境。

1. 环境变量的操作命令

①使用 env 命令可显示所有的环境变量。

```
[root@localhost ~]# env
```

②从当前环境中删除指定的变量。

```
[root@linuxcool ~]# env -u LOGNAME
```

③定义指定的环境变量。

```
[root@linuxcool ~]# env LOGNAME=root
```

④要引用某个环境变量,在其前面加上"$"符号即可。要修改某个环境变量,则不用加上"$"符号。

例2.1 默认的历史命令记录数是 1 000,变量名为 HISTSIZE,要修改为 800,只需要在命令行中为其重新赋值。

①查看变量 HISTSIZE 当前的值 :echo $HISTSIZE;,可看到当前值为 1 000。

②给 HISTSIZE 赋值 :HISTSIZE=800;

③再次查看变量 HISTSIZE 的值 : echo $HISTSIZE;,可看到当前值为 800,修改成功,如图 2.9 所示。

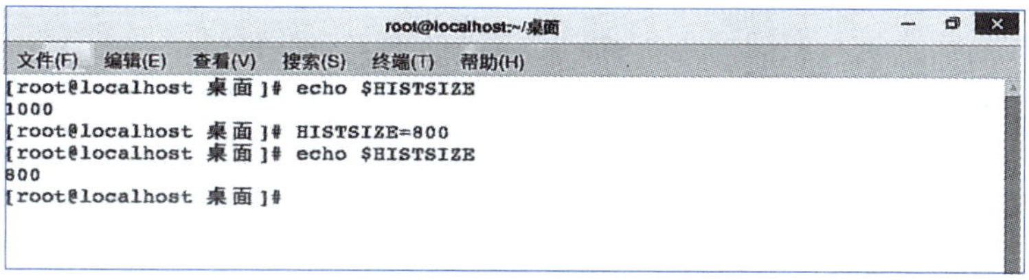

例2.1 视频讲解

图 2.9 修改环境变量界面操作

2. 常用环境变量

常用环境变量的字符命令及其功能见表 2.3。

表 2.3 常用环境变量的字符命令及其功能

字 符	功 能
PATH	决定了 Shell 将到哪些目录中寻找命令或程序
HOME	当前用户主目录
HISTSIZE	历史记录数
LOGNAME	当前用户的登录名
HOSTNAME	主机名
PS1	当前命令提示符
SHELL	用户当前使用的 Shell
LANGUAGE	语言相关的环境变量,多语言可以修改此环境变量
MAIL	当前用户的邮件存放目录

2.3 基础命令及脚本

2.3.1 麒麟操作系统基础命令简介

麒麟操作系统基础命令是对 Linux 系统进行管理的命令。对于麒麟操作系统来说，无论是中央处理器、内存、磁盘驱动器、键盘、鼠标，还是用户等都是文件，麒麟操作系统管理的命令是它正常运行的核心，与之前的 DOS 命令类似。

1. 麒麟操作系统基础命令的分类

麒麟操作系统基础命令有两种类型：内部命令和外部命令。

（1）内部命令

集成在 bash 的命令就是内部命令。内部命令依赖于 Shell 类型。这些命令由 Shell 程序识别并在 Shell 程序内部完成运行，通常在麒麟操作系统加载运行时 Shell 就被加载并驻留在系统内存中。内部命令是写在 bash 源码里面的，其执行速度比外部命令快，因为解析内部命令 Shell 不需要创建子进程。

hash 命令是 bash 的内置命令。我们知道在 bash 中执行外部命令，会根据环境变量 PATH 来逐一搜索命令的路径。hash 命令的作用是在环境变量 PATH 中搜索命令 name 的完整路径并记住它，这样以后再次执行相同的命令时，就不必搜索其完整路径了，而且 Shell 每次执行环境变量 PATH 中的一个命令时，hash 都会记住它。当 hash 不指定任何参数时，显示当前 hash 列表，包括每个命令的完整路径和执行次数。其语法格式如下：

```
[root@localhost ~]# hash [-lr] [-p filename] [-dt] [name]
```

说明如下：

选项"-l"用于显示当前 hash 列表中的命令及完整路径等信息。

选项"-r"用于清空 hash 列表。

选项"-p filename"用于指定命令 name 的路径，路径 filename 是一个文件而非目录。

选项"-d"用于从 hash 列表中移除命令 name 对应的记录。

选项"-t"用于显示 hash 列表中命令 name 的完整路径。成功执行时，hash 命令的退出状态为 0。利用 hash 缓存表可大大提高命令的调用速率。

（2）外部命令

外部命令是在 bash 之外额外安装的，在文件系统路径 $PATH 有对应的可执行程序文件，就是外部命令。在系统加载时并不随系统一起被加载到内存中，而是在需要时才将其调用内存。

在管理和维护麒麟操作系统的过程中，将会使用到大量命令，有一些很长的命令或用法经常被用到，重复而频繁地输入某个很长命令或用法是不可取的。这时可以使用命令别名功能将这个过程简单化。

2. 麒麟操作系统基础命令执行过程

麒麟操作系统基础命令执行过程如下：

①判断用户是否以绝对路径或相对路径的方式输入命令（如 /bin/ls），如果是的话直接执行。

②麒麟操作系统会检查用户输入的命令是否为"别名命令"。通过 alias 命令是可以给现有

命令自定义别名的，即用一个自定义的命令名称来替换原本的命令名称。

例如，经常使用的 rm 命令，其实就是 rm -i 这个整体的别名。

```
[root@localhost ~]# alias rm
alias rm='rm -i'
```

这使得当使用 rm 命令删除指定文件时，麒麟操作系统会要求再次确认是否执行删除操作。例如，

```
[root@localhost ~]# rm a.txt <-- 假定当前目录中已经存在 a.txt 文件
rm: remove regular file 'a.txt'? y <-- 手动输入 y，即确定删除
[root@localhost ~]#
```

这里可以使用 unalias 命令，将麒麟操作系统设置的 rm 别名删除掉，执行命令如下：

```
[root@localhost ~]# alias rm
alias rm='rm -i'
[root@localhost ~]# unalias rm
[root@localhost ~]# rm a.txt
[root@localhost ~]# <--直接删除，不再询问
```

> **注意**
> 这里仅是为了演示 unalias 的用法，建议读者删除 rm 别名之后，再手动添加到系统中，执行如下命令即可再次成功添加。

```
[root@localhost ~]# alias rm='rm -i'
```

③麒麟操作系统命令行解释器（又称 Shell）会判断用户输入的命令是内部命令还是外部命令。其中，内部命令指的是解释器内部的命令，会被直接执行；而用户通常输入的命令都是外部命令，这些命令交给步骤四继续处理（内部命令由 Shell 自带，会随着系统启动，可以直接从内存中读取；而外部命令仅是在系统中有对应的可执行文件，执行时需要读取该文件）。判断一个命令属于内部命令还是外部命令，可以使用 type 命令实现。例如，

```
[root@localhost ~]# type pwd
pwd is a shell builtin <-- pwd是内部命令
[root@localhost ~]# type top
top is /usr/bin/top <-- top是外部命令
```

④当用户执行的是外部命令时，系统会在指定的多个路径中查找该命令的可执行文件，而定义这些路径的变量，就称为 PATH 环境变量，其作用就是告诉 Shell 待执行命令的可执行文件可能存放的位置，也就是说，Shell 会在 PATH 变量包含的多个路径中逐个查找，直到找到为止（如果找不到，Shell 会提供用户"找不到此命令"）。

2.3.2 Shell 基础命令使用方法

麒麟操作系统提供的 Shell 命令很多，在学习和使用的过程中，不可避免地会遇到一些不会使用的命令，这时可以通过系统提供的一些帮助命令来了解命令的使用方法。

1. man 命令

man 命令是显示帮助手册。列出一份完整的说明，内容包括命令的语法结构、主要功能、

主要参数说明、各选项的意义。man 命令的使用方式如下：

```
man [选项]命令名；
```

选项的参数及功能见表 2.4。

表 2.4 man 命令选项的参数及功能

选 项	功 能
-f	仅列出命令的功能
-w	输出该命令手册页的物理位置
-a	寻找所有匹配的手册页
-k	查找列出所有包含命令名的手册页名字和描述

例如，查看 pwd 命令的帮助手册，运行结果如图 2.10 所示。

```
[root@localhost ~]# man pwd
```

图 2.10 pwd 命令的帮助手册

如果只关心 pwd 命令的简单功能描述，使用 -f 选项如果想知道 pwd 命令手册页的存放位置，使用 -w 选项；如果想查找有哪些命令及功能描述中有 pwd 字段，使用 -k 选项。运行结果如图 2.11 所示。

图 2.11 pwd 命令的简单功能描述

2. help 命令

help 命令是用于查看 Shell 命令的帮助。用户可以通过该命令寻求 Shell 命令的用法。help 命令的使用方式如下：

```
help [选项]命令名
```

选项的参数及功能见表 2.5。

表 2.5　选项的参数及功能

选　　项	功　　能
-d	输出每个主题的简短描述
-m	以伪 man 手册的模式显示使用方法
-s	为每一个匹配的 PATTERN 模式的主题仅显示一个用法

例如，查看 pwd 命令的帮助信息。

[root@localhost ~]# help pwd

运行结果如图 2.12 所示。

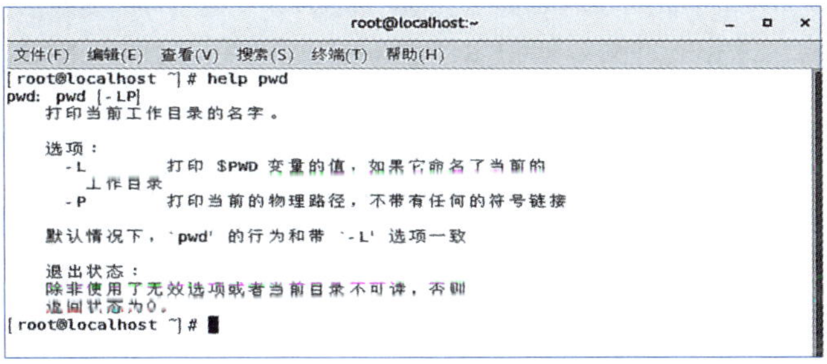

图 2.12　pwd 命令的帮助信息

3. info 命令

info 命令是获取相关命令的详细使用方法。info 命令的使用方式如下：

info [选项]命令名

例如，

[root@localhost ~]# info pwd

运行结果如图 2.13 所示。

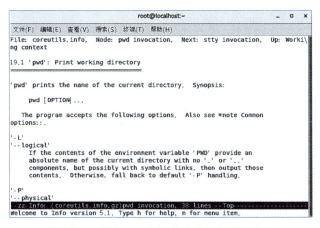

图 2.13　获取 pwd 相关命令的详细使用方法

4. pwd 命令

pwd 命令是以绝对路径的方式显示用户当前工作目录。命令将当前目录的全路径名称（从根目录)写入标准输出。全部目录使用/分隔。第一个/表示根目录,最后一个目录是当前目录。如图2.14所示,用pwd命令查看到当前工作目录的全路径是/root。

图2.14　查看到当前工作目录的全路径

5. ls命令

ls命令是查看指定目录或当前工作目录下的文件信息。ls是list的意思,该命令根据不同的选项,列举指定目录或文件的相关信息。可直接在命令行界面输入ls后按【Enter】键,就会列出当前目录下的文件和文件夹。如图2.15所示,查看当前文件夹backup下的内容。

图2.15　查看当前文件夹backup下的内容

6. date命令

date命令是查看和修改日期、时间信息。使用date命令查看日期和时间时可以指定显示日期的格式,如果只输入date则以默认格式显示当前时间,如图2.16所示。

图2.16　使用date命令查看日期和时间

> **注意**
>
> 　　date命令的-s选项可以设置系统时间,因系统时间的修改会影响系统的安全性,所以普通用户是不能修改系统时间的,只有超级管理员才具备修改系统时间的权限,因此需要在修改时间的命令前加上sudo命令,并输入当前用户的密码确认后才能执行,执行后再次输入date,根据输出可知系统时间修改成功。

7. 查看当前麒麟操作系统的版本号信息

麒麟操作系统的版本号信息存放在/etc/issue文件中,查看当前使用的麒麟操作系统的版本命令如下:

```
[root@localhost ~]# cat /etc/issue
```

使用uname命令查看主机操作系统的内核版本主机信息等。

①输出操作系统内核版本号。

```
[root@localhost ~]# uname -r
```

②输出全部信息，包括系统名、节点名操作系统的发行版号、操作系统版本、处理器类型等全部信息。

```
[root@localhost ~]# uname -a
```

运行结果如图 2.17 所示。

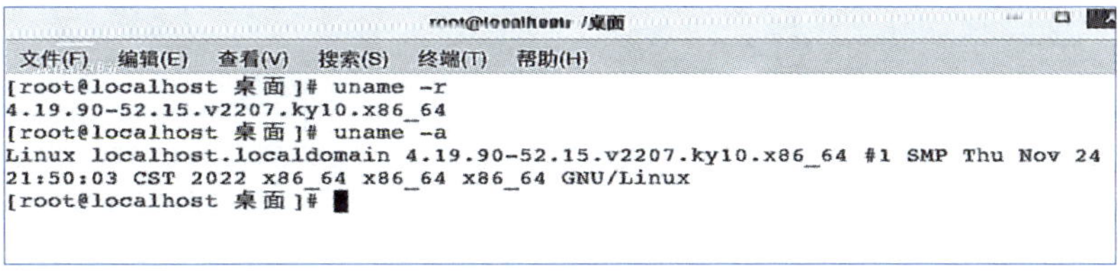

图 2.17　使用 uname 命令查看主机操作系统的内核版本主机信息

8. whoami 命令

whoami 命令是显示自身用户。如图 2.18 所示，当前用户名为 root。

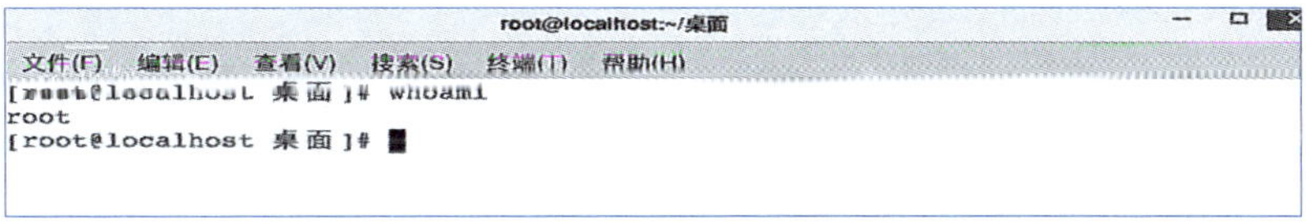

图 2.18　显示自身用户

9. id 命令

id 命令是查看显示目前登录账户的 uid 和 gid 及所属分组及用户名，用户 id 用 uid 表示；用户的组 id 用 gid 表示。如图 2.19 所示，用户 root 的 uid 号是 0，用户 root 属于组 root，gid 号是 0。

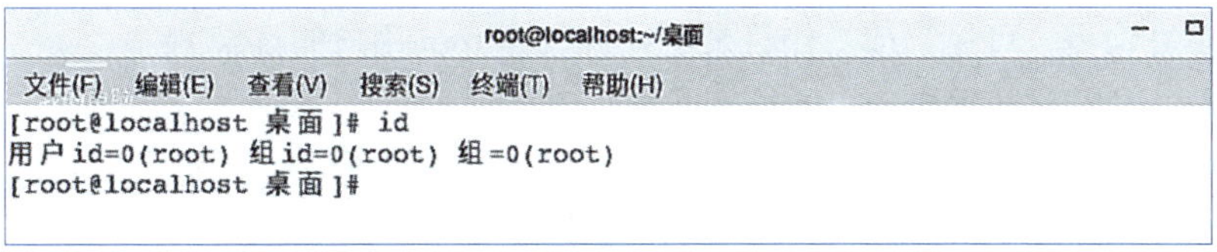

图 2.19　查看显示目前登录账户的 uid 和 gid 及所属分组及用户名

10. who 命令

who 命令是查看目前登录系统的用户。如图 2.20 所示，列出登录账号、使用的终端、登录时间以及从何处登录等信息。

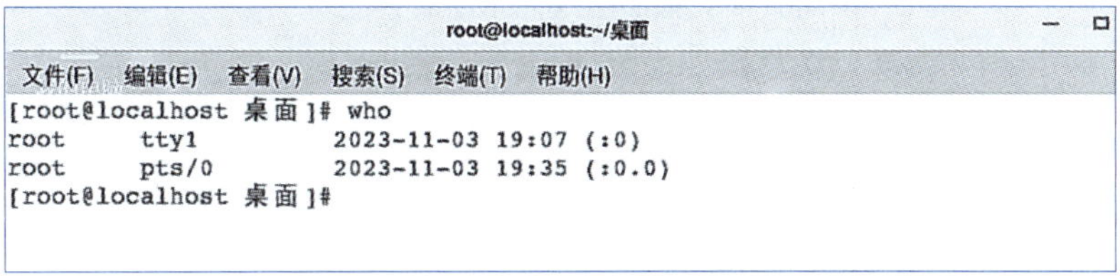

图 2.20　查看目前登录系统的用户

11. su 命令

su 命令是切换用户，让用户在登录期间变成另外一个用户。su 命令的使用方式如下：

su [选项] [用户名]

选项的参数及功能见表 2.6。

表 2.6　su 命令选项的参数及功能

选项	功能
-	提供切换后用户的直接登录的环境
-c	以切换后的用户执行命令，执行完毕切换回原来的账户，该选项后需要指定一个由 Shell 运行的命令

> **注意**
> su 后面不带用户名使用时，默认会变成超级用户。如果用户名合适，将提示用户输入一个密码，此时应输入欲切换到的用户的密码，密码正确就可以切换到另一个用户，取得该用户的权限，以该用户完成相应工作之后用 exit 命令返回到原用户；切换用户时输入无效的密码会产生错误。su 命令执行的结果无论成功还是失败都会被系统记录，以检测对系统的滥用。

例2.2 视频讲解

例 2.2 利用 su 命令实现不同用户之间的切换。

①直接执行 su 命令，输入 root 用户密码，提示符变成 #，用 id 和 whoami 命令都可看到当前用户是 root。

②执行 pwd 命令，可见当前工作目录是 /home/kylin;。

③执行 exit 退出 root 用户，提示符变回 $。

④执行 id 命令可看出当前用户是 uid=1001 的 kylin 用户。

⑤执行 su - 命令，输入 root 用户密码，提示符变成 #，用 id 和 whoami 命令都可看到当前用户是 root。

⑥执行 pwd 命令，可见当前工作目录是 /root，是 root 用户的目录。

⑦执行 exit 退出 root 用户，提示符变回 $。

运行结果如图 2.21 所示。

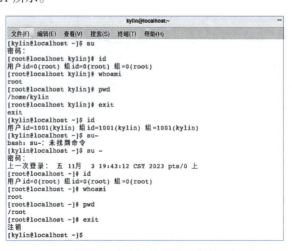

图 2.21　使用 su 命令切换用户示例的运行结果

从当前用户 kylin 切换到其他普通用户 yangyang。因希望切换用户后直接在该用户的家目录下工作，因此执行 su 时带 - 选项。运行结果如图 2.22 所示。

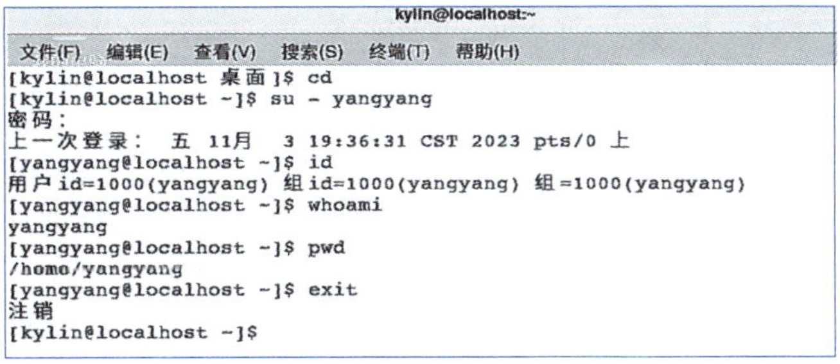

图 2.22 从当前用户 kylin 切换到其他普通用户 yangyang 的运行结果

12. sudo 命令

sudo 命令允许系统管理员让普通用户执行一些或者全部的 root 命令。当可信用户执行 sudo 命令时，需要提供他们自己的用户密码，然后以 root 权限执行命令。

sudo 命令是能够让管理员在不告诉用户 root 密码的前提下，授予普通用户某些特定类型的超级权限。sudo 意思就是 super-user do，让当前用户暂时以超级管理员 root 的身份来执行这条命令。要想以非 root 用户身份来运行命令，必须使用 -u 选项来指定用户，否则，sudo 会默认为 root 用户。

sudo 命令使用方式如下：

[root@localhost ~]# sudo command

sudo 命令有很大的弹性，只有在 /etc/sudoers 文件中被允许的用户可以执行在他们自己的 Shell 环境中执行 sudo 命令，而不是 root 的 Shell 环境。

配置 sudo 必须通过编辑 /etc/sudoers 文件，而且只有管理员用户才可以修改它，必须使用 visudo 编辑。之所以使用 visudo 有两个原因，一是它能够防止两个用户同时修改它；二是它也能进行一些语法检查。以 root 身份用 visudo 打开配置文件，输入以下内容：

[root@localhost ~]# juan ALL=(ALL)   ALL

这条信息意思是 juan 用户可以以任何主机连接并通过 sudo 执行任何命令。下面这条信息说明 users 用户可以本地主机可以执行 /sbin/shutdown -h now 命令。

[root@localhost ~]# %users localhost=/sbin/shutdown -h now

例 2.3 利用用户 kylin 将文件 test.txt 复制到 /etc 目录下。

（1）用户 kylin 复制文件 test.txt 到 /etc 目录下时，系统报权限不够！

（2）在复制命令前使用 sudo 命令，提示如图 2.23 所示。

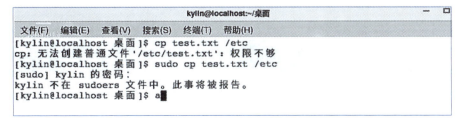

图 2.23 使用 sudo 命令提示 kylin 不在 sudoers 文件中

（3）切换到 root 用户，使用命令 visudo 进入 vim，看到它已打开了 /etc/ sudoers 文件。找到 "root ALL=(ALL) ALL" 这行，修改为 "kylin ALL=(ALL) ALL"，运行过程及结果如图 2.24 所示。

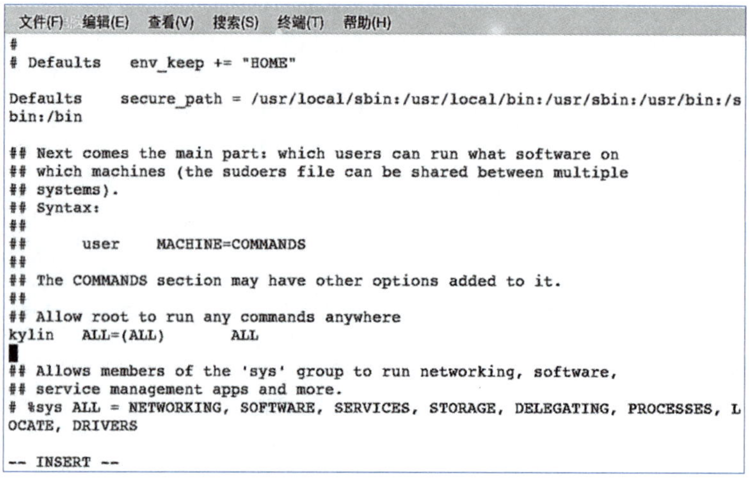

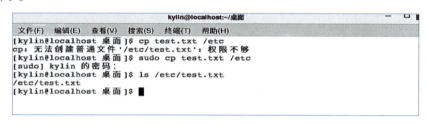

图 2.24　将用户 kylin 添加到文件 sudoers 中

（4）再使用 sudo 命令将 test.txt 文件复制到 /etc 目录下，复制成功。运行过程及结果如图 2.25 所示。

图 2.25　sudo 命令示例的过程及运行结果

13. sudo 命令使用的注意事项

（1）不是所有命令都能用 sudo 执行，比如 cd 命令前不能用 sudo。

（2）在第一次用 sudo 运行命令时会提示输入当前用户的密码，一段时间内在当前终端再次使用 sudo 时不需要再次输入密码。

（3）sudo 的作用是在确认当前用户是本人（输入过当前用户的密码情况下）暂时将 root 权限借用给当前用户，会有日志记录用户输入的命令等信息。

（4）sudo 的配置文件为 /etc/sudoers，若想修改配置文件应用 sudo visudo -f /etc/sudoers 来修改，因为 sudo 的配置文件有严格的语法格式，用 visudo 可以在退出时检查语法，有错误时会提示。

本章实训

一、实训目的

（1）熟悉麒麟服务器操作系统的桌面环境。

（2）了解麒麟服务器操作系统的文件目录结构。
（3）熟悉麒麟服务器操作系统的终端方式或文本方式下文件目录操作命令。
（4）了解麒麟服务器操作系统的命令及使用格式。
（5）熟悉麒麟服务器操作系统的文件和目录。

二、实训环境

基础环境：
（1）操作系统：麒麟服务器操作系统。
（2）硬件要求：至少 2 GB RAM，20 GB 硬盘空间，双核处理器。

软件环境：
（1）终端：用于执行命令行操作。
（2）文本编辑器：如 VIM 或 nano，用于查看或编辑配置文件。

三、实训内容

1. 基本命令的使用

（1）更改当前用户的密码。
（2）显示目录文件。
（3）显示目前登录账户的 uid 和 gid 及所属分组及用户名。
（4）查看系统日期。
（5）列出当前系统上所有的用户。
（6）显示当前登录用户的用户名称。
（7）查看当前麒麟操作系统的版本号信息。
（8）切换当前用户在登录期间变成另外一个用户。
（9）显示环境变量。
（10）修改环境变量。

2. 文件和目录操作

（1）创建文件"test.txt"。
（2）查看文件"test.txt"的内容。
（3）复制文件"test.txt"。
（4）将文件"test.txt"移动到其他文件目录下。
（5）切换当前的目录到 root 目录。
（6）列出当前所有的文件，包括子目录中的文件。
（7）在 home 目录下创建一个名为 mydir 的目录，显示出 ~/mydir（不要显示目录中的内容），每个目录的大小。

3. 创建用户账户

（1）在命令行下用 root 用户增加两个用户，命名为 user1 和 user2，给两个用户设置密码。
（2）分别用 user1、user2 登录系统，查看其用户主目录，并在目录下创建文件和目录。
（3）在 user1 登录的终端，试着更改到 /home/user2 目录，或者读取 /home/user2 下的内容，看是否能够成功。
（4）切换到 user2，在 home 目录下更改权限，使得其他用户可以读并且访问它。再次在

user1 下尝试访问 /home/user2 目录，看是否能够成功。

（5）在 user1 下，试着创建和删除 user2 下的 home 目录中的文件，看是否能够成功。

习 题

一、选择题

1. 下面（　　）文件系统应该分配最大的空间。
   A./usr　　　　　　B./lib　　　　　　C./root　　　　　　D./bin
2. 下面有关 Shell 的说法正确的是（　　）。
   A.Shell 是麒麟操作系统核心程序
   B.Shell 是操作员使用的程序
   C.Shell 是用户与麒麟操作系统内核之间的接口
   D. Shell 是 Windows 的命令行程序
3. 下面那种 Shell 是目前大多数 Linux 发行版默认的 Shell（　　）。
   A.ash　　　　　　B.csh　　　　　　C.ksh　　　　　　D.bash
4. 在 bash Shell 环境下，当一命令正在执行时，按【Ctrl+Z】组合键会（　　）。
   A. 中止前台任务　　　　　　　　　　B. 给当前文件加上 EOF
   C. 将前台任务转入后台　　　　　　　D. 注销当前用户
5. 在麒麟操作系统中，能够打开终端的方式有（　　）。
   A."开始"菜单→所有软件→终端
   B. 按【Win+R】组合键，输入 CMD 指令
   C. 右击桌面，打开终端
   D. 快捷键
6. man 5 passwd 含义是（　　）。
   A. 显示 passwd 命令的使用方法　　　B. 显示 passwd 文件的结构
   C. 显示 passwd 命令的说明的前五行　D. 显示关于 passwd 的前五处说明文档
7. 对所有用户的变量设置，应当放在（　　）文件下。
   A./etc/bashrc　　　　　　　　　　　B./etc/profile
   C.~/.bash profile　　　　　　　　　　D./etc/skel/.bashrc

二、简单题

1. 请写出查找 ifconfig 命令程序的绝对路径。
2. 请指出 cd、pwd、ls、ifconfig、du 中哪些是内部命令，哪些是外部命令。

第 3 章 用户和组管理

在麒麟操作系统中,用户和组的管理是系统安全和资源分配的核心。理解用户和组的基本概念至关重要,因为它们直接影响系统的整体运行和权限控制。超级用户(root)账户是麒麟操作系统中具有特殊性质和权限的存在,操作普通用户是系统管理的基础,系统用户常常用于运行系统服务和进程。组账户的管理直接涉及权限和资源的合理分配。

学习目标

- 了解用户和组的基本概念;
- 熟悉不同类型的用户账户;
- 深入了解用户账户属性;
- 掌握超级用户(root)账户的特殊性质;
- 掌握创建、修改和删除普通用户账户的方法;
- 了解系统用户账户的作用;
- 掌握组账户的管理。

3.1 用户和组概述

3.1.1 用户和组的基本概念

在麒麟操作系统中,"用户"和"组"是核心概念。用户代表系统上的个体,可以是个人或进程,而组则用于将多个用户进行分类和管理。用户和组在系统中扮演着至关重要的角色。用户通常用来执行各种任务,而组则用于管理和分配权限,以便将特定任务委托给一组用户。

微视频
用户和组的概念

3.1.2 用户账户

麒麟操作系统中存在不同类型的用户账户,每种类型都具有特定的权限和特性:

（1）超级用户（root）：超级用户是系统中的最高权限账户，拥有对系统的绝对控制权。root 账户可以执行系统范围的操作，如系统配置和安全性管理。

（2）普通用户：普通用户是系统上的常规账户，拥有有限的权限。他们可以执行普通任务，但不能对系统做出关键性更改。这些用户账户通常用于常规操作和日常任务。

（3）系统用户：系统用户是用于运行系统服务和进程的账户。它们通常不具有交互式登录权限，因为它们的目的是维护系统和执行特定任务。

理解这些不同类型的用户账户对于有效的用户和组管理至关重要，因为它决定了用户在系统中的权限和访问级别。

3.2 用户账户和类型

微视频
用户账户和类型

3.2.1 用户账户信息

用户账户包含一系列常见属性，见表 3.1。

表 3.1 用户及组的属性

属　　性	意　　义
用户名（Username）	是用户在系统中的唯一标识符，用于登录和执行操作
用户 ID（User ID，UID）	每个用户都有一个唯一的数字标识符，它在系统级别标识用户
家目录（Home Directory）	是用户在登录后的默认工作目录，通常包含个人文件和设置
登录 Shell	定义了用户登录后使用的命令解释器，通常是 Bash、Zsh 等
用户组（User Group）	用户可以属于一个或多个用户组，这将影响他们对某些文件和目录的权限
组 ID（GID）	用于表示用户组的数字标识符

3.2.2 超级用户（root）

超级用户（root）是麒麟操作系统中的至高无上账户，UID 为 0。它拥有绝对的权限，可以执行系统的任何操作，包括对核心系统文件和设置的修改。root 账户是系统的管理者，但要小心使用，因为它也有潜在的风险。

3.2.3 普通用户

普通用户是系统上的常规账户，UID 从 1 000 开始。它们通常拥有受限的权限，无法更改系统范围的设置。创建、修改和删除普通用户账户是系统管理员的日常任务之一。了解如何管理这些账户对于系统的安全性和可用性至关重要。

3.2.4 系统用户

系统用户是专门用于运行系统服务和进程的账户，UID 为 1~999。它们通常不具有登录权限，因为它们的目的是提供特定的系统功能。这些账户不需要交互式登录，但在系统的正常运行中起着至关重要的作用。

3.3 管理用户账户

用户账户的管理是系统管理员的核心任务之一。在本节中，将学习如何管理用户账户，包括创建、修改、删除以及密码管理。

微视频

管理用户账户

3.3.1　用户账户文件

在麒麟操作系统中，用户账户信息存储在两个主要文件中：/etc/passwd 和 /etc/shadow。这两个文件对于用户账户的管理至关重要。

1. /etc/passwd

/etc/passwd 是一个文本文件，包含了系统上的每个用户账户的基本信息。这个文件通常对系统中的所有用户都可读。使用 VIM 打开文件显示如图 3.1 所示。

```
root:x:2:0:root:/root:/bin/bash
bin:x:1:1:bin:/bin:/sbin/nologin
daemon:x:2:2:daemon:/sbin:/sbin/nologin
adm:x:3:4:adm:/var/adm:/sbin/nologin
lp:x:4:7:lp:/var/spool/lpd:/sbin/nologin
sync:x:5:0:sync:/sbin:/bin/sync
shutdown:x:6:0:shutdown:/sbin:/sbin/shutdown
halt:x:7:0:halt:/sbin:/sbin/halt
mail:x:8:12:mail:/var/spool/mail:/sbin/nologin
operator:x:11:0:operator:/root:/sbin/nologin
games:x:12:100:games:/usr/games:/sbin/nologin
ftp:x:14:50:FTP User:/var/ftp:/sbin/nologin
nobody:x:65534:65534:Kernel Overflow User:/:/sbin/nologin
sshd:x:74:74:Privilege-separated SSH:/var/empty/sshd:/sbin/nologin
unbound:x:999:994:Unbound DNS resolver:/etc/unbound:/sbin/nologin
polkitd:x:998:993:User for polkitd:/:/sbin/nologin
rtkit:x:172:172:RealtimeKit:/proc:/sbin/nologin
pipewire:x:997:992:PipeWire System Daemon:/var/run/pipewire:/sbin/nologin
saslauth:x:996:76:Saslauthd user:/run/saslauthd:/sbin/nologin
libstoragemgmt:x:995:990:daemon account for libstoragemgmt:/var/run/lsm:/sbin/nologin
rpc:x:32:32:Rpcbind Daemon:/var/lib/rpcbind:/sbin/nologin
geoclue:x:994:989:User for geoclue:/var/lib/geoclue:/sbin/nologin
:set nu                                              1,31          顶端
```

图 3.1　/etc/passwd 文件内容

每行代表一个用户账户，格式如下：

```
username:password:UID:GID:GECOS:home_directory:login_shell
```

每个字段的含义如下：

（1）username：用户的登录名，用于识别用户。

（2）password：用户的加密密码（已经被迁移到 /etc/shadow 文件中，因此通常显示为 ‘x’）。

（3）UID：用户 ID（User ID），一个数字，用于唯一标识用户。

（4）GID：用户所属的主要组 ID（Group ID）。

（5）GECOS：用户信息字段，通常包括用户的全名和联系信息。

（6）home_directory：用户的家目录，即用户登录后的默认目录。

（7）login_shell：用户的默认登录 Shell，通常是 /bin/bash 或其他命令解释器。

2. /etc/shadow

/etc/shadow 文件包含了用户的密码哈希值以及密码策略等安全相关信息。这个文件只能被超级用户（root）访问，以确保密码信息的安全性。使用 VIM 打开该文件显示如图 3.2 所示。

图 3.2 /etc/shadow 文件内容

每行代表一个用户账户，其格式如下：

```
username:password:last_password_change:min_days:max_days:warn_days:inactive_days:expire_date:reserved
```

每个字段的含义：

（1）username：用户的登录名，与 /etc/passwd 中的用户名相同。

（2）password：用户的密码哈希值。这个字段存储了用户的密码，但实际密码通常是加密的，以确保安全性。

（3）last_password_change：上次更改密码的日期（从 1970 年 1 月 1 日以来的天数）。

（4）min_days：用户可以更改密码之间的最小天数。

（5）max_days：密码有效期的最大天数。

（6）warn_days：密码即将到期前的提前通知天数。

（7）inactive_days：密码失效后的等待天数，用户在此期间可以重新激活密码。

（8）expire_date：密码的绝对到期日期。

（9）reserved：保留字段，留作未来扩展。

/etc/passwd 文件包含了用户账户的基本信息，而 /etc/shadow 文件包含了与密码和安全性相关的信息，这种分离可以提高系统的安全性。

3.3.2 创建用户账户

要创建一个新的用户账户，可以使用 useradd 命令。这个命令具有多个选项和参数，允许指定用户的各种属性。

基本语法格式如下：

```
useradd [选项] 用户名
```

常用选项说明：

（1）-c, --comment COMMENT：添加用户的注释或全名。

（2）-g, --gid GROUP：将用户添加到指定的初始组（GID）。

（3）-G, --groups GROUP1[,GROUP2,...]：将用户添加到附加组列表，组名之间使用逗号分隔。

（4）-d, --home HOME_DIR：指定用户的家目录路径。

（5）-m, --create-home：如果家目录不存在，自动创建。

（6）-s, --shell SHELL：指定用户的登录 Shell。

（7）-u, --uid UID：为用户分配一个特定的用户 ID（UID）。

（8）-e, --expiredate EXPIRE_DATE：设置账户的过期日期，通常以 YYYY-MM-DD 格式指定。

（9）-p, --password PASSWORD：设置用户的加密密码（不建议直接使用明文密码）。

操作示例：

（1）创建一个新用户，设置用户名为"john"。

```
useradd john
```

（2）创建一个新用户"jane"，指定家目录和注释。

```
useradd -m -c "Jane Smith" -d /home/jane jane
```

（3）创建一个新用户"mark"，将其添加到组"developers"并设置附加组"admins"（需要先有对应的组，创建组操作见 3.4 内容）。

```
useradd -g developers -G admins mark
```

（4）创建一个新用户"peter"，指定用户 ID 和 Shell。

```
useradd -u 1011 -s /bin/bash peter
```

（5）创建一个新用户"mary"，设置密码（请注意，密码应该是加密的，可以使用 passwd 命令来设置）。

```
useradd -p '123456' mary
```

3.3.3 修改用户账户

在麒麟操作系统中，usermod 命令用于修改用户账户的属性，例如更改密码、家目录等。

1. 修改用户密码

要修改用户密码，可以使用以下命令：

```
usermod -p 新密码 用户名
```

在上述命令中，将"新密码"替换为用户的新密码，"用户名"替换为要更改密码的用户的用户名。需要注意的是，使用此方法将直接更改用户密码，所以要小心谨慎。

2. 更改家目录

通过 usermod 也可以更改用户的家目录，可以使用以下命令：

```
usermod -d /新目录 用户名
```

在这个命令中，将"/新目录"替换为用户新的家目录路径，"用户名"替换为要更改家目录的用户的用户名。

3. 添加/删除用户所属组

usermod 还可以用于将用户添加到其他组或从组中删除用户，可以使用以下命令：

```
usermod -a -G 新组 用户名    # 添加用户到新组
sudo usermod -G 旧组 用户名    # 从旧组中删除用户
```

在上述命令中，使用 -a -G 选项来将用户添加到新组，-G 选项从旧组中删除用户。将"新组"替换为要添加的组名，"旧组"替换为要删除用户的组名。

4. 其他属性修改

usermod 还可以用于修改其他用户属性，例如更改用户名、UID（用户标识符）、GID（组标识符）等。要了解更多选项和属性，可通过 usermod --help 了解，如图 3.3 所示。

```
[root@localhost 桌面]# usermod --help
用法：usermod [选项] 登录名

选项：
  -b, --badnames                allow bad names
  -c, --comment COMMENT         GECOS 字段的新值
  -d, --home HOME_DIR           用户的新主目录
  -e, --expiredate EXPIRE_DATE  设定账户过期的日期为 EXPIRE_DATE
  -f, --inactive INACTIVE       过期 INACTIVE 天数后，设定密码为失效状态
  -g, --gid GROUP               强制使用 GROUP 为新主组
  -G, --groups GROUPS           新的附加组列表 GROUPS
  -a, --append GROUP            将用户追加至上边 -G 中提到的附加组中，
                                并不从其它组中删除此用户
  -h, --help                    显示此帮助信息并退出
  -l, --login NEW_LOGIN         新的登录名称
  -L, --lock                    锁定用户账号
  -m, --move-home               将家目录内容移至新位置（仅于 -d 一起使用）
  -o, --non-unique              允许使用重复的(非唯一的) UID
  -p, --password PASSWORD       将加密过的密码 (PASSWORD) 设为新密码
  -R, --root CHROOT_DIR         chroot 到的目录
  -P, --prefix PREFIX_DIR       prefix directory where are located the /etc/*
files
  -s, --shell SHELL             该用户账号的新登录 shell
  -u, --uid UID                 用户账号的新 UID
```

图 3.3　usermod 的用法及选项

3.3.4　删除用户账户

可以使用 userdel 命令来删除用户账户。删除用户账户时，可以选择是否保留用户的文件。相关参数信息如图 3.4 所示。

```
[root@localhost 桌面]# userdel --help
用法：userdel [选项] 登录名

选项：
  -f, --force                   即使不属于此用户，也强制删除文件
  -h, --help                    显示此帮助信息并退出
  -r, --remove                  删除主目录和信件池
  -R, --root CHROOT_DIR         chroot 到的目录
  -P, --prefix PREFIX_DIR       prefix directory where are located the /etc/*
files
  -Z, --selinux-user            为用户删除所有的 SELinux 用户映射
```

图 3.4　userdel 的用法及选项

以下是如何使用 userdel 命令的示例：

（1）删除用户账户但保留用户文件。

```
userdel 用户名
```

这会删除用户账户，但保留用户的家目录和文件。这通常是默认行为。

（2）删除用户账户及其文件。

```
userdel -r 用户名
```

使用 -r 选项将删除用户账户以及用户的家目录和文件。这样用户的所有数据将被永久删除，因此须谨慎操作。

3.3.5 用户密码管理

用户密码是保护用户账户安全的重要组成部分。麒麟操作系统提供了一系列工具来设置和管理用户密码，包括密码策略和密码更改。以下是一些常见的用户密码管理任务。

1. 设置用户密码

使用 passwd 命令来设置用户密码。例如，要更改用户的密码，只需运行以下命令并按照提示输入新密码：

```
sudo passwd 用户名
```

2. 密码策略

麒麟操作系统通常会定义密码策略，包括密码长度、复杂性等。这些策略可以在 /etc/security/pwquality.conf 文件中进行配置，以强制用户设置更安全的密码。

3. 密码更改

用户可以随时更改自己的密码，或者管理员可以强制要求用户更改密码。要求用户更改密码，可以使用 chage 命令。可以使用以下命令：

```
sudo chage -d 0 用户名
```

-d 0 表示要求在 0 天内更改密码，这将强制用户在下次登录时更改密码。

用户密码管理是保持系统安全性的关键方面，因此管理员应该了解如何配置密码策略和进行密码管理以确保用户账户的安全。

3.4 管理组账户

组账户在麒麟操作系统中扮演着关键的角色，允许管理员更灵活地管理用户权限。组账户用于将一组用户归为一类，以便更好地管理文件和目录的权限。

3.4.1 创建组账户

可以使用 groupadd 命令来创建新的组账户，并设置相关属性，用法及选项如图 3.5 所示。

图 3.5 groupadd 的用法及选项

下面是一些使用 groupadd 的示例。

（1）创建一个基本组账户。

```
groupadd mygroup
```

这将创建一个名为"mygroup"的组账户。

（2）指定 GID 创建组账户。

```
groupadd -g 1011 mygroup
```

这将创建一个名为"mygroup"的组账户，并将其 GID 设置为 1011。

（3）创建系统组。

```
groupadd -r mygroup
```

使用 -r 选项创建系统组，通常用于系统进程和服务。

可以根据具体的要求来选择适当的选项和属性来管理组账户。

3.4.2 修改组账户

在麒麟操作系统中，可以使用 groupmod 命令来修改组账户的属性，包括更改组名和 GID，groupmod 的用法及选项如图 3.6 所示。

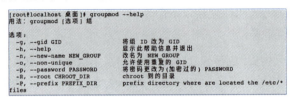

图 3.6　groupmod 的用法及选项

1. 更改组名

要更改组账户的名称，使用以下命令：

```
groupmod -n newgroupname oldgroupname
```

这将把组名 oldgroupname 更改为 newgroupname。例如，如果要将组名从 sales 更改为 marketing，可以运行如下代码：

```
groupmod -n marketing sales
```

2. 更改 GID

要更改组账户的 GID，使用以下命令：

```
groupmod -g newGID groupname
```

这将把组账户 groupname 的 GID 更改为 newGID。例如，如果要将组账户 developers 的 GID 更改为 1012，可以运行以下代码：

```
groupmod -g 1012 developers
```

 注意

更改 GID 时，确保新 GID 是唯一的，不与现有组账户的 GID 冲突。

3.4.3 删除组账户

在麒麟操作系统中，可以使用 groupdel 命令来删除组账户。这个命令非常简单，只需要提供要删除的组名即可。以下是如何使用 groupdel 命令删除组账户的示例。

```
groupdel groupname
```

其中，groupname 是要删除的组账户的名称。需要注意的是，删除组账户将同时删除与该组关联的 GID。在执行此操作之前，请确保不再需要该组账户和相关信息，因为无法恢复已删除的组。

3.4.4 用户与组关联

在麒麟操作系统中，用户和组之间存在关联，用户可以同时属于一个或多个组。这种关联的管理是通过用户的 /etc/passwd 文件中的 GID（组标识符）来实现。

以下是如何将用户与组进行关联的示例。

1. 验证用户的组关联

```
id newuser
```

这将显示用户 newuser 的 UID（用户标识符）、GID（主组标识符）以及附加组（如果有的话）。

2. 添加用户到其他组

```
usermod -a -G group1 newuser
```

-a 选项表示将用户添加到附加组而不是替代现有的组。

-G 选项指定要添加到的组，这里是 group1。

本章实训

一、实训目的

（1）熟练掌握麒麟操作系统中用户管理的基本操作。

（2）学习创建、修改和删除用户账户的实际操作。

（3）理解超级用户（root）账户的特殊性质和权限。

（4）实践系统用户账户的管理，了解其在系统服务和进程中的作用。

（5）掌握组账户的创建、修改和删除操作。

二、实训环境

（1）操作系统：麒麟服务器操作系统。

（2）硬件要求：至少 2 GB RAM，20 GB 硬盘空间，双核处理器。

（3）终端：用于执行命令行操作。

三、实训内容

1. 用户管理

（1）创建一个新的用户账户，命名为 testuser1。

（2）修改 testuser1 的家目录为 /home/testuser1。

（3）更改 testuser1 的登录 Shell 为 /bin/bash。

（4）为 testuser1 设置密码，并确保密码符合复杂性要求。

（5）验证 testuser1 的用户属性是否正确。

2. 组管理

（1）创建一个新的组，命名为 testgroup1。
（2）修改 testgroup1 的 GID 为 1 001。
（3）删除 testuser1 用户账户，但保留用户文件。
（4）将 testuser1 用户添加到 testgroup1 组。
（5）删除 testgroup1 组。

习 题

一、选择题

1. 用户和组在麒麟操作系统中的作用是（　　）。
   A. 管理文件和目录
   B. 控制网络连接
   C. 管理用户权限和资源
   D. 控制系统硬件

2. 超级用户（root）拥有（　　）特殊权限。
   A. 读取所有文件
   B. 编辑所有配置文件
   C. 安装新软件包
   D. 执行系统关机和重启操作

3. 在麒麟操作系统中，如何使用 useradd 命令创建新的用户账户？（　　）
   A. useradd -c username
   B. useradd -m username
   C. useradd -g groupname username
   D. useradd -p password username

4. 如果要删除一个用户账户，但保留用户文件，应该使用（　　）命令。
   A. userdel -r username
   B. userdel username
   C. usermod -d /home/username username
   D. useradd -D username

二、填空题

1. /etc/passwd 文件包含有关用户的信息，每行对应一个用户。每行由多个字段组成，包括用户名、密码、用户 ID、组 ID、家目录和登录 Shell。这些字段由_____字符分隔。

2. 使用_____命令可以修改用户的属性，如更改密码、家目录等。

3. 要删除一个用户账户并保留用户文件，可以使用_____命令。

4. 要创建一个新组，可以使用_____命令。

第 4 章
文件与目录管理

随着计算机技术的不断发展,麒麟操作系统作为一种强大而灵活的操作系统,文件和目录的管理显得愈发重要。在麒麟操作系统中,文件系统是系统的核心组成部分,而对文件和目录的高效管理不仅对系统的有序性至关重要,同时也直接关系到用户和管理员执行各种任务的便捷性。本章将讲解麒麟操作系统文件系统的管理,包括文件和目录的基本概念、管理操作命令、权限设置以及特殊权限的应用,以供读者更好地利用麒麟操作系统进行文件和目录的管理。

学习目标
- 了解文件和目录的基本概念;
- 掌握文件和目录管理命令;
- 掌握文件和目录管理的权限;
- 理解文件和目录特殊权限。

4.1 文件与目录概述

本节将首先探讨文件与目录的基本概念,帮助读者建立对这些核心概念的理解。

4.1.1 文件与目录的基本概念

在麒麟操作系统中,文件和目录是文件系统的基本组成部分。它们构成了文件层次结构,允许组织、存储和访问数据和信息。下面详细了解这两个概念。

文件是一种用于存储数据的基本单元。它可以包含文本、图像、音频、程序代码等各种类型的信息。文件可以分为不同的类型,例如文本文件、二进制文件、可执行文件等。每个文件都有一个唯一的名称,可以根据需要创建、打开、编辑和删除。

目录是一种特殊的文件,用于组织和存储其他文件和子目录。目录可以包含文件和其他目录,从而形成了一个层次结构。根目录(/)是整个文件系统的最顶层目录,所有文件和目录都可以追溯到根目录。每个目录都有一个名称,可以使用这些名称来导航和访问文件系统中的不同部分。

文件和目录在计算机系统中发挥着关键作用，它们是文件系统的基本组成部分，负责组织、存储和管理数据和信息。以下是文件和目录在计算机系统中的作用：

（1）数据存储：文件是计算机系统中存储数据的基本单位。无论是文本文件、图像、音频、视频还是程序代码，所有这些信息都以文件的形式存储在计算机的存储设备上。

（2）数据组织：目录是一种用于组织和分类文件的结构。它们允许用户将相关文件放在一起，从而更容易地找到和访问所需的数据。目录形成了文件系统的层次结构，允许用户按照层次方式组织文件。

（3）文件检索：通过目录结构，用户可以轻松地浏览和查找文件。文件名和目录路径帮助用户识别文件的位置和内容，使文件检索变得高效。

（4）数据共享：文件允许数据在不同用户和应用程序之间进行共享。通过正确的文件权限和共享设置，多个用户可以访问和编辑相同的文件，以实现协作。

（5）系统配置和管理：许多配置文件和系统文件用于配置和管理计算机系统。这些文件包括操作系统的配置、设备驱动程序、系统日志等，它们对于系统的正常运行至关重要。

（6）程序执行：可执行文件包含计算机程序的代码，它们允许用户运行各种应用程序和工具。操作系统会根据文件的类型和权限执行相应的操作。

（7）备份和恢复：文件的存在允许用户创建备份，以确保数据的安全性。通过复制文件到备份介质，用户可以在数据丢失或损坏时进行恢复。

总之，文件和目录是计算机系统中的核心元素，它们为数据的存储、组织、检索和共享提供了基础，对数据管理和系统维护起着关键的作用。有效地管理文件和目录对于计算机用户和系统管理员来说至关重要。

4.1.2 文件和目录的层次结构

麒麟操作系统文件目录结构

文件和目录在计算机系统中以一种层次结构的方式组织和管理。这种结构使得用户能够清晰地了解文件和目录之间的关系，有效地组织和访问数据。下面介绍文件和目录中的一些概念。

（1）根目录：在麒麟文件系统中，根目录表示为斜杠符号（/）。它是整个文件系统的最顶层目录，所有文件和目录都可以追溯到根目录。根目录包含所有其他目录和文件，是整个层次结构的起点。

（2）子目录：子目录是根目录下的目录，也可以包含其他子目录和文件。子目录的层次结构可以非常复杂，允许用户以分层方式组织数据。例如，用户的主目录通常位于根目录下，用户可以在主目录中创建更多的子目录，以进一步组织文件。

（3）文件：文件是存储数据和信息的基本单元。它们可以直接存储在根目录或子目录中。每个文件都有一个唯一的名称，文件名通常包含扩展名，以指示文件的类型。文件可以在目录中组织起来，以便用户可以轻松找到它们。

（4）目录树（文件系统，见图4.1）：所有的目录和子目录形成了一个目录树结构，树的根是根目录。这种树状结构允许用户按照逻辑方式组织和查找文件，每个目录都有特定的用途。

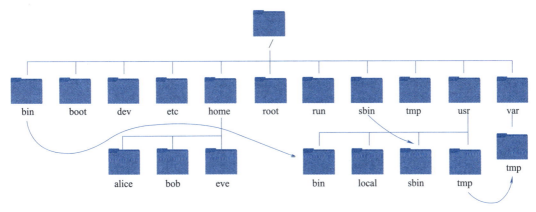

图 4.1　麒麟操作系统的目录树

（5）相对路径和绝对路径：为了定位文件或目录，可以使用相对路径或绝对路径。相对路径是相对于当前工作目录的路径，而绝对路径从根目录开始描述完整的路径。例如，"./documents"是一个相对路径，表示当前目录下的"documents"子目录，而"/home/user/documents"是一个绝对路径，表示从根目录开始的完整路径。理解路径的概念对于在麒麟操作系统中导航和操作文件和目录非常重要。根据特定任务的需要，可以选择使用绝对路径或相对路径，以便有效地管理文件系统中的资源。

几个常用符号代表的目录如下：

（1）. 代表当前目录，也可用 ./ 来表示。

（2）.. 代表上一级目录，也可用 ../ 来表示。

（3）~ 代表当前用户的家目录。

（4）/ 代表根目录，即顶级目录。

文件和目录的层次结构是麒麟操作系统文件系统的核心特征之一。它为用户提供了灵活且有组织的方式来管理数据和信息。通过了解和理解这种层次结构，用户可以更有效地组织和浏览他们的文件系统。

4.1.3　文件和目录的命名规则

在麒麟操作系统中，文件和目录的命名需要遵循一些规则和约定，以确保文件系统的正常运作和数据的完整性。文件和目录命名的一些重要规则和注意事项如下：

（1）字符集：文件和目录的名称可以包含字母、数字、下画线（_）和连字符（-）。建议使用字母和数字来命名，以确保最广泛的兼容性。

（2）大小写敏感：麒麟操作系统文件系统通常是大小写敏感的，这意味着大写字母和小写字母被视为不同的字符。例如，"myfile.txt"和"MyFile.txt"被视为两个不同的文件。

（3）特殊字符：避免在文件或目录名称中使用特殊字符，如空格、斜杠（/）、反斜杠（\）、冒号（:）、星号（*）、问号（?）等。这些字符在文件系统中具有特殊含义，可能引发问题。

（4）长度限制：文件和目录名称的最大长度通常受到文件系统的限制。不同的文件系统有不同的限制，但通常情况下，文件名长度限制在 255 个字符以内。建议保持文件名短而具有描述性。

（5）可读性：命名应具备良好的可读性，使用有意义的名称来描述文件或目录的内容，以便其他用户或管理员能够轻易理解文件或目录的用途。

（6）保留字：避免使用麒麟操作系统文件系统中的保留字或关键字，以免引发混淆或错误。例如，避免使用"home""root"等作为文件或目录名称。

（7）扩展名：麒麟操作系统不像 Windows 那样依赖文件扩展名来确定文件类型，但仍然可以在文件名中包含扩展名以指示文件类型。

（8）目录分隔符：目录分隔符通常是斜杠（/），用于分隔目录名称。在文件名中使用斜杠通常会被视为目录分隔符，而不是文件名的一部分。

遵守这些命名规则有助于确保文件系统的稳定性和可维护性。合理的命名习惯可以减少潜在的冲突和问题，使文件系统更易于管理和理解。

4.1.4 文件种类和扩展名

在麒麟操作系统中，文件可以分为多种类型，每种类型都有其特定的用途和特征。同时，文件的扩展名在识别和处理文件时起着关键作用。本节将介绍不同类型的文件和文件扩展名的作用。

1. 不同类型的文件

（1）文本文件（text files）：文本文件包含文本数据，通常是人类可读的字符，如字母、数字和符号。它们用于存储文本文档、配置文件、源代码等。文本文件的编码通常是 ASCII 或 UTF-8。

（2）二进制文件（binary files）：二进制文件包含非文本数据，通常以二进制格式编码。这些文件包括图像、音频、视频、压缩文件、数据库文件等。它们不是人类可读的，而是由应用程序解释。

（3）可执行文件（executable files）：可执行文件包含计算机程序的二进制代码。它们允许操作系统执行程序并执行特定任务。麒麟操作系统可执行文件通常不需要扩展名，但习惯上可以使用".bin"".run"".sh"等扩展名。

（4）目录文件（directory files）：目录文件用于存储其他文件和子目录的列表。它们是用于组织文件系统的特殊文件类型，不包含实际数据。

2. 文件扩展名的作用

文件扩展名是文件名的一部分，通常出现在文件名的最后，以点（.）分隔。它们有以下作用：

（1）标识文件类型：扩展名可以指示文件的类型。例如，.txt 表示文本文件，.jpg 表示 JPEG 图像，.exe 表示可执行文件。这有助于用户和操作系统识别文件内容。

（2）关联默认应用程序：操作系统根据扩展名来关联默认的应用程序。例如，双击一个 .txt 文件通常会打开文本编辑器，而不是图像查看器。

（3）提供语法高亮：在一些文本编辑器和集成开发环境中，扩展名用于选择适当的语法高亮方案，以便更好地编辑文件。

（4）确定执行权限：在麒麟操作系统中，可执行文件的扩展名通常不是必需的，但它们可以提供关于文件用途的提示。例如，.sh 表示 Shell 脚本，.py 表示 Python 脚本。

总之，文件种类和扩展名在麒麟操作系统中具有重要作用。它们帮助用户和操作系统识别文件类型，选择适当的应用程序进行处理，并提供关于文件内容和用途的重要信息。

4.2 文件和目录操作

4.2.1 目录相关操作

麒麟操作系统中的目录相关操作是管理文件和目录的重要命令。下面介绍一些常见的目录操作命令。

1. cd——切换工作目录

麒麟操作系统中的 cd（change directory）命令用于改变当前工作目录，可以提供要切换到的目录的路径作为参数。命令格式如下：

```
cd [目标目录]
```

例如，改变当前工作目录为 "/etc"。

```
[root@localhost 桌面]# cd /etc
```

2. pwd——显示当前工作目录的路径

pwd（print work directory）命令用于显示当前工作目录的绝对路径。只需输入以下命令：

```
[root@localhost etc]# pwd
```

系统将显示当前工作目录的路径，例如，"/etc"。

3. mkdir——创建新目录

要在麒麟操作系统中创建新目录，可以使用 mkdir（make directory）命令。可以指定要创建的目录名称作为参数，并且可以使用绝对路径或相对路径，通常使用 -p 选项同时创建父目录。

命令格式如下：

```
mkdir -p [目标目录]
```

常用选项说明：

-p（--parents）：使用 -p 选项可以递归地创建目录，即如果指定的目录路径中的某些父级目录不存在，mkdir 将自动创建这些父级目录。这是一个非常常用的选项，因为它确保整个目录路径都存在。

例如，以下代码表示将在当前工作目录（桌面）下创建名为 "file1" 的新目录，然后在 "file1" 目录下创建 "file2" 目录。

```
[root@localhost 桌面]# mkdir -p file1/file2
```

4. rmdir——删除空目录

要删除空目录，可以使用 rmdir（remove directory）命令。只需提供要删除的目录的名称作为参数，同样可以使用 -p 选项。

命令格式如下：

```
rmdir -p [目标目录]
```

例如，以下代码表示将刚刚创建的 "file1/file2" 空目录删除，需要注意的是，若目录中存在文件则此命令无法执行。

```
[root@localhost 桌面]# rmdir -p file1/file2
```

这些目录相关操作命令允许在麒麟操作系统中轻松管理文件和目录。通过改变工作目录、查看当前工作目录、创建新目录和删除空目录，可以有效地组织和维护文件系统。

4.2.2 文件创建相关操作

在麒麟操作系统中，可以使用以下命令进行文件创建相关操作。

1. ls——列出目录内容

ls（list）命令用于列出目录中的文件和子目录。命令格式如下：

```
ls [选项] [目标目录]
```

常用选项说明：

-l：以长格式列出文件和目录，包括详细信息如文件权限、所有者、大小、修改时间等。

-a：显示所有文件和目录，包括隐藏文件（以 . 开头的文件）。

-h：以人类可读的方式显示文件大小（例如，KB、MB）。

例如，要列出当前工作目录中的文件和子目录，可以使用以下命令，可简写为 ll。

```
[root@localhost 桌面]# ls -l
```

2. touch——创建空文件或更新文件的访问和修改时间戳

touch 命令用于创建空文件，如果文件已存在，则可以更新文件的访问和修改时间戳。命令格式如下：

```
touch [选项] 文件名
```

常用选项说明：

-c：只在文件不存在时创建文件。

-t：指定文件的时间戳，格式为 "[[CC]YY]MMDDhhmm[.ss]"。

例如，要创建一个名为 "new_file.txt" 的空文件，可以使用以下命令：

```
[root@localhost 桌面]# touch new_file.txt
```

如果文件已存在，这个命令也会更新文件的时间戳。

3. cp——复制文件或目录

cp（copy）命令用于复制文件或目录。命令格式如下：

```
cp [选项] 源文件/目录 目标文件/目录
```

常用选项说明：

-r：递归复制目录及其内容。

-i：在复制前进行交互式确认。

例如，要复制文件 "new_file.txt" 到根目录中，可以使用以下命令：

```
[root@localhost 桌面]# cp new_file.txt /
```

4. rm——删除文件或目录

rm（remove）命令用于删除文件或目录。命令格式如下：

```
rm [选项] 文件/目录
```

常用选项说明：

-r：递归删除目录及其内容。

-f：强制删除，不进行确认提示。

例如，要删除文件"new_file.txt"，可以使用以下命令：

[root@localhost 桌面]# rm new_file.txt

然后会提示是否删除文件，输入"y"或"Y"确认，文件删除。操作过程如图 4.2 所示。

```
[root@localhost 桌面]# rm new_file.txt
rm: 是否删除普通空文件 'new_file.txt'? y
```

图 4.2　删除文件操作

5. mv——移动文件或重命名文件

mv（move）命令用于移动文件或目录到不同的位置或重命名文件。命令格式如下：

mv [选项] 源文件/目录 目标文件/目录/新名称

常用选项说明：

-i：在移动或重命名前进行交互式确认。

-b：在目标文件已存在时进行备份。

例如，在桌面建立一个空文件"file1.txt"，然后将文件移动到根目录中，可以使用以下命令：

[root@localhost 桌面]# touch file1.txt
[root@localhost 桌面]# mv file1.txt /

4.2.3　文件内容查看

1. cat——查看和连接文件内容

cat（concatenate）命令用于显示文本文件的内容，也可以用于将多个文件连接成一个文件。命令格式如下：

cat [选项] 文件名

常用选项说明：

-n：显示行号。

-b：显示非空行的行号。

例如，要查看文件"/etc/passwd"的内容，可以使用以下命令：

[root@localhost 桌面]# cat /etc/passwd

结果如图 4.3 所示。

```
[root@localhost 桌面]# cat /etc/passwd
root:x:0:0:root:/root:/bin/bash
bin:x:1:1:bin:/bin:/sbin/nologin
daemon:x:2:2:daemon:/sbin:/sbin/nologin
adm:x:3:4:adm:/var/adm:/sbin/nologin
lp:x:4:7:lp:/var/spool/lpd:/sbin/nologin
sync:x:5:0:sync:/sbin:/bin/sync
shutdown:x:6:0:shutdown:/sbin:/sbin/shutdown
halt:x:7:0:halt:/sbin:/sbin/halt
mail:x:8:12:mail:/var/spool/mail:/sbin/nologin
operator:x:11:0:operator:/root:/sbin/nologin
games:x:12:100:games:/usr/games:/sbin/nologin
ftp:x:14:50:FTP User:/var/ftp:/sbin/nologin
nobody:x:65534:65534:Kernel Overflow User:/:/sbin/nologin
unbound:x:999:994:Unbound DNS resolver:/etc/unbound:/sbin/nologin
sshd:x:74:74:Privilege-separated SSH:/var/empty/sshd:/sbin/nologin
polkitd:x:998:993:User for polkitd:/:/sbin/nologin
rtkit:x:172:172:RealtimeKit:/proc:/sbin/nologin
pipewire:x:997:992:PipeWire System Daemon:/var/run/pipewire:/sbin/nologin
saslauth:x:996:76:Saslauthd user:/run/saslauthd:/sbin/nologin
libstoragemgmt:x:995:990:daemon account for libstoragemgmt:/var/run/lsm:/sbin/n
ologin
```

图 4.3　cat 显示 passwd 文件内容

如果要显示行号，可以添加 -n 选项：

```
[root@localhost 桌面]# cat -n /etc/passwd
```

操作结果如图 4.4 所示。

```
[root@localhost 桌面]# cat -n /etc/passwd
     1  root:x:0:0:root:/root:/bin/bash
     2  bin:x:1:1:bin:/bin:/sbin/nologin
     3  daemon:x:2:2:daemon:/sbin:/sbin/nologin
     4  adm:x:3:4:adm:/var/adm:/sbin/nologin
     5  lp:x:4:7:lp:/var/spool/lpd:/sbin/nologin
     6  sync:x:5:0:sync:/sbin:/bin/sync
     7  shutdown:x:6:0:shutdown:/sbin:/sbin/shutdown
     8  halt:x:7:0:halt:/sbin:/sbin/halt
     9  mail:x:8:12:mail:/var/spool/mail:/sbin/nologin
    10  operator:x:11:0:operator:/root:/sbin/nologin
    11  games:x:12:100:games:/usr/games:/sbin/nologin
    12  ftp:x:14:50:FTP User:/var/ftp:/sbin/nologin
    13  nobody:x:65534:65534:Kernel Overflow User:/:/sbin/nologin
    14  unbound:x:999:994:Unbound DNS resolver:/etc/unbound:/sbin/nologin
    15  sshd:x:74:74:Privilege-separated SSH:/var/empty/sshd:/sbin/nologin
    16  polkitd:x:998:993:User for polkitd:/:/sbin/nologin
    17  rtkit:x:172:172:RealtimeKit:/proc:/sbin/nologin
```

图 4.4　passwd 文件加行号显示

2. more——逐页查看文件内容

more 命令用于逐页显示文本文件的内容，支持翻页浏览。命令格式如下：

```
more 文件名
```

常用操作如下：

（1）空格键：向下翻页。

（2）Enter 键：向下滚动一行。

（3）q 键：退出 more 查看。

例如，要查看文件"/etc/passwd"的内容，可以使用以下命令：

```
[root@localhost 桌面]# more /etc/passwd
```

3. less——与 more 命令类似，但提供更多功能

less 命令与 more 命令类似，但提供更多的浏览和搜索功能，如向前翻页、向后搜索等。命令格式如下：

```
less 文件名
```

常用操作如下：

（1）空格键：向下翻页。

（2）b 键：向上翻页。

（3）/ 键：进行文本搜索。

（4）q 键：退出 less 查看。

例如，要查看文件"/etc/passwd"的内容，可以使用以下命令：

```
[root@localhost 桌面]# less /etc/passwd
```

4. tail——查看文件尾部内容

tail 命令用于查看文件的末尾内容，默认显示文件的最后 10 行。命令格式如下：

```
tail [选项] 文件名
```

常用选项说明：

-n 数字：指定显示文件末尾的行数。

-f：实时监视文件，显示新增的内容。

例如，要查看文件 "/etc/passwd" 最后 20 行的内容，可以使用以下命令：

```
[root@localhost 桌面]# tail -n 20 /etc/passwd
```

5. head——查看文件首部内容

head 命令用于查看文件的末尾内容，默认显示文件的开头 10 行。命令格式如下：

head [选项] 文件名

常用选项说明：

-n 数字：指定显示文件末尾的行数。

例如，要查看文件 "/etc/passwd" 开头 20 行的内容，可以使用以下命令：

```
[root@localhost 桌面]# head -n 20 /etc/passwd
```

例 4.1 文件基本操作。根据所学命令，完成以下文件的基本操作，具体要求如下：

（1）在家目录下创建 dir1/dir2 目录。

（2）在 dir2 目录新建一个内容为 "This is file1" 的文件 file1。

（3）在根目录下创建 dir3/dir4 目录。

（4）在 dir4 目录下新建一个内容为 "This is file2" 的文件 file2。

（5）将 file1，file2 合并成 file3，保存至 dir1。

（6）将以上所有新建的文件及目录删除。

例4.1
视频讲解

详细操作步骤如图 4.5 所示。

```
[root@localhost 桌面]# cd ~
[root@localhost ~]# mkdir -p dir1/dir2
[root@localhost ~]# cd dir1/dir2
[root@localhost dir2]# echo "This is file1">file1
[root@localhost dir2]# mkdir -p /dir3/dir4
[root@localhost dir2]# echo "This is file2">/dir3/dir4/file2
[root@localhost dir2]# cat file1 /dir3/dir4/file2 >../file3
[root@localhost dir2]# cd ..
[root@localhost dir1]# ls
dir2  file3
[root@localhost dir1]# cat file3
This is file1
This is file2
[root@localhost ~]# rm -r dir1
rm: 是否进入目录 'dir1'? y
rm: 是否进入目录 'dir1/dir2'? y
rm: 是否删除普通文件 'dir1/dir2/file1'? y
rm: 是否删除目录 'dir1/dir2'? y
rm: 是否删除普通文件 'dir1/file3'? y
rm: 是否删除目录 'dir1'? y
[root@localhost ~]# rm -r /dir3
rm: 是否进入目录 '/dir3'? y
rm: 是否进入目录 '/dir3/dir4'? y
rm: 是否删除普通文件 '/dir3/dir4/file2'? y
rm: 是否删除目录 '/dir3/dir4'? y
rm: 是否删除目录 '/dir3'? y
```

图 4.5 文件基本操作过程

4.2.4 文件处理

在麒麟操作系统中，可以使用以下命令来处理文件内容。

1. wc——统计文件中的字数、行数和字符数

wc（word count）命令用于统计文件中的字数、行数和字符数。命令格式如下：

```
wc [选项] 文件名
```

常用选项说明：

-l：仅显示行数。

-w：仅显示字数。

-c：仅显示字符数。

例如，要统计文件"etc/passwd"中的行数、字数和字符数，可以使用以下命令：

```
[root@localhost 桌面]# wc /etc/passwd
```

操作过程如图 4.6 所示。

```
[root@localhost 桌面]# wc /etc/passwd
    45     93 2460 /etc/passwd
```

图 4.6 wc 统计 passwd 文件

代表文件中共有 45 行，93 个单词，2 460 个字符。

2. sort——对文件内容进行排序

sort 命令用于对文件内容进行排序，默认按字母顺序升序排序。命令格式如下：

```
sort [选项] 文件名
```

常用选项说明：

-r：以降序（逆序）排序。

-n：按数字顺序排序。

-u：去除重复行。

例如，要对文件"/etc/passwd"中的文本行进行升序排序，可以使用以下命令：

```
[root@localhost 桌面]# sort /etc/passwd
```

操作结果如图 4.7 所示，可以看到文件已经排字母升序排列。

```
[root@localhost 桌面]# sort /etc/passwd
adm:x:3:4:adm:/var/adm:/sbin/nologin
apache:x:48:48:Apache:/usr/share/httpd:/sbin/nologin
bin:x:1:1:bin:/bin:/sbin/nologin
chrony:x:990:981::/var/lib/chrony:/sbin/nologin
cockpit-ws:x:993:988:User for cockpit-ws:/nonexisting:/sbin/nologin
daemon:x:2:2:daemon:/sbin:/sbin/nologin
dbus:x:977:995:System Message Bus:/:/usr/sbin/nologin
dhcpd:x:177:177:DHCP server:/:/sbin/nologin
dnsmasq:x:976:976:Dnsmasq DHCP and DNS server:/var/lib/dnsmasq:/usr/sbin/nologin
ftp:x:14:50:FTP User:/var/ftp:/sbin/nologin
games:x:12:100:games:/usr/games:/sbin/nologin
geoclue:x:994:989:User for geoclue:/var/lib/geoclue:/sbin/nologin
halt:x:7:0:halt:/sbin:/sbin/halt
ldap:x:55:55:OpenLDAP server:/var/lib/ldap:/sbin/nologin
libstoragemgmt:x:995:990:daemon account for libstoragemgmt:/var/run/lsm:/sbin/no
```

图 4.7 passwd 按字母升序排列

3. uniq——去除重复的行

uniq 命令用于去除文件中的重复行。

sort 命令用于对文件内容进行排序，默认按字母顺序升序排序。命令格式如下：

```
uniq [选项] 文件名
```

常用选项说明：

-d：仅显示重复行。

-u：仅显示非重复行。

例如，要去除文件“data.txt”中的重复行并仅显示非重复行，可以使用以下命令：

```
[root@localhost 桌面]# uniq -u /etc/passwd
```

4. diff——比较两个文件的差异

diff 命令用于比较两个文件的内容，并显示它们之间的差异。命令格式如下：

```
diff [选项] 文件1 文件2
```

常用选项说明：

-u：以统一格式输出差异。

-r：递归比较目录。

-q：仅显示是否不同，而不显示详细差异。

例如，可在桌面建立两个文件“file1”和“file2”，输入一些内容，然后比较两个文件的差异，并以统一格式输出差异，可以使用以下命令：

```
[root@localhost 桌面]# diff -u file1 file2
```

操作结果如图 4.8 所示。

```
[root@localhost 桌面]# diff -u file1 file2
--- file1       2023-10-08 15:03:47.107019471 +0800
+++ file2       2023-10-08 15:04:06.363235185 +0800
@@ -1,3 +1,3 @@
-This is file1
+This is file2
 file
-test file1
+test file2
```

图 4.8　diff 两个文件的差异

4.3 文件和目录的权限

4.3.1　文件和目录权限概述

在麒麟操作系统中，文件和目录权限是系统安全的重要组成部分。权限控制了用户对文件和目录的访问和操作。本节将介绍文件和目录权限的基本概念以及为什么权限对系统安全至关重要。

1. 文件和目录权限的基本概念

文件和目录在麒麟操作系统中都有权限属性，这些属性决定了谁可以访问它们以及对它们进行什么样的操作。权限通常分为以下三种：

（1）读权限（read）：允许用户查看文件的内容或目录中的文件列表。

（2）写权限（write）：允许用户对文件进行修改、创建新文件或删除文件，对目录来说，允许用户创建、删除文件或子目录。

（3）执行权限（execute）：对于文件，允许用户执行，对于目录，允许用户进入目录。

这些权限属性通常用一组字符表示，例如，"r"表示读权限，"w"表示写权限，"x"表示执行权限。这些字符分别针对文件的所有者、所属组和其他用户进行定义。

2. 为什么权限对系统安全至关重要

权限控制是麒麟操作系统安全的关键因素之一，权限对系统安全的重要性体现在以下几个方面：

（1）提供数据保护：文件和目录权限确保只有授权的用户能够访问敏感数据。通过正确配置权限，可以防止未经授权的用户访问、修改或删除文件。

（2）维护系统完整性：权限控制有助于维护系统的完整性，防止恶意软件或未经授权的用户修改系统关键文件。

（3）隔离和保护隐私：不同用户之间的文件和目录应该得到隔离，权限控制可以确保用户之间的数据互不干扰，保护用户的隐私。

（4）保障合规性和法规要求：许多法规和合规性标准要求保护敏感数据，权限控制是满足这些要求的关键。

（5）防止意外操作：通过限制对关键文件和目录的写权限，可以防止用户意外覆盖或删除重要数据。

总之，文件和目录权限是麒麟操作系统安全的基础，它确保了系统的保密性、完整性和可用性。了解和正确配置权限是系统管理员和用户的重要责任，有助于维护系统的安全性和稳定性。

4.3.2 查看权限信息

要查看文件和目录的权限信息，可以使用命令如 ls -l 或 stat。这些命令允许详细查看文件和目录的权限、所有者和所属组等信息。

1. ls -l 命令

使用 ls -l 命令以长格式列出文件和目录，并包括权限信息在内。以下是如何使用该命令查看权限信息的示例。

```
[root@localhost 桌面]# ls -l
```

操作结果如图 4.9 所示。

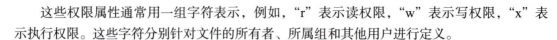

图 4.9　ls -l 命令演示结果

输出格式如下：

-rw-r--r-- 1 用户名 用户组　文件大小　修改日期 文件或目录名称

说明如下：

-rw-r--r--：表示文件的权限，包括所有者、所属组和其他用户的读写权限。

用户名：文件的所有者。

用户组：文件的所属组。

文件大小：文件的大小（以字节为单位）。

修改日期：文件的最后修改日期和时间。

文件或目录名称：文件或目录的名称。

2. stat 命令

stat 命令用于显示文件或目录的详细信息，包括权限信息。命令格式如下：

```
stat 文件或目录路径
```

以下是如何使用该命令查看权限信息的示例。

```
[root@localhost 桌面]# stat.
```

操作结果如图 4.10 所示。

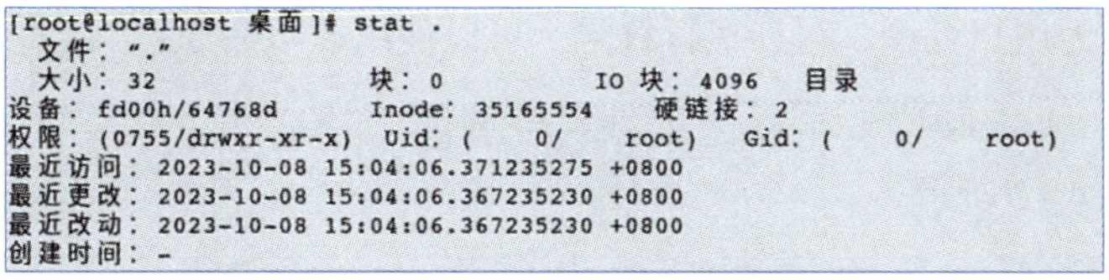

```
[root@localhost 桌面]# stat .
  文件: "."
  大小: 32              块: 0          IO 块: 4096   目录
设备: fd00h/64768d      Inode: 35165554     硬链接: 2
权限: (0755/drwxr-xr-x)  Uid: (    0/    root)   Gid: (    0/    root)
最近访问: 2023-10-08 15:04:06.371235275 +0800
最近更改: 2023-10-08 15:04:06.367235230 +0800
最近改动: 2023-10-08 15:04:06.367235230 +0800
创建时间: -
```

图 4.10　stat 显示当前目录的详细信息

示例输出内容说明：

文件（file）：文件或目录路径。

大小（size）：文件大小。

块（blocks）：文件占用的文件系统块数。

IO 块（IO block）：文件系统块的大小。

设备：文件所在设备的主 / 次编号。

权限：文件的相应权限。

最近访问：文件的最后访问时间。

最近改动：文件的最后修改时间。

4.3.3　修改权限

在麒麟操作系统中，用户可以使用命令来修改文件和目录的权限、文件的所有者以及文件所属用户组。本节将演示如何使用 chmod 命令、chown 命令和 chgrp 命令执行这些操作。

1. 使用 chmod 命令修改文件和目录的权限

chmod 命令用于修改文件和目录的权限。它可以通过两种方式来指定权限更改：符号表示法和数字表示法。

1）符号表示法

（1）+：添加权限。

（2）-：删除权限。

（3）=：设置权限。

2）数字表示法

（1）4：读权限（r）。

（2）2：写权限（w）。

（3）1：执行权限（x）。

例如，建立空白文件 example.txt，并将文件 example.txt 设置为只读权限，可以使用以下命令：

```
[root@localhost 桌面]# touch example.txt
[root@localhost 桌面]# chmod o-r example.txt
```

操作过程如图 4.11 所示。

```
[root@localhost 桌面]# touch example.txt
[root@localhost 桌面]# ls -l example.txt
-rw-r--r-- 1 root root 0 10月  8 15:14 example.txt
[root@localhost 桌面]# chmod o-r example.txt
[root@localhost 桌面]# ls -l example.txt
-rw-r----- 1 root root 0 10月  8 15:14 example.txt
```

图 4.11　chmod 命令更改文件权限

这表示将删除文件其他用户的读权限。

要将文件设置为用户可读、写和执行权限，可以使用以下命令：

```
[root@localhost 桌面]# chmod u=rwx example.txt
```

操作过程如图 4.12 所示。

```
[root@localhost 桌面]# chmod u=rwx example.txt
[root@localhost 桌面]# ls -l example.txt
-rwxr--r-- 1 root root 0 10月 31 19:30 example.txt
```

图 4.12　设置文件权限

这将设置文件所有者的读、写和执行权限。

2. 修改文件的所有者和所属用户组

（1）使用 chown 命令

chown 命令用于修改文件的所有者。要修改文件的所有者，可以使用以下命令：

```
chown 新所有者 文件名
```

例如，新增一个用户"user1"，并将文件"example.txt"的所有者更改为新用户"user1"，可以使用如图 4.13 所示命令。

```
[root@localhost 桌面]# useradd user1
[root@localhost 桌面]# chown user1 example.txt
[root@localhost 桌面]# ls -l example.txt
-rwxr--r-- 1 user1 root 0 10月 31 19:30 example.txt
```

图 4.13　修改文件所有者

（2）使用 chgrp 命令

chgrp 命令用于修改文件的所属用户组。要修改文件的所属用户组，可以使用以下命令：

```
chgrp 新用户组 文件名
```

例如，要将文件"example.txt"的所属用户组更改为新用户组，可以使用如图 4.14 所示命令。

```
[root@localhost 桌面]# chgrp user1 example.txt
[root@localhost 桌面]# ls -l example.txt
-rwxr--r-- 1 user1 user1 0 10月 31 19:30 example.txt
```

图 4.14　修改用户所属组

3. 隐藏权限

除了常规权限（读、写、执行），还有一些特殊权限可以应用于文件和目录，如 SUID、SGID 和黏滞位。这些权限用于特殊情况下，例如执行文件时以文件所有者或用户组的身份执行。

SUID（set user ID）：当文件拥有 SUID 权限时，执行该文件的用户将以文件所有者的身份执行。要设置 SUID 权限，可以在权限中使用数字 4，例如 chmod +s 文件名，或 chmod 4555 文件名。

SGID（set group ID）：当文件拥有 SGID 权限时，执行该文件的用户将以文件所属用户组的身份执行。要设置 SGID 权限，可以在权限中使用数字 2，例如 chmod 2555 文件名。

黏滞位（sticky bit）：黏滞位通常应用于目录，它确保只有文件所有者才能删除自己的文件。要设置黏滞位，可以在权限中使用数字 1，例如 chmod +t 目录名。

例4.2 视频讲解

例 4.2 文件权限操作。根据所学命令，完成以下文件的权限操作，具体要求如下：

（1）在家目录下创建 file1 文件。

（2）查看文件 file1 的权限。

这两步的操作过程如图 4.15 所示。

图 4.15 file1 文件创建及权限查看

（3）修改文件 file1 的权限为所有者可读、可写、可执行。

（4）查看文件 file1 更新后的权限。

这两步的操作过程如图 4.16 所示。

图 4.16 修改并查看文件权限

（5）取消文件 file1 其他用户的可读权限。

（6）查看文件 file1 更新后的权限。

这两步的操作过程如图 4.17 所示。

图 4.17 取消其他用户的读取权限

4.4 硬链接与软链接

4.4.1 硬链接

硬链接是一种特殊的文件链接方式，在麒麟操作系统中用于创建多个文件实体，这些实体与原始文件共享相同的数据块。与软链接不同，硬链接是文件系统中的多个文件实体，它们实际上指向相同的数据块，这意味着修改其中一个文件会影响其他链接到相同数据块的文件。

要创建硬链接，可以使用 ln（link）命令，其基本语法如下：

```
ln 源文件/目录 目标软链接
```

源文件/目录：要创建链接的源文件或目录的路径。

目标软链接：要创建的软链接的名称和路径。

例如，要在当前目录下创建一个名为"mylink"的硬链接，指向文件"file1"，可以使用如图 4.18 所示命令。

```
[root@localhost 桌面]# ln file1 mylink
[root@localhost 桌面]# ls -l
总用量 0
-rwxr--r-- 1 user1 user1 0 10月 31 19:30 example.txt
-rw-r--r-- 2 root  root  0 10月 31 22:11 file1
-rw-r--r-- 1 root  root  0 10月 31 22:11 file2
-rw-r--r-- 2 root  root  0 10月 31 22:11 mylink
```

图 4.18 创建硬链接

要查看硬链接的详细信息，可以使用 ls 命令，以长格式列出文件，并使用 -l 选项。

硬链接有以下限制：

（1）只能链接到同一文件系统中的文件：硬链接只能在同一文件系统中创建，不能跨越不同文件系统。

（2）不能链接到目录：硬链接不能用于目录，只能用于链接文件。

（3）不能跨越物理设备：由于硬链接与底层文件系统的存储方式相关，因此不能在不同物理设备之间创建硬链接。

（4）修改一个链接会影响其他链接：所有硬链接都指向相同的数据块，因此如果修改其中一个链接的内容，其他链接也会受到影响。这是硬链接的一个关键特性。

（5）无法删除原始文件直到所有链接都被删除：如果删除原始文件，它的数据块将被释放，但链接仍然存在，直到所有链接都被删除为止。

硬链接的使用场景如下：

（1）节省磁盘空间：硬链接允许多个文件实体共享相同的数据块，因此可以节省磁盘空间。这对于需要多个副本的文件非常有用，而无须占用额外的存储空间。

（2）备份文件：创建硬链接可以实现备份文件的快速和有效方式。如果原始文件没有更改，硬链接不会占用额外的存储空间，但仍然允许访问备份。

（3）创建文件版本控制：硬链接可用于创建文件版本控制系统，允许用户访问不同时间点的文件版本，而无须复制数据。

总之，硬链接是一种有效管理文件和节省存储空间的方式，但要谨慎使用，因为修改一个链接会影响其他链接。此外，硬链接不能用于目录，并且仅限于同一文件系统。

4.4.2 软链接（符号链接）

软链接也称为符号链接，是一种特殊类型的文件，在麒麟操作系统中用于创建文件或目录的符号引用。与硬链接不同，软链接是一个指向目标文件或目录的指针，类似于 Windows 中的快捷方式。软链接允许创建对其他文件或目录的引用，使文件系统更加灵活。

要创建软链接，可以使用 ln（link）命令，其基本语法如下：

```
ln -s 源文件/目录  目标软链接
```

-s 指 soft，软链接。

例如，要在当前目录下创建一个名为 softlink 的软链接，指向文件 file1，可以使用如图 4.19 所示命令。

```
[root@localhost 桌面]# ln -s file1 softlink
[root@localhost 桌面]# ls -l
总用量 0
-rwxr--r--  1 user1 user1  0 10月 31 19:30 example.txt
-rw-r--r--  2 root  root   0 10月 31 22:11 file1
-rw-r--r--  1 root  root   0 10月 31 22:11 file2
-rw-r--r--  2 root  root   0 10月 31 22:11 mylink
lrwxrwxrwx  1 root  root   5 10月 31 22:13 softlink -> file1
```

图 4.19　创建软链接

软链接可以像普通文件一样使用，可以通过软链接访问目标文件的内容。修改软链接不会影响目标文件，但如果删除了目标文件，软链接将失效。

软链接在以下情况下非常有用：

（1）创建快捷方式，以便轻松访问常用文件或目录。

（2）允许多个位置引用相同的文件或目录，节省磁盘空间。

（3）在不修改原始文件的情况下，创建多个引用以备份或共享。

本章实训

一、实训目的

（1）熟练掌握麒麟操作系统文件与目录管理的基本操作。

（2）学会创建目录，理解目录在文件系统中的作用。

（3）能够使用命令行实现文件的复制和移动操作。

（4）掌握访问目录的方法，了解如何切换工作目录。

二、实训环境

（1）操作系统：麒麟服务器操作系统。

（2）硬件要求：至少 2 GB RAM，20 GB 硬盘空间，双核处理器。

（3）终端：用于执行命令行操作。

（4）用户账号：需要使用自己的麒麟操作系统用户账号，确保具有足够的权限来执行文件和目录操作。

三、实训内容

在家目录下建立以学生自己名字命名的学生目录，如 liuzhen，通过查看目录位置命令保证当前目录是在自己账号的家目录中，注 liuzhen 为学生目录！具体要求如下：

（1）在 ~/liuzhen 目录下建立 pc 目录。

（2）在 liuzhen/pc 目录下完成以下目录结构创建：ceshi、ceshi/ceshi1、ceshi/ceshi1/ceshi1-1。

（3）在 liuzhen/pc/ 目录下分别建立 file1、file2、file3 三个空白文件。

（4）将 liuzhen/pc/file1 这个文件复制到 ceshi/ceshi1 目录下。

（5）将 liuzhen/pc/file2 这个文件移动到 ceshi 目录下。

（6）访问目录到 liuzhen/pc/ceshi 目录下。

（7）在 liuzhen/pc/ceshi/ 目录下复制 liuzhen/pc 目录下的 file3 文件到当前目录下。

（8）用一个命令完成建立 liuzhen/pc/test/test1/test2 目录操作。

（9）用一个命令完成删除 liuzhen/pc/test/test1/test2 目录操作。

习 题

一、选择题

1. 在麒麟操作系统中，（　　）命令用于创建新目录。
   A.mkdir　　　　　　B.touch　　　　　　C.ls　　　　　　D.cd

2. 下列（　　）命令用于列出当前目录中的文件和子目录，包括隐藏文件。
   A.ls-l　　　　　　B.ls-a　　　　　　C.ls-h　　　　　　D.ls-r

3. 如果要将文件 file1.txt 从当前目录复制到 backup 目录，应该使用（　　）命令。
   A.copyfile1.txtbackup　　　　　　　　B.mvfile1.txtbackup
   C.cpfile1.txtbackup　　　　　　　　　D.movefile1.txtbackup

二、填空题

1. 在麒麟操作系统中，用于删除目录的命令是_____。

2. 绝对路径是一种指定文件或目录位置的方式，它从根目录开始，以 / 开头。请写出绝对路径示例：_____。

3. 使用命令_____可以将文件从一个位置移动到另一个位置。

三、编程题

1. 写一个 Shell 脚本，实现以下功能：在用户的家目录下创建一个名为 myproject 的目录，并在其中创建两个子目录 source 和 docs。

2. 编写一个 Shell 脚本，接收用户输入的目录名称，然后在当前目录下创建该目录。例如，用户输入 myfolder，脚本应该创建一个名为 myfolder 的目录。

第 5 章 文本编辑器

VIM 是一款备受程序员和系统管理员欢迎的强大编辑器，它具有独特的工作模式和高度可定制的特点。本章将深入探讨 VIM（vi improved）文本编辑器的使用，包括 VIM 的介绍、工作模式、基本命令，最后简要介绍其他文本编辑器。

学习目标

- 理解 VIM 文本编辑器的工作模式；
- 掌握 VIM 编辑器的使用。

5.1 VIM 编辑器介绍

5.1.1 VIM 简介

Vi（visual editor）编辑器通常简称为 Vi，它是 Linux 和 UNIX 系统上最基本的文本编辑器，类似于 Windows 系统下的 Notepad（记事本）编辑器。VIM 是 Vi 编辑器的加强版，比 Vi 更容易使用，Vi 的命令几乎全部都可以在 VIM 上使用。

VIM 的历史可以追溯到 Vi 编辑器，Vi 最早于 1976 年由比尔·乔伊（Bill Joy）开发，成为 UNIX 系统上的标准文本编辑器。Vi 的设计理念是通过键盘快捷键和命令来操作文本，而非使用鼠标。这种方式在当时的 UNIX 环境中非常高效，但也需要用户花费时间来学习。

为了进一步改进 Vi，Bram Moolenaar 于 1991 年发布了 VIM，它是 Vi 的增强版。VIM 保留了 Vi 的快捷键操作方式，同时引入了许多新功能和改进，使其更加灵活和功能丰富。

VIM 之所以在程序员和系统管理员中非常受欢迎，有以下几个关键原因：

（1）高效的键盘操作：VIM 的设计理念是减少手指在键盘和鼠标之间的切换，因此它提供了丰富的键盘快捷键，允许用户快速进行文本编辑和导航。

（2）可定制性：VIM 是高度可定制的，用户可以根据自己的需求配置编辑器的行为，包括添加插件和脚本以扩展功能。

（3）跨平台支持：VIM 可在各种操作系统上运行，包括 Linux、macOS 和 Windows，使其成为跨平台的文本编辑解决方案。

（4）强大的文本编辑功能：VIM 提供了丰富的文本编辑功能，包括文本搜索和替换、宏录制、语法高亮和自动补全等，使其适用于各种文本编辑任务。

（5）活跃的社区和生态系统：VIM 拥有庞大的用户社区和丰富的插件生态系统，用户可以从社区中获得支持和学习资源。

在接下来的部分，将深入学习如何启动和使用 VIM 编辑器，以便能够充分利用这一强大工具进行文本编辑。

5.1.2 VIM 的使用

要启动 VIM 编辑器，可以在终端中输入以下命令：

```
vim
```

这将启动 VIM 并打开一个新的空白文档，并进入 VIM 编辑环境。

在 VIM 中，保存文件和退出编辑器是常见的操作。以下是保存和退出的基本步骤：

（1）进入命令模式：当启动 VIM 时，默认情况下会进入命令模式。如果不在命令模式，请按键盘上的【Esc】键以确保在命令模式下。

（2）保存文件：若要保存当前文件，可以使用以下命令。

```
:w
```

这将保存文件，但仍然会保持在 VIM 中。

（3）退出编辑器：如果想保存并退出编辑器，可以使用以下命令。

```
:wq
```

或者简化为：

```
:x
```

这将保存文件并退出 VIM。

（4）不保存退出：如果想在不保存文件的情况下退出编辑器，可以使用以下命令。

```
:q!
```

这将强制退出 VIM 并放弃对文件的更改。

现在已经学会了如何启动 VIM、保存文件和退出编辑器。这些是使用 VIM 的基本操作，本章后续将深入学习更多高级功能和编辑技巧。

5.2 VIM 基本命令

5.2.1 VIM 工作模式

VIM 编辑器以其独特的工作模式而闻名。它具有三种主要工作模式，即命令模式、插入模式和可视模式。本节将介绍这三种工作模式的特点，以及如何在它们之间切换。

1. 一般模式（默认模式）

命令模式是 VIM 的默认模式，以 VIM 命令打开一个文件就进入一般模式了。在这个模式下，可以执行各种文本编辑操作，例如移动光标、删除文本、复制和粘贴文本，以及查找和替换等。在一般模式下，键盘输入的字符被视为操作命令，而不是文本输入。

2. 编辑模式（插入模式）

编辑模式允许向文档中插入文本，就像在普通文本编辑器中一样。当需要输入或编辑文本时，可以切换到编辑模式。有几种方式可以进入编辑模式，例如按【i】键（在光标前插入文本）、【a】键（在光标后插入文本）或其他相应的键。按下【i】、【I】、【o】、【O】、【a】、【A】、【R】等任何一个字母按键之后会进入编辑模式。通常在麒麟操作系统中，按下这些按键时，在界面的左下方会出现 INSERT 或 REPLACE 的字样，此时才可以进行编辑，而如果要回到一般模式时，则必须要按【Esc】键才能退出编辑模式。

3. 末行模式（命令行模式）

在一般模式当中，按【:】、【/】、【?】三个按键中的任何一个，就可以将光标移动到最下面那一行，进入末行模式。在末行模式中，可以进行查找数据的操作，读取、保存、大量替换字符、离开 VIM、显示行号等操作也都是在此模式中完成的。

这三个工作模式及模式切换如图 5.1 所示。

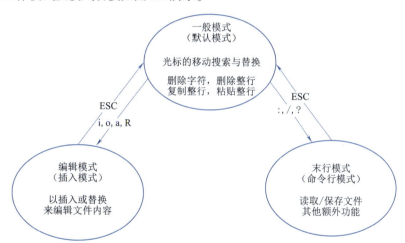

图 5.1 VIM 三种工作模式的相互关系

5.2.2 基本导航

在 VIM 的命令模式下，可以使用各种键盘快捷键（见表 5.1）来进行基本导航，包括移动光标、滚动屏幕以及跳转到行首和行尾等操作，这些导航技巧是使用 VIM 的关键。

表 5.1 VIM 常用导航快捷键

快捷键	描 述
h 或 ←	向左移动光标一个字符
l 或 →	向右移动光标一个字符
j 或 ↓	向下移动光标一行

续上表

快捷键	描　述
k 或 ↑	向上移动光标一行
w	向右跳到下一个单词的开头
b	向左跳到前一个单词的开头
e	向右跳到当前单词的末尾
0 或 Home	跳转到当前行的行首
$ 或 End	跳转到当前行的行尾
Ctrl + F	向前滚动一页屏幕
Ctrl + B	向后滚动一页屏幕
Ctrl + U	向前滚动半页屏幕
Ctrl + D	向后滚动半页屏幕
n<space>	n 表示"数字"，例如 20。按下数字后再按空格键，光标会向右移动这一行的 n 个字符。例如 20<space>，则光标会向后面移动 20 个字符距离
G	移动到这个文件的最后一行（常用）
nG	n 为数字。移动到这个文件的第 n 行。例如 20 G 则会移动到这个文件的第 20 行（可配合 :set nu）
gg	移动到这个文件的第一行，相当于 1 G（常用）
n<Enter>	n 为数字。光标向下移动 n 行（常用）

微视频

VIM编辑器
的常用导航
操作

如果将右手放在键盘上，会发现 hjkl 是排列在一起的，因此可以使用这四个按键来移动光标。如果想要进行多次移动，例如向下移动 30 行，可以使用"30j"或"30 ↓"的组合按键，即加上想要进行的次数（数字）后，按下操作即可。

在 VIM 中，数字是很有意义的。数字通常代表重复做几次的意思，也有可能是代表到第几个的意思。例如，要删除 50 行即是用"50dd"。

5.2.3　文本编辑

在 VIM 中，文本编辑是一个重要的任务，它涉及在编辑模式下输入和编辑文本，VIM 文本编辑操作快捷键见表 5.2；以及在命令模式下执行各种编辑操作，如删除、复制与粘贴，具体操作见表 5.3。

表 5.2　VIM 文本编辑操作快捷键

操　作	快 捷 键	描　述
进入插入模式	i	在光标前插入文本
	I	在行首插入文本
	a	在光标后插入文本
	A	在行尾插入文本
	o	在当前行的下方插入新行并进入插入模式
	O	在当前行的上方插入新行并进入插入模式

在编辑模式下，可以自由地输入、删除和编辑文本键盘输入的字符将直接显示在文本中。

表 5.3　VIM 编辑器中删除、复制与粘贴操作

命　　令	说　　明
x, X	在一行字当中，x 为向后删除一个字符（相当于【Del】按键），X 为向前删除一个字符（相当于【Backspace】）（常用）
dd	删除光标所在的那一整行（常用）
d1G	删除光标所在处到第一行的所有数据
dG	删除从光标所在处到最后一行的所有数据
d$	删除从光标所在处到该行的最后一个字符
d0	删除从光标所在处到该行的最前面一个字符
yy	复制光标所在的那一行
p, P	p 为将已复制的数据在光标下一行粘贴，P 则为粘贴在光标上一行。例如，目前光标在第 20 行且已经复制了 10 行数据。则按下【p】键后那 10 行数据会粘贴在原本的 20 行之后，即由第 21 行开始粘贴。但如果是按下【P】键，则原本的第 20 行会被变成 30 行（常用）

VIM 的命令通常遵循"量词 + 动词 + 名词"的组合，这种命名方式使得 VIM 的操作变得高效而直观。如 nx，指连续向后删除 n 个字符；20yy，复制 20 行；y$，复制光标所在的那个字符到该行行尾的所有数据。在命令模式下复制、粘贴、剪切和撤销文本的操作步骤如下：

1）复制文本

（1）进入命令模式。
（2）将光标移动到要复制的起始位置。
（3）按【v】键进入可视模式。
（4）使用导航键移动光标以选择文本块。
（5）按【y】键复制所选文本。

微视频

VIM编辑器的删除、复制、粘贴操作

2）剪切文本

（1）进入命令模式。
（2）将光标移动到要剪切的起始位置。
（3）按【v】键进入可视模式。
（4）使用导航键移动光标以选择文本块。
（5）按【d】键剪切所选文本。

3）粘贴文本

（1）进入命令模式。
（2）将光标移动到要粘贴的位置。
（3）按【p】键粘贴剪切或复制的文本。

4）撤销操作

（1）进入命令模式。
（2）按【u】键撤销上一步操作。可以多次按【u】键连续撤销多步操作。

掌握这些文本编辑技巧有助于在 VIM 中高效地进行文本编辑和格式调整。在实践中，多

微视频
VIM编辑器的
保存与退出
操作

次使用这些操作将帮助熟练掌握 VIM 的文本编辑功能。

5.2.4 保存和退出

在 VIM 中，保存文件、退出编辑器以及在保存时更改文件名是常见的操作，具体命令见表 5.4。

表 5.4 命令行的保存、离开等操作

命　　令	说　　明
:w	将编辑的数据写入硬盘文件中（常用）
:w!	当文件属性为"只读"时，强制写入该文件
:q	离开 VIM（常用）
:q!	若曾修改过文件，又不想存储，使用"!"为强制离开不保存文件
:set nu	显示行号，设置之后，会在每一行的前缀显示该行的行号
:set nonu	与 set nu 相反，为取消行号

微视频
VIM编辑器的
查找与替换
操作

需要注意的是，命令模式下的冒号（:）是输入这些命令的开始符号，感叹号（!）在 VIM 当中经常具有"强制"的意思。

5.2.5 查找和替换

在 VIM 中查找和替换是在命令行模式进行操作，具体命令见表 5.5。

表 5.5 查找与替换等操作

命　　令	说　　明
/word	向下寻找一个名称为 word 的字符串。例如，要在文件内查找 bird 这个字符串，输入 /bird 即可（常用）
?word	向上寻找一个字符串名称为 word 的字符串
:n1,n2s/word1/word2/g	n1 与 n2 为数字。在第 n1 与 n2 行之间寻找 word1 这个字符串，并将该字符串替换为 word2。例如，在 100 到 200 行之间查找 vbird 并替换为 VBIRD 则用 :100,200s/vbird/VBIRD/g（常用）
:1,$s/word1/word2/g	从第一行到最后一行查找 word1 字符串，并将该字符串替换为 word2（常用）
:1,$s/word1/word2/gc	从第一行到最后一行查找 word1 字符串，并将该字符串替换为 word2，且在替换前显示提示字符给用户确认（confirm）是否需要替换（常用）

5.3 其他文本编辑器简介

本节将简要介绍几种常见的文本编辑器，包括 Nano、Emacs 以及其他一些常见的编辑器。这些编辑器在 Linux 和 UNIX 系统中都被广泛使用，可以满足不同用户的需求。

5.3.1 Nano

Nano 是一个相对简单的命令行文本编辑器，它适合初学者和需要快速编辑文本的用户。

Nano 具有以下特点：

（1）用户友好性：Nano 的界面相对友好，易于上手，不需要深入学习复杂的命令。

（2）具有基本编辑功能：Nano 提供了基本的文本编辑功能，包括输入、删除、保存和退出等。

（3）提供快捷键：Nano 提供常见的快捷键，如【Ctrl+O】保存文件、【Ctrl+X】退出编辑器等，这些快捷键通常会显示在编辑器底部。

（4）适合小型任务：Nano 提供于快速编辑配置文件、写简单的脚本或处理文本文件。

虽然 Nano 功能相对较简单，但对于那些不需要复杂功能的任务来说，它是一个方便的选择。

5.3.2　Emacs

Emacs 是一个功能丰富的文本编辑器，以其高度自定义和可扩展的特性而著称。

（1）自定义性：Emacs 是一个高度自定义的文本编辑器，允许用户根据自己的需求配置和扩展编辑环境。用户可以编写自定义脚本、添加插件以及定义自己的快捷键，使编辑器适应个人工作流程。

（2）强大的编辑功能：Emacs 提供了广泛的编辑功能，包括多窗口编辑、语法高亮、智能缩进、搜索和替换等，支持多种编程语言和文件类型。

（3）可扩展性：Emacs 生态系统中有大量的插件和扩展，使用户能够将编辑器转化为强大的开发环境。这些插件涵盖了几乎所有领域，从代码编辑到日常任务管理。

5.3.3　其他编辑器

除了 Nano 和 Emacs 之外，还有一些其他常见的文本编辑器可供选择，每个编辑器都有其独特的特点和用途。以下是一些常见的文本编辑器：

（1）Sublime Text：是一个跨平台的文本编辑器，具有优雅的界面和强大的插件系统。它广泛用于代码编辑和 Web 开发。

（2）Visual Studio Code：简称 VS Code，是由 Microsoft 开发的免费、开源的代码编辑器。它支持多种编程语言，拥有丰富的插件生态系统，广泛用于软件开发。

每个编辑器都有其优点和适用场景，用户可以根据自己的需求选择最适合他们的文本编辑器。

本章实训

一、实训目的

（1）了解并熟练使用 VIM 文本编辑器，掌握其基本命令和编辑模式。

（2）熟练进行文本的编辑、保存和退出操作。

（3）掌握 VIM 中的查找、替换、撤销等高级文本编辑功能。

（4）能够创建和编辑源代码文件。

二、实训环境

（1）操作系统：麒麟操作系统。

（2）文本编辑器：VIM。

三、实训内容

1. VIM 编辑器的使用

（1）在当前目录中，通过 VIM 命令新建 wo1 文件。

（2）进入 VIM 编辑器后，通过按【i】键进入 insert 模式。输入一行文字"I am a student!"。

（3）按【Esc】键退回命令模式，输入":wq"，保存退出。

（4）复制 /etc/man.config 文件到当前目录。

（5）用 VIM 打开复制到当前目录的 man.config 文件，请问现在是在什么模式？

（6）将光标移动到行尾，再将光标移动到行首。

（7）将光标移动到 21 行，删除 5 行。

（8）撤销刚才的操作。

（9）将光标移动到 11 行，复制 10 行。

（10）将复制的内容粘贴到文章末尾。

（11）在 VIM 中设定行号，移动到第 58 行。

（12）移动到第一行，并且向下查找 bzip2 这个字符串，请问它在第几行？

（13）移动到第 5 行，将 man 字符串（全部）改为大写 MAN 字符串？

（14）修改完之后，突然反悔了，要全部复原。

（15）将这个文件另存成一个 man.test.config 的文件。

（16）保存退出。

（17）使用 VIM 新建文档 Hello.java。

（18）进入编辑模式输入源代码。

```
public class hello {
    public static void main (Srting [] args){
         System. out. println ("Hello world!");
    }
}
```

2. VIM 编辑器的使用

（1）打开 VIM 编辑器，并在插入模式下输入以下文本：

```
This is a practice text.
```

保存文件并退出。

（2）打开 VIM 编辑器，创建一个名为 mycode.c 的 C 语言源文件，然后输入以下代码：

```
#include <stdio.h>
int main(){
    printf("Hello, World!\n");
    return 0;
}
```

（3）打开 VIM 编辑器，打开已存在的文件 example.txt，将光标移动到第 10 行，删除接下来的 3 行文本，然后撤销删除操作。

习 题

一、选择题

1. VIM 编辑器中，(　　)进入插入模式。
   A. 按下【i】键 　　　　　　　　　　　B. 按下【Esc】键
   C. 按下【:】键 　　　　　　　　　　　D. 按下【o】键
2. 在 VIM 中，(　　)命令保存文件并退出编辑器。
   A. :s 　　　　　B. :wq 　　　　　C. :exit 　　　　　D. :w
3. (　　)命令在 VIM 中查找字符串"Linux"。
   A. /Linux 　　　　B. :find Linux 　　　　C. ?Linux 　　　　D. grep Linux

二、填空题

1. 进入插入模式的命令是_____。
2. 用于在 VIM 中保存并退出的命令是_____。
3. 若要在 VIM 中查找下一个匹配的字符串，应该按下_____。

三、编程题

创建一个名为 python.py 的 Python 源文件，编写一个 Python 程序，在屏幕上输出"Hello, Python!"。

第 6 章
文件查找与归档压缩

在麒麟操作系统中，文件的管理和查找是日常工作中不可或缺的一部分。无论是一名系统管理员还是普通用户，都需要有效地查找文件、整理文件并将它们归档压缩。命令行工具能够帮助用户快速查找文件，文件查询命令可快速定位。文件的归档与压缩是将文件和目录进行打包整理，并通过不同的压缩方法减小文件大小，实现有效的存储和传输。本章将引导用户深入了解如何在麒麟操作系统环境中执行这些任务。

学习目标
- 掌握命令的查询方法；
- 掌握文件的查询方法；
- 掌握文件内搜索内容的方法；
- 掌握文件归档与压缩的方法。

6.1 命令的查询方法

6.1.1 使用 man 命令

man 命令是麒麟操作系统中一个强大的工具，用于查看命令的手册页。手册页提供了关于命令的详细信息，包括其用法、选项和示例。

要使用 man 命令，只需在终端输入 man 后跟要查询的命令的名称。例如，要查看 ls 命令的手册页，可以执行以下命令：

```
[root@localhost 桌面]# man ls
```

这将打开一个新的终端窗口，显示有关 ls 命令的详细信息，可按【q】键退出，如图 6.1 所示。

手册页通常分为多个部分，可以使用键盘上的方向键或按照提示按下数字键来浏览不同的部分。

手册页通常包括以下内容：

（1）命令的介绍：册页开始部分提供了命令的简要介绍，以及用法的概述。

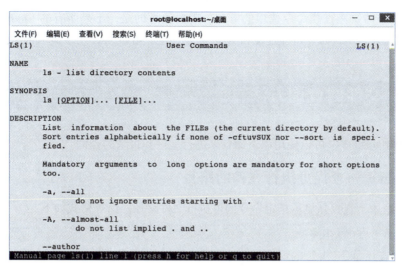

图 6.1 man 手册页

（2）用法：手册页会详细说明如何使用命令，包括命令的语法和选项。

（3）选项：通常手册页会列出可用的选项以及它们的含义。这对于了解如何自定义命令的行为非常重要。

（4）示例：手册页通常包含示例，展示了如何在不同情况下使用命令。

（5）相关信息：手册页可能包含有关其他相关命令或信息的链接。

使用 man 命令查看手册页是学习命令用法的好方法。它为用户提供了全面的参考，帮助用户充分利用麒麟操作系统中提供的各种命令。

6.1.2 查询命令的选项

除了使用 man 命令查看命令的手册页外，还可以通过命令本身提供的选项来查询命令的用法。许多麒麟操作系统命令都支持 --help 选项，以便用户可以快速查看命令的用法和可用选项。

要查询命令的用法和选项，只需在命令后添加 --help 选项。

例如，要查看 ls 命令的用法和选项，可以执行以下命令：

```
[root@localhost 桌面]# ls --help
```

执行上述命令后，将显示有关 ls 命令的简要说明以及可用选项的列表，如图 6.2 所示。

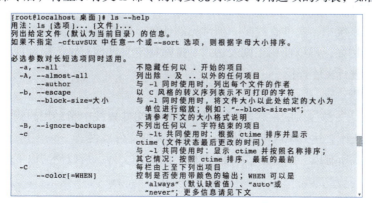

图 6.2 help 帮助命令

这通常是一种快速查找命令选项的方法。需要注意的是，不是所有的 Linux 命令都支持 --help 选项。此外，一些命令可能还支持其他选项，例如 -h 或 -?，用于显示帮助信息。

6.2 文件的查询方法

在麒麟操作系统中，可以使用以下命令来进行文件和目录的查询。

6.2.1 which——查找可执行文件的路径

which 命令用于查找并显示指定命令的可执行文件路径。命令格式如下：

```
which [选项] 命令名称
```

例如，要查找命令"ls"的可执行文件路径，可以使用以下命令：

```
[root@localhost 桌面]# which ls
```

6.2.2 whereis——查找二进制、源代码和帮助页面的位置

whereis 命令用于查找指定命令的二进制文件、源代码和帮助页面的位置。命令格式如下：

```
whereis [选项] 命令名称
```

例如，要查找命令"ls"的二进制文件、源代码和帮助页面的位置，可以使用以下命令：

```
[root@localhost 桌面]# whereis ls
```

6.2.3 find——查找文件和目录

find 命令用于在指定目录及其子目录中查找文件和目录。命令格式如下：

```
find [搜索路径] [选项] [搜索条件]
```

例如，要在当前目录及其子目录中查找所有以".txt"扩展名结尾的文件，可以使用以下命令：

```
[root@localhost 桌面]# find . -type f -name "*.txt"
```

6.2.4 文件查找的高级技巧

在麒麟操作系统中，文件查找是一项常见的任务，但有时需要更高级的技巧来精确地定位所需的文件。例如，可以使用正则表达式、排除特定文件或目录、限制搜索深度等方式更加灵活和精确地进行文件查找。

1. 使用正则表达式

正则表达式是一种强大的模式匹配工具，可以在文件查找中帮助用户指定更复杂的搜索模式。可以使用正则表达式来匹配文件名、内容或其他文件属性。

例如，要查找所有以"log"开头并以".txt"结尾的文件，可以使用以下命令：

```
find /path/to/search -type f -regex '.*/log.*\.txt$'
```

这将查找指定路径下的所有符合该正则表达式模式的文件。

2. 排除特定文件或目录

有时，可能希望在文件查找中排除特定文件或目录，以缩小搜索范围。可以使用 **-prune** 选项来排除特定目录，或者使用 **-not** 选项来排除特定文件。

例如，要查找某个目录下的所有文件，但排除名为"exclude"的目录，可以使用以下命令：

```
find /path/to/search -type d -name exclude -prune -o -type f -print
```

这将查找指定路径下的所有文件，但不包括名为"exclude"的目录及其内容。

3. 限制搜索深度

有时，可能只希望在特定深度的目录下进行文件查找，而不希望搜索太深或太浅。可以使用 -maxdepth 和 -mindepth 选项来限制搜索的目录深度。

例如，要查找指定目录下的所有文件，但只搜索深度为 2 的子目录，可以使用以下命令：

```
find /path/to/search -mindepth 2 -maxdepth 2 -type f
```

这将限制搜索范围，仅在深度为 2 的子目录中查找文件。

6.3 文件内搜索内容的方法

在麒麟操作系统中，可以使用不同的工具来搜索文件内的内容，以查找特定字符串或模式。其中一个最常用的工具是 grep 命令，它允许在文件中进行高效的文本搜索。

6.3.1 grep 命令

grep 命令是一个强大的文本搜索工具，用于在文件中查找包含特定字符串或模式的行。命令格式如下：

```
grep 'pattern' file
```

这将在名为 file 的文件中搜索包含指定 pattern 的行，并将匹配的行显示在终端上。

常用选项说明：

-i：忽略大小写，使搜索不区分大小写。

-v：反转匹配，只显示不包含指定模式的行。

-r：递归搜索，可用于搜索指定目录及其子目录中的文件。

-l：仅显示包含匹配模式的文件名称，而不显示匹配的具体行。

-n：显示匹配行的行号。

例如，搜索包含单词"root"的行：

```
[root@localhost 桌面]# grep 'root' /etc/passwd
```

忽略大小写搜索"pattern"：

```
grep -i 'pattern' file.txt
```

反转匹配，显示不包含"exclude"的行：

```
grep -v 'exclude' file.txt
```

递归搜索目录中的文件，显示包含“search”的行：

```
grep -r 'search' /path/to/directory
```

仅显示包含匹配模式的文件名称：

```
grep -l 'pattern' *.txt
```

显示匹配行的行号：

```
grep -n 'pattern' file.txt
```

微视频

例6.1
视频讲解

grep 命令是一个非常有用的工具，可用于快速查找和过滤文件内容。通过使用不同的选项，可以根据需要自定义搜索的方式，使其适应各种搜索任务。

例6.1 文件内容查找。

根据所学命令，完成以下步骤操作，具体要求如下：

（1）查询 find 命令的用法。

直接“find --help”查询 find 命令的用法，操作及结果如图 6.3 所示。

```
[root@localhost 桌面]# find --help
Usage: find [-H] [-L] [-P] [-Olevel] [-D debugopts] [path...] [expression]

默认路径为当前目录；默认表达式为 -print
表达式可能由下列成份组成：操作符、选项、测试表达式以及动作：
操作符 (优先级递减；未做任何指定时默认使用 -and):
      ( EXPR )   ! EXPR   -not EXPR   EXPR1 -a EXPR2   EXPR1 -and EXPR2
      EXPR1 -o EXPR2   EXPR1 -or EXPR2   EXPR1 , EXPR2
positional options (always true): -daystart -follow -regextype

normal options (always true, specified before other expressions):
      -depth --help -maxdepth LEVELS -mindepth LEVELS -mount -noleaf
      --version -xautofs -xdev -ignore_readdir_race -noignore_readdir_race
比较测试 (N 可以是 +N 或 -N 或 N): -amin N -anewer FILE -atime N -cmin N
      -cnewer 文件 -ctime N -empty -false -fstype 类型 -gid N -group 名称
      -ilname 匹配模式 -iname 匹配模式 -inum N -ipath 匹配模式 -iregex 匹配模
式
      -links N -lname 匹配模式 -mmin N -mtime N -name 匹配模式 -newer 文件
      -nouser -nogroup -path PATTERN -perm [-/]MODE -regex PATTERN
      -readable -writable -executable
      -wholename PATTERN -size N[bcwkMG] -true -type [bcdpflsD] -uid N
      -used N -user NAME -xtype [bcdpfls]      -context 文本

actions: -delete -print0 -printf FORMAT -fprintf FILE FORMAT -print
```

图 6.3　查询 find 命令的用法

（2）查询 grep 命令的用法。

直接“grep --help”查询 grep 命令的用法，操作及结果如图 6.4 所示。

```
[root@localhost 桌面]# grep --help
用法: grep [选项]... 模式 [文件]...
在每个<文件>中查找给定<模式>。
例如: grep -i 'hello world' menu.h main.c
<模式>可以包括多个模式字符串，使用换行符进行分隔。

模式选择与解释:
  -E, --extended-regexp     <模式> 是扩展正则表达式
  -F, --fixed-strings       <模式> 是字符串
  -G, --basic-regexp        <模式> 是基本正则表达式
  -P, --perl-regexp         <模式> 是 Perl 正则表达式
  -e, --regexp=<模式>       用指定的<模式>字符串来进行匹配操作
  -f, --file=<文件>         从给定<文件>中取得<模式>
  -i, --ignore-case         在模式和数据中忽略大小写
      --no-ignore-case      不要忽略大小写 (默认)
  -w, --word-regexp         强制<模式>仅完全匹配字词
  -x, --line-regexp         强制<模式>仅完全匹配整行
  -z, --null-data           数据行以一个 0 字节结束，而非换行符

杂项:
  -s, --no-messages         不显示错误信息
  -v, --invert-match        选中不匹配的行
  -V, --version             显示版本信息并退出
      --help                显示此帮助并退出
```

图 6.4　查询 grep 命令的用法

(3)在 /etc 目录下查找文件名含"passwd"的文件。
(4)在以上查找结果文件中查询包含"root"信息的内容。
后两步操作过程如图 6.5 所示。

```
[root@localhost 桌面]# find /etc -name passwd
/etc/passwd
/etc/pam.d/passwd
[root@localhost 桌面]# cat /etc/passwd | grep root
root:x:0:0:root:/root:/bin/bash
operator:x:11:0:operator:/root:/sbin/nologin
[root@localhost 桌面]# cat /etc/pam.d/passwd | grep root
```

图 6.5 查询所有文件及信息

6.3.2 其他文本搜索工具

本节简要介绍其他一些文本搜索工具,如 ack 和 ag。

1. ack

ack 是一个快速的文本搜索工具,专门为程序员设计。它具有以下特点:
(1)支持递归搜索:ack 默认支持递归搜索,可快速搜索指定目录及其子目录中的文件。
(2)语法高亮显示:ack 可以对匹配的文本进行语法高亮显示,使搜索结果更易于阅读。
(3)支持正则表达式:ack 支持强大的正则表达式,可以进行更复杂的模式匹配。
(4)支持用户自定义:可以通过配置文件自定义 ack 的搜索规则和忽略规则。

2. ag(the silver searcher)

ag 是一个极快的文本搜索工具,旨在提供高性能的搜索体验。它的特点包括:
(1)极速搜索:ag 针对性能进行了优化,通常比 grep 和 ack 更快速。
(2)递归搜索:ag 默认支持递归搜索,可轻松搜索整个项目。
(3)git 集成:ag 可以与 git 等版本控制系统集成,用于搜索代码库中的文件。
(4)多语言支持:ag 支持多种编程语言的代码搜索,适用于程序员。

这些工具都具有各自的优点,可以根据具体需求和偏好,选择适合的工具来进行文本搜索和查找。

6.4 文件归档与压缩

6.4.1 文件归档

tar 命令是一个用于归档文件和目录的实用工具,通常用于备份文件、打包文件以及在麒麟操作系统中传输大量文件。下面详细介绍如何使用 tar 命令进行文件归档。

1. 创建归档文件

要创建一个归档文件,可以使用以下命令:

```
tar -cvf archive.tar file1 file2 directory1
```

-c:表示创建归档文件。
-v:表示在归档过程中显示详细信息,可选。

-f：后面跟着归档文件的名称。

示例如下：

[root@localhost 桌面]# tar -cvf archive.tar file1 file2 directory1

以上命令将创建一个名为 archive.tar 的归档文件，并将 file1、file2 和 directory1 添加到归档中。

2. 查看归档文件内容

要查看归档文件的内容，可以使用以下命令：

tar -tvf archive.tar

-t：表示查看归档文件的内容。

示例如下：

[root@localhost 桌面]# tar -tvf archive.tar

3. 解压归档文件

要解压归档文件，可以使用以下命令：

tar -xvf archive.tar

-x：表示解压归档文件。

示例如下：

[root@localhost 桌面]# tar -xvf archive.tar

4. 添加文件到归档

如果希望将文件添加到现有的归档中，可以使用以下命令：

tar -rvf archive.tar newfile1 newfile2

-r：表示向归档文件中添加文件。

例如，向已有的 archive.tar 中添加 newfile1、newfile2 两个文件，命令示例如下：

[root@localhost 桌面]# tar -rvf archive.tar newfile1 newfile2

以上是使用 tar 命令进行文件归档的基本操作。可以根据需要调整命令的选项和参数，以满足不同的归档需求。文件归档是管理和传输文件的重要工具，可以有效地组织和保护数据。

6.4.2 文件压缩及解压缩

文件压缩是一种将文件和目录大小减小以节省存储空间的方法，解压缩是将压缩的文件恢复为原始文件的过程。在麒麟操作系统中，有多种工具可用于文件压缩，两个常见的工具是 gzip 和 bzip2；zip 和 unzip 是跨系统平台的压缩工具。

1. 使用 gzip 进行文件压缩及解压缩

要使用 gzip 压缩文件，可以使用以下命令：

gzip filename

这将会将 filename 压缩为 filename.gz，并删除原始文件。

要使用 gzip 解压缩，恢复为原始文件，可以使用以下命令：

gzip -d filename.gz

2. 使用 bzip2 进行文件压缩

要使用 bzip2 压缩文件，可以使用以下命令：

```
bzip2 filename
```

会将 filename 压缩为 filename.bz2，并删除原始文件。

要使用 bzip2 解压缩恢复为原始文件，可以使用以下命令：

```
bzip2 -d filename.bz2
```

3. zip 和 unzip

zip 和 unzip 工具用于创建和解压缩 zip 格式的归档文件。要创建 zip 归档，可以使用 zip 命令，要解压缩 zip 归档，可以使用 unzip 命令。

例如，要创建 zip 归档，可以使用以下命令：

```
zip archive.zip file1 file2 directory1
```

要解压 zip 归档，可以使用以下命令：

```
unzip archive.zip
```

zip 和 unzip 工具通常用于与 Windows 系统交互，因为 zip 格式是跨平台的。

例 6.2 文件归档与压缩。

根据所学命令，完成以下步骤操作，具体要求如下：

（1）在家目录中建立 dir1 目录。

（2）在 dir1 目录中建立 file1、file2 两个文件及 dir2 目录。

（3）将 dir1 目录中所有文件及目录归档成 file.tar。

（4）查看归档文件 file.tar 的内容。

（5）删除 dir1 目录中的 file1,file2 文件及 dir2 目录。

（6）查看 dir1 目录中文件信息。

例6.2
视频讲解

前六步的操作过程及结果如图 6.6 所示，用户会发现在第（6）步时 dir1 目录下仅有归档文件 file.tar，而其他文件及目录均已被删除。

图 6.6 文档归档操作

（7）解压归档文件 file.tar。

（8）查看 dir1 目录中文件信息。

（9）在 dir1 目录中新增 file3 文件。

（10）将 file3 文件添加至 file.tar 归档中。

（11）查看归档文件 file.tar 的内容。

（12）查看归档文件 file.tar 的文件大小。

（13）将 file.tar 压缩成 file.tz 文件，并查看压缩后的文件大小。

第（7）~（13）步的操作及结果如图 6.7 所示，通过操作过程可知：（1）对归档文件进行解压缩后，可以恢复被删除的文件及目录。（2）归档文件可以新增其他文件。（3）在 tar 命令的操作中加 "-z" 参数，可以实现文件压缩，节省存储空间。

图 6.7　解压归档文件

文件压缩和解压缩是管理文件和目录的重要工具，它们可以节省存储空间，加快文件传输速度，并有助于组织和备份数据。

本章实训

一、实训目的

（1）了解如何使用麒麟操作系统命令进行文件查找，包括查看文件类型、查询文件名、查找特定文件等。

（2）熟悉使用 find 命令进行高级文件查找操作，如查找在指定时间内有改动的文件、比较文件新旧等。

（3）学会使用 tar 和 gzip 命令进行文件归档和压缩，以及如何还原文件。

二、实训环境

（1）操作系统：麒麟服务器操作系统。

（2）硬件要求：至少 2 GB RAM、20 GB 硬盘空间，双核处理器。

（3）终端：用于执行命令行操作。

三、实训内容

1. 文件查找

（1）查看文件 /root/.bashrc 的类型。

（2）查询 ifconfig 和 cd 命令的完整文件名。

（3）只找出与 passwd 有关的"说明文件"文件名。

（4）找出系统中所有与 passwd 相关的文件名。

（5）将 24 小时内有改动（mtime）的文件列出。

（6）使用 find 命令查找当前目录下比 /etc/hosts 新的文件，并将查询的结果存储到 hosts.new 文件。

（7）列出 /etc 下比 /etc/hosts 新的文件。

（8）查找系统中所有属于 root 的文件及不属于任何人的文件。

（9）使用 find 查找 / 下面所有名称中包含 man 的文件。

（10）找出系统中大于 1 MB 的文件。

（11）找出系统中小于 1 MB 的文件。

2. 压缩及解压缩

（1）在家目录下建立 file1、file2 空文件，及 dir1 空目录。

（2）用 tar 命令把家目录下所有文件打包。

（3）用 gzip 命令把打包好的内容进行压缩。

（4）删除家目录下原先的所有文件，然后用压缩包恢复。

习　题

一、选择题

1. 在麒麟操作系统中，应该使用（　　）命令查看文件类型。
   A.file　　　　　　B.type　　　　　　C.check　　　　　　D.identify
2. 如果想查找系统中所有扩展名为 .jpg 的文件，应该使用（　　）命令。
   A.find-name " *.jpg "　　　　　　B.search-typejpg
   C.locate-ext.jpg　　　　　　　　D.query-filetypejpg
3. 使用 tar 命令创建一个归档文件时，通常使用的选项是（　　）。
   A.-c　　　　　　　　　　　　　　B.-z
   C.-t　　　　　　　　　　　　　　D.-x
4. 如果想压缩一个文件或目录，应该使用（　　）命令。
   A. compress　　　　　　　　　　B.gzip
   C.tar　　　　　　　　　　　　　D.unzip

二、填空题

1. 使用 'find' 命令查找系统中所有以 .log 结尾的文件，可以使用以下命令：find/ -name_____。

2. 压缩一个文件或目录时，通常使用的文件扩展名是_____。

3. 解压缩一个使用 gzip 压缩的文件时，应使用命令：_____ 文件名 .gz。

4. 使用 tar 命令创建归档文件时，选项 -c 表示_____，它用于创建归档文件。

第 7 章
输入/输出重定向

在计算机系统中，标准的输入设备默认为键盘，标准的输出设备默认为显示器。但在很多情况下，标准的输入和输出设备并不能满足用户的需求，于是就出现了重定向技术。重定向是麒麟操作系统提供的一项重要而强大的功能，输入/输出（I/O）重定向能将命令或程序的标准输入或输出重新定向到其他设备或文件，通过I/O重定向，可以改变进程的输入和输出流的方向，从而实现更灵活、更高效的数据处理。I/O重定向给用户和程序员提供了更多的选择，极大地提升程序的可扩展性，使其更易于集成到复杂的工作流程或自动化脚本中，也为程序的调试和记录提供了便利。

学习目标

- 理解输入/输出重定向的概念及使用场景；
- 熟悉输入重定向的使用；
- 掌握输出重定向的使用；
- 掌握错误输出重定向的使用；
- 熟练运用管道技术；
- 了解命令替换的一般用法。

7.1 重定向概述

7.1.1 重定向的概念及使用场景

微视频
重定向概述

重定向（redirection）是指在操作系统中执行命令时，不采用标准的输入/输出设备，而是重新指定新的输入/输出设备，或改变标准输入/输出设备的功能。

麒麟操作系统执行指令的基本流程是从键盘（标准输入）接收用户输入的命令，并将输出结果显示在终端屏幕（标准输出）上。而用户也可以使用重定向技术来改变标准输入（stdin）或标准输出（stdout）的来源或去向。例如，将命令的输出重新指向一个文件中，终端屏幕上将不会输出原本的内容，命令的输出将跟随用户的重新指向而改变。当然读者也可以将文件中的内容作为命令的输入，而不是从键盘输入。以下给读者展示一个简单的输出重定向案例，以便读者对重向定有一个初步印象。

例7.1 将 ls 命令的输出重新指向一个文件。

操作命令如下：

```
[root@localhost 桌面]# ls -l /etc/sysconfig/network-scripts/ifcfg*
[root@localhost 桌面]# ls -l /etc/sysconfig/network-scripts/ifcfg* > /home/test/ls.txt
[root@localhost 桌面]# cat /home/test/ls.txt
```

操作过程如图 7.1 所示。

```
[root@localhost /]# ls -l /etc/sysconfig/network-scripts/ifcfg*
-rw-r--r-- 1 root root 376 10月 12  2023 /etc/sysconfig/network-scripts/ifcfg-ens33
-rw-r--r-- 1 root root 254 7月  14  2020 /etc/sysconfig/network-scripts/ifcfg-lo
[root@localhost /]#
[root@localhost /]# ls -l /etc/sysconfig/network-scripts/ifcfg* > /home/test/ls.txt
[root@localhost /]# cat /home/test/ls.txt
-rw-r--r-- 1 root root 376 10月 12  2023 /etc/sysconfig/network-scripts/ifcfg-ens33
-rw-r--r-- 1 root root 254 7月  14  2020 /etc/sysconfig/network-scripts/ifcfg-lo
[root@localhost /]#
```

图 7.1 将 ls 命令结果重定向到文件并查看文件内容

以上示例执行第一条指令"ls -l /etc/sysconfig/network-scripts/ifcfg*"，将结果输出到屏幕，执行第二条指令"ls -l /etc/sysconfig/network-scripts/ifcfg* >/home/test/ls.txt"，结果将不再输出到屏幕，而是重定向到文件"/home/test/ls.txt"中，通过第三条指令"cat /home/test/ls.txt"查看文件中的内容，与第一条指令输出到屏幕中的内容一致，只是重定向了输出的位置。

在麒麟操作系统的实际操作中非常广泛地使用重定向功能，以下列举一些主要的应用场景：

（1）屏幕输出的信息很重要，希望保存这些信息备份的情况。

（2）不希望后台执行中的程序，干扰屏幕正常输出结果的情况。

（3）系统例行执行的命令（如：定时任务）的运行日志，希望可以保存下来的情况。

（4）系统执行一些命令，已经预知可能出现错误信息，想将这些错误信息直接丢弃的情况。

（5）执行命令时，可能出现正确信息与错误信息并存的情况，不希望将两类信息混杂在一起显示，为了提高可读性需要将两类信息分别输出的情况。类似错误日志与标准正确日志需要分别输出至不同的文件。

用户可以利用操作系统提供的重定向功能轻松实现以上场景的需求，并不涉及复杂的配置和开发。

7.1.2 标准输入/输出设备

麒麟操作系统启动 Bash shell 时，通常会自动打开三个标准文件。

（1）标准输入文件 (stdin)，通常对应终端的键盘。

（2）标准输出文件 (stdout)，通常对应终端的显示器。

（3）标准错误输出文件 (stderr)，通常对应终端的显示器。

麒麟操作系统对应以上三个标准文件，使用三种基本数据流参与命令的执行，见表 7.1。

表 7.1　三种基本数据流

数 据 流	标准输入/输出设备	文件描述符
标准输入	终端的键盘	0
标准输出	终端的显示器	1
标准错误输出	终端的显示器	2

说明：

（1）标准输入是输入数据的来源。默认情况下，stdin 从终端的键盘获取输入信息，它的文件描述符 ID 是 0。

（2）标准输出是命令执行的结果。默认情况下，stdout 将结果显示在终端显示器上，它的文件描述符 ID 是 1。

（3）标准错误输出是命令产生的错误信息（如果有产生）。默认情况下，stderr 将结果显示在终端显示器上，它的文件描述符 ID 是 2。

上述文本中的文件描述符（file description，FD）是与系统上打开文件关联的非负整数，也是内核为打开文件所创建的索引，用来管理这些打开的文件。值得注意的是，文件描述符会绑定到一个进程，并且对每一个进程都是唯一的。打开文件时，内核会返回与其关联的文件描述符。其中系统使用 0、1、2 三个文件描述符定义了标准输入、标准输出和标准错误输出，所以其他文件的 FD 定义为整数 3+（即大于等于 3 的正整数），如图 7.2 所示。

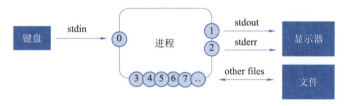

图 7.2　文件描述符示意图

在麒麟操作系统中，当一个用户进程被创建时，系统会自动为该进程创建以上三种基本数据流。这些数据流以纯文本形式将数据存储在内存中。进程从标准输入中获得输入数据，在执行后将输出结果送到标准输出，而将错误信息送到标准错误输出。多数情况下，系统使用标准输入/输出作为命令的输入/输出，但有时可能要改变标准输入/输出，这就涉及输入/输出重定向和管道技术。

7.2　输入重定向

输入重定向是指把命令或可执行程序的标准输入重定向到指定的文件或字符串。也就是说，输入信息可以不来源于键盘这样的标准设备，而是来源于一个指定的文件或者字符串。

输入重定向常结合一些需要把文件或字符串作为输入的场景，例如在使用 sendmail 服务发送邮件时，可以将需要发送的邮件附件以输入重定向的方式结合 sendmail 服务一起使用。又如，在使用 MySQL 数据库时，可以将提前编写好的 SQL 语句脚本，以输入重定向的方式结合 MySQL 命令一起使用，这样 SQL 语句脚本将直接在 MySQL 命令中被执行。

7.2.1 符号格式及功能

标准输入重定向的符号格式及功能对应关系，见表 7.2。

表 7.2　标准输入重定向的符号格式及功能

输入重定向符号	功　　能
<	将文件作为输入重定向
<<<	将 here 字符串作为输入重定向
<<	将开始标记和结束标记之间的 here 文档作为标准输入重定向

说明：

（1）使用操作符"<"将标准输入由原来的键盘重定向，将操作符后面输入的文件作为输入重定向的内容。

（2）使用操作符"<<<"将标准输入由原来的键盘重定向，将操作符后面输入的 here 字符串作为输入重定向的内容。

（3）使用操作符"<<"将标准输入由原来的键盘重定向，将后面输入的开始标记和结束标记之间的 here 文档作为输入重定向的内容。

7.2.2 一般形式

使用操作符"<"将标准输入重定向到文件中，命令格式如下：

```
command < 文件名
```

例 7.2　以 grep 命令为例，将配置文件 /etc/hosts 作为 grep 命令的输入，grep localhost 返回该配置文件中含有 localhost 字符串的配置信息，并显示在标准输出设备上。

操作命令如下：

```
[root@localhost /]# grep localhost < /etc/hosts
```

操作过程如图 7.3 所示。

```
[root@localhost mail]#
[root@localhost mail]#  grep localhost < /etc/hosts
127.0.0.1    localhost localhost.localdomain localhost4 localhost4.localdomain4
::1          localhost localhost.localdomain localhost6 localhost6.localdomain6
[root@localhost mail]#
```

图 7.3　grep 命令输入重定向的示例

7.2.3 here 字符串

麒麟操作系统不仅可以将文件作为输入重定向的来源，也可以使用字符串作为重定向来源。here-strings 就是一个用于输入重定向的普通字符串，使用操作符"<<<"将标准输入重定向到后面的 here-strings 字符串中，命令格式如下：

```
command <<< here-strings
```

例 7.3　tr 命令标准输入与输入重定向的示例。tr 命令不接收指定的文件参数，而只是对标准输入进行替换或删除。tr 的命令格式是 tr SET1 SET2，凡是在 SET1 中的字符，都会被替换为 SET2 中相应位置上的字符。以下操作对比标准输入与输入重定向的执行机制与结果差异。

操作命令如下：

```
[root@localhost /]# tr a-z A-Z                          #标准输入模式
[root@localhost /]# tr a-z A-Z <<< "one two three"      #输入重定向模式
```

操作过程如图 7.4 所示。

```
[root@localhost mail]#
[root@localhost mail]# tr a-z A-Z
one two three
ONE TWO THREE
^C
[root@localhost mail]# tr a-z A-Z <<< "one two three"
ONE TWO THREE
[root@localhost mail]#
```

图 7.4　tr 命令标准输入与输入重定向的示例

标准输入：在终端输入 tr a-z A-Z 指令，这时终端在等待用户继续输入需要被替换成大写字母的字符串，用户输入完成按【Enter】键，系统进行大小写替换，并将替换后的字符串输出显示在终端上，用户可以重复以上步骤，直至按【Ctrl+D】组合键，tr 命令才会结束。

输入重定向：将字符串"one two three"作为 tr 命令的重定向输入，此处操作符后面如果只接单个词或字符串则不需要使用双引号，如果后面接的是带有空格的字符串，则字符串必须使用双引号引用。命令返回 tr 执行的结果，也就是"ONE TWO THREE"，并显示在标准输出设备上。

7.2.4　here 文档

麒麟操作系统除了以上两种输入重定向的形式之外，还有一种 here-document 的形式，这是一种输入多行字符串的方法。使用操作符"<<"将标准输入重定向到后面的 here 文档中，命令格式如下：

```
command << here-document-name
    text
here-document-name
```

here 文档的格式均以相同命名的分隔符作为开始标记和结束标记，在输入重定向操作符"<<"后面输入开始标记，分隔符名称可以根据自己的喜好命名，后面必须跟一个换行符，之后输入 here 文档的正文，可以是多行字符串的内容。结束标记必须另起一行，并且前面不留空格。here 文档的正文将重新定向给前面的指令，作为它的标准输入。

例 7.4　cat 命令 here 文档输入重定向的示例。以 cat 命令为例，先定义一个变量 foo，并为变量赋值。here 文档将一对分隔符之间的正文内容作为标准输入的重定向。本例以 eof 作为 here 文档的分隔符，here 文档正文则是引用三次前面定义的变量，作为标准输入的重定向，交给 cat 命令执行，并在终端显示结果。

操作命令如下：

```
[root@localhost 桌面]# foo = 'Thanks for using KylinOS'
[root@localhost 桌面]# cat << eof
>$foo
>"$foo"
>'$foo'
>eof
```

操作过程如图 7.5 所示。

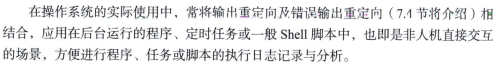

图 7.5　cat 命令 here 文档输入重定向的示例

7.3　输出重定向

输出重定向是指把命令或可执行程序的标准输出重定向到指定文档中，即该命令的输出不显示在终端屏幕上，而是写入指定文档，可以是覆盖模式，也可以是追加模式。

在操作系统的实际使用中，常将输出重定向及错误输出重定向（7.4 节将介绍）相结合，应用在后台运行的程序、定时任务或一般 Shell 脚本中，也即是非人机直接交互的场景，方便进行程序、任务或脚本的执行日志记录与分析。

7.3.1　符号格式及功能

一般 Linux 操作系统标准输出重定向的符号格式及功能对应关系见表 7.3。

表 7.3　标准输出重定向的符号格式及功能

输出重定向符号	功　　能
> 或 >!	标准输出重定向（覆盖）将命令执行的结果重定向到一个文件或设备，强制覆盖文件内容
>>	标准输出重定向（追加）将命令执行的结果重定向到一个文件或设备，追加文件内容

说明：

（1）使用操作符">"或">!"将标准输出由原来的终端设备，重定向到后面定义的文件中。如果文件不存在，则会新建一个文件并保存输出内容，如果文件已存在，则文件原有的内容将被强制覆盖。

（2）使用操作符">>"将标准输出由原来的终端设备，重定向到后面定义的文件中。如果文件不存在，则会新建一个文件并保存输出内容，如果文件已存在，则文件原有的内容不会被覆盖，新的输出会追加到原有文件的末尾。

> 提示：
> 一般Linux操作系统支持以上三种操作符执行输出重定向功能，而麒麟操作系统仅支持第一种与第三种操作符，不支持第二种操作符。同时将第一种操作符定义为强制覆盖模式，也即是使用操作符">"，执行强制覆盖模式的输出重定向。

7.3.2　覆盖模式

使用操作符">"将标准输出以强制覆盖模式重定向到文件中，命令格式如下：

```
command > 文件名
```

例 7.5 以 ls 命令为例，对比标准输出与输出重定向的执行机制与结果差异。

操作命令如下：

```
[root@localhost /]# ls -l /bin/grub2-mkr*                          #标准输出模式
[root@localhost /]# ls -l /bin/grub2-mkr* > /home/test/ls.txt      #输出覆盖重定向模式
[root@localhost /]# cat /home/test/ls.txt                          #查看重定向文件内容
[root@localhost /]# ls -l /bin/grub2-mkr* > /home/test/ls.txt      #再次执行
[root@localhost /]# cat /home/test/ls.txt                          #之前内容已覆盖
[root@localhost /]# ls -l /home/test/ls.txt                        #查看重定向文件权限
[root@localhost /]# chmod 444 /home/test/ls.txt                    #修改重定向文件权限
                                                                   #为只读
[root@localhost /]# ls -l /home/test/ls.txt                        #重定向文件权限为只读
[root@localhost /]# ls -l /bin/grub2-mkr* > /home/test/ls.txt      #覆盖输出重定向模式
[root@localhost /]# cat /home/test/ls.txt                          #之前内容已覆盖
```

操作过程如图 7.6 所示。

图 7.6 ls 命令标准输出与强制覆盖模式输出重定向的示例

标准输出：执行 ls -l 指令，命令返回 /bin/ 目录下以 grub2-mkr 开头的所有文件及目录列表，并显示在屏幕上。

覆盖模式输出重定向：执行 ls -l 指令，命令返回 /bin/ 目录下以 grub2-mkr 开头的所有文件及目录列表，输出保存至 ls.txt 文件中，如果此时文件不存在，则创建文件，如果此时文件已存在，则强制覆盖原有内容，屏幕上不显示结果。

7.3.3 追加模式

使用操作符 ">>" 将标准输出以追加模式重定向到文件中，命令格式如下：

```
command >> 文件名
```

例 7.6 仍然以 ls 命令为例，对比覆盖输出重定向与追加输出重定向的执行机制与结果差异。

操作命令如下：

```
[root@localhost /]# ls -l /bin/grub2-mkr* > /home/test/ls.txt    #覆盖输出重定向模式
[root@localhost /]# cat /home/test/ls.txt                         #查看重定向文件内容
[root@localhost /]# ls -l /bin/scsi_s* >/home/test/ls.txt         #再次执行
[root@localhost /]# cat /home/test/ls.txt                         #覆盖之前内容
[root@localhost /]# echo "------------------------------------" >> /home/test/ls.txt
                                                                  #在重定向文件后面写入分隔符
[root@localhost /]# ls -l /bin/grub2-mkr* >> /home/test/ls.txt    #追加输出重定向模式
[root@localhost /]# cat /home/test/ls.txt                         #查看重定向文件内容
```

操作过程如图 7.7 所示。

图 7.7　ls 命令标准输出与追加模式输出重定向的示例

覆盖模式输出重定向：执行 ls 指令，命令返回 /bin/ 目录下以 grub2-mkr 开头的所有文件及目录列表，输出保存至 ls.txt 文件中。再次执行 ls 指令，返回 /bin/ 目录下以 scsi_s 开头的所有文件及目录，因为此时文件已存在，则覆盖原有内容。查看文件时只能显示第二次执行的结果，即以 scsi_s 开头的文件信息，之前保存的以 grub2-mkr 开头的信息被清除。

追加模式输出重定向：执行 ls 指令，命令返回 /bin/ 目录下以 grub2-mkr 开头的所有文件及目录列表，输出保存至 ls.txt 文件中。因为此时文件已存在，则在原文件的基础上追加内容。查看文件时，可以看到之前命令执行的结果保存在文件前面，这次追加模式执行命令的结果保存在文件后面，验证了追加模式的效果。

7.4　错误输出重定向

错误输出重定向是指把命令或可执行程序的错误输出重定向到指定文档中，即该命令的输出不显示在终端屏幕上，而是写入指定文档，可以是覆盖模式，也可以是追加模式。

7.4.1　符号格式及功能

系统错误输出重定向的符号格式及功能对应关系见表 7.4。

错误输出重定向

表 7.4　错误输出重定向的符号格式及功能

错误输出重定向符号	功　　能
2>	将一个标准错误输出重定向到一个文件或设备，覆盖原来的文件内容
2>>	将一个标准错误输出重定向到一个文件或设备，追加原来的文件内容
&>	将一个标准输出及标准错误输出重定向到一个文件或设备，覆盖原来的文件内容
&>>	将一个标准输出及标准错误输出重定向到一个文件或设备，追加原来的文件内容

说明：

（1）使用操作符"2>"将标准错误输出由原来的终端设备，重定向到后面定义的文件中。如果文件不存在，则会新建一个文件并保存输出内容，如果文件已存在，则文件原有的内容将被覆盖。

（2）使用操作符"2>>"将标准错误输出由原来的终端设备，重定向到后面定义的文件中。如果文件不存在，则会新建一个文件并保存输出内容，如果文件已存在，则文件原有的内容不会被覆盖，新的输出会追加到原有文件的末尾。

（3）使用操作符"&>"将标准输出及标准错误输出一同由原来的终端设备，重定向到后面定义的文件中。如果文件不存在，则会新建一个文件并保存输出内容，如果文件已存在，则文件原有的内容将被覆盖。

（4）使用操作符"&>>"将标准输出及标准错误输出一同由原来的终端设备，重定向到后面定义的文件中。如果文件不存在，则会新建一个文件并保存输出内容，如果文件已存在，则文件原有的内容不会被覆盖，新的输出会追加到原有文件的末尾。

7.4.2　覆盖模式的错误重定向

使用操作符"2>"将错误输出以覆盖模式重定向到文件中，命令格式如下：

```
command 2> 文件名
```

例 7.7　以 ls 命令为例，对比错误输出与覆盖模式的错误输出重定向的执行机制与结果差异。

操作命令如下：

```
[root@localhost /]# ls /notexist                                    #错误输出模式
[root@localhost /]# ls /notexist 2> /home/test/ls.err               #覆盖模式错误输出重
                                                                    #定向
[root@localhost /]# cat /home/test/ls.err                           #查看重定向文件内容
[root@localhost /]# echo "----------------------------------------" >> /home/test/ls.err
                                                                    #在重定向文件后面写入分隔符
[root@localhost /]# cat /home/test/ls.err                           #查看重定向文件内容
[root@localhost /]# ls /notexist 2> /home/test/ls.err               #再次执行覆盖模式
[root@localhost /]# cat /home/test/ls.err                           #之前内容已覆盖
```

操作过程如图 7.8 所示。

```
[root@localhost ~]#
[root@localhost ~]# ls /notexist
ls: 无法访问 '/notexist': 没有那个文件或目录
[root@localhost ~]#
[root@localhost ~]# ls /notexist
ls: 无法访问 '/notexist': 没有那个文件或目录
[root@localhost ~]#
[root@localhost ~]# ls /notexist 2> /home/test/ls.err
[root@localhost ~]# cat /home/test/ls.err
ls: 无法访问 '/notexist': 没有那个文件或目录
[root@localhost ~]#
[root@localhost ~]# echo "------------------------------------" >> /home/test/ls.err
[root@localhost ~]# cat /home/test/ls.err
ls: 无法访问 '/notexist': 没有那个文件或目录
------------------------------------
[root@localhost ~]#
[root@localhost ~]# ls /notexist 2> /home/test/ls.err
[root@localhost ~]# cat /home/test/ls.err
ls: 无法访问 '/notexist': 没有那个文件或目录
[root@localhost ~]#
```

图 7.8 ls 命令错误输出与覆盖模式错误输出重定向的示例

错误输出：执行 ls 指令，查看一个并不存在的目录列表，命令执行返回错误信息 "ls: 无法访问 '/notexist': 没有那个文件或目录"，并将错误信息显示在屏幕上。

覆盖模式的错误输出重定向：执行 ls 指令，查看 /notexist 目录下的所有文件及目录列表。如果命令执行成功，则将执行结果显示在屏幕上，如果命令执行报错，则将错误信息输出保存至 ls.err 文件中。文件不存在，会创建文件，文件存在，则覆盖原有内容。屏幕上不显示报错信息。

7.4.3 追加模式的错误重定向

使用操作符 "2>>" 将错误输出以追加模式重定向到文件中，命令格式如下：

```
command 2>> 文件名
```

例 7.8 以 ls 命令为例，执行追加模式的错误输出重定向效果展示。
操作命令如下：

```
[root@localhost /]# ls /notexist 2> /home/test/ls.err          #错误输出覆盖模式重定向
[root@localhost /]# cat /home/test/ls.err                      #查看重定向文件内容
[root@localhost /]# echo "------------------------------------" >> /home/test/ls.err
                                                               #在重定向文件后面写入分隔符
[root@localhost /]# cat /home/test/ls.err                      #查看重定向文件内容
[root@localhost /]# ls /notexist 2>> /home/test/ls.err         #错误输出追加模式重定向
[root@localhost /]# cat /home/test/ls.err                      #之前内容已覆盖
```

操作过程如图 7.9 所示。

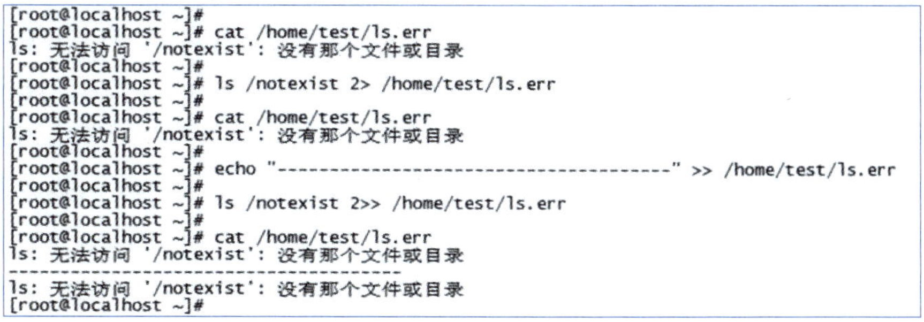

```
[root@localhost ~]#
[root@localhost ~]# cat /home/test/ls.err
ls: 无法访问 '/notexist': 没有那个文件或目录
[root@localhost ~]#
[root@localhost ~]# ls /notexist 2> /home/test/ls.err
[root@localhost ~]# cat /home/test/ls.err
ls: 无法访问 '/notexist': 没有那个文件或目录
[root@localhost ~]#
[root@localhost ~]# echo "------------------------------------" >> /home/test/ls.err
[root@localhost ~]# ls /notexist 2>> /home/test/ls.err
[root@localhost ~]# cat /home/test/ls.err
ls: 无法访问 '/notexist': 没有那个文件或目录
------------------------------------
ls: 无法访问 '/notexist': 没有那个文件或目录
[root@localhost ~]#
```

图 7.9 ls 命令追加模式错误输出重定向的示例

追加模式错误输出重定向：追加模式错误输出重定向的操作与覆盖模式的错误输出重定向操作方法相同，这里不再赘述。差异是仅当文件存在时，则在原有内容的基础上追加内容。屏幕上不显示报错信息。

7.4.4 覆盖模式的标准及错误重定向

使用操作符"&>"将标准及错误输出以覆盖模式重定向到文件中，命令格式如下：

command &> 文件名

例7.9　以 ls 命令为例，执行覆盖模式的标准及错误输出重定向效果展示。
操作命令如下：

```
[root@localhost /]# touch exist                                          #生成exist文件
[root@localhost /]# ls exist notexist 2> /home/test/ls.err               #错误输出重定向
[root@localhost /]# cat /home/test/ls.err                                #查看重定向文件内容
[root@localhost /]# echo "----------------------------------------" >> /home/test/ls.err
                                                                         #在重定向文件后面写入分隔符
[root@localhost /]#ls exist notexist &> /home/test/ls.err                #标准及错误输出重定向
[root@localhost /]# cat /home/test/ls.err                                #之前内容已覆盖
```

操作过程如图 7.10 所示。

```
[root@localhost ~]#
[root@localhost ~]# touch exist
[root@localhost ~]# ls exist notexist 2> /home/test/ls.err
exist
[root@localhost ~]#
[root@localhost ~]# cat /home/test/ls.err
ls: 无法访问 'notexist': 没有那个文件或目录
[root@localhost ~]#
[root@localhost ~]# echo "----------------------------------------" >> /home/test/ls.err
[root@localhost ~]#
[root@localhost ~]# ls exist notexist &> /home/test/ls.err
[root@localhost ~]#
[root@localhost ~]# cat /home/test/ls.err
ls: 无法访问 'notexist': 没有那个文件或目录
exist
[root@localhost ~]#
```

图 7.10　ls 命令覆盖模式标准及错误输出重定向的示例

覆盖模式标准及错误输出重定向：首先用 touch 命令，生成一个文件命名为 exist，执行 ls 指令，查看 exist 文件和 notexist 文件，其中 exist 文件是存在的，能按标准输出，而 notexist 文件不存在，则会输出错误。为了对比效果，第一次用操作符"2>"执行错误输出重定向，则仅错误输出重定向到文件中，不显示在终端上，而标准输出显示在终端上。第二次用操作符"&>"执行标准及错误输出重定向，则将标准输出及错误输出全部重定向到文件，终端不显示任何输出信息。

7.4.5 追加模式的标准及错误重定向

使用操作符"&>>"将标准及错误输出以追加模式重定向到文件中，命令格式如下：

command &>> 文件名

例7.10　以 ls 命令为例，执行追加模式的标准及错误输出重定向效果展示。
操作命令如下：

```
[root@localhost /]# touch exist                                    #生成exist文件
[root@localhost /]# ls exist notexist &> /home/test/ls.err        #错误输出重定向
[root@localhost /]# cat /home/test/ls.err                          #查看重定向文件内容
[root@localhost /]# echo "----------------------------------------" >> /home/test/ls.err
                                                                   #在重定向文件后面写入分隔符
[root@localhost /]#ls exist notexist &>> /home/test/ls.err        #标准及错误输出重定向
[root@localhost /]# cat /home/test/ls.err                          #之前内容已覆盖
```

操作过程如图 7.11 所示。

图 7.11 ls 命令追加模式标准及错误输出重定向的示例

追加模式标准及错误输出重定向：首先用 touch 命令，生成一个文件命名为 exist。执行 ls 指令，查看 exist 文件和 notexist 文件，并将标准与错误输出重定向到文件 ls.err 中，通过 cat 命令查看 ls.err 内容，可以得知 ls 命令的标准及错误输出信息均保存在此文件中。为了方便验证追加效果，继续在 ls.err 文件末尾添加一行分隔符，将前一次重定向输出与接下来的信息分隔开。再次执行 ls 命令，此次用操作符"&>>"执行追加模式的标准及错误输出重定向，再次通过 cat 命令查看 ls.err 内容，验证了第二次 ls 命令的标准及错误输出以追加模式重定向到文件 ls.err 中。

7.5 管道技术

管道是两个进程间进行单向通信的一种机制。因为管道传递数据具有单向性，所以管道通信又称为半双工模式。数据只能由管道命令操作符的前一个命令进程流向后一个命令进程，称前一个命令进程为写进程，即向管道发送数据，后一个命令进程为读进程，即向管道接收数据。

管道技术

7.5.1 符号格式及功能

众所周知，Bash 命令执行的时候会输出信息，但有时这些信息要经过几次处理之后才能得到想要的内容或格式，是否有方便快捷的方式来解决这个问题？在麒麟操作系统 Bash Shell 中，可以通过管道把一系列命令连接起来，即第一个命令的输出作为第二个命令的输入，第二个命令的输出又作为第三个命令的输入，依此类推，最终将想要的内容或格式显示在屏幕上，即管道运行中最后一个命令的输出被显示在屏幕上。

管道使用操作符"|"将前一个命令的标准输出作为后一个命令的标准输入，用管道命令操作符也可以连接多个命令。命令格式如下：

```
command 1 | command 2 | … | command n
```

这里需要注意，每一个管道后面连接的命令必须能够接收标准的输入数据，符合这一条件的命令才能称为管道命令。例如，more、less、grep、awk、sed、wc 等，可以接收标准输入，属于管道命令。而 ls、cp、mv 等命令就不是管道命令，不能放在管道操作符后面。另外管道命令只会处理标准输出，对于标准错误输出会进行忽略。

例 7.11 以 ls 命令与管道命令 wc 命令为例，通过管道操作符"|"连接两个命令，进行前一个命令 ls 的结果的 wc 统计，输出统计结果。

操作命令如下：

```
[root@localhost /]# ls /usr/bin/ | wc -w          #输出/usr/bin/目录下文件个数
```

操作过程如图 7.12 所示。

```
[root@localhost ~]#
[root@localhost ~]# ls /usr/bin/ | wc -w
2377
[root@localhost ~]#
```

图 7.12　ls 命令与 wc 命令通过管道连接的示例

操作指令 ls 输出 /usr/bin/ 目录下的所有文件及子目录，将结果通过管道输入给 wc 命令进行文件数量的统计，最终输出统计结果，显示在屏幕上。

接下来继续以 grep、sed、awk 这三个用于文本处理的管道命令来进行介绍，这三个命令是 Linux 下操作文本的三大利器，又称为 Linux 文本处理三剑客。

7.5.2　管道命令示例 grep

grep 命令可以逐行分析数据，若某行含有所需要的信息，则就将该行抽取出来。

例 7.12 以 ps 命令与 grep 命令为例，通过管道操作符"|"连接两个命令，对前一个命令 ps 的结果进行 grep 过滤。

操作命令如下：

```
[root@localhost /]# ps -ef|grep systemd            #查看systemd相关进程信息
```

操作过程如图 7.13 所示。

```
[root@localhost ~]#
[root@localhost ~]#  ps -ef|grep systemd
root          1     0  0 13:03 ?        00:00:01 /usr/lib/systemd/systemd --switched-
root --system --deserialize 18
root        612     1  0 13:03 ?        00:00:00 /usr/lib/systemd/systemd-journald
root        630     1  0 13:03 ?        00:00:00 /usr/lib/systemd/systemd-udevd
dbus        726     1  0 13:03 ?        00:00:00 /usr/bin/dbus-daemon --system --addr
ess=systemd: --nofork --nopidfile --systemd-activation --syslog-only
root        917     1  0 13:03 ?        00:00:00 /usr/lib/systemd/systemd-logind
root       1746     1  0 13:03 ?        00:00:00 /usr/lib/systemd/systemd --user
root       1771  1746  0 13:03 ?        00:00:00 /usr/bin/dbus-daemon --session --add
ress=systemd: --nofork --nopidfile --systemd-activation --syslog-only
root       2922  2731  0 13:11 pts/1    00:00:00 grep systemd
[root@localhost ~]#
```

图 7.13　ps 命令与 grep 命令通过管道连接的示例

操作指令 ps 查看所有进程信息，将结果通过管道输入给 grep 进行关键词 systemd 匹配过滤，最终输出与 systemd 相关的进程信息。

7.5.3 管道命令示例 sed

前面介绍的 grep 命令可以解析一行数据，若该行含有某个关键词就将其整行列出来。sed 命令则可以对特定行进行新增、删除、替换等操作。

例 7.13 以 cat 命令与 sed 命令为例，通过管道操作符"|"连接两个命令，对前一个命令 cat 的结果进行 sed 操作。

操作命令如下：

```
[root@localhost /]# cat -n /etc/passwd | sed '6,$d'
```

操作过程如图 7.14 所示。

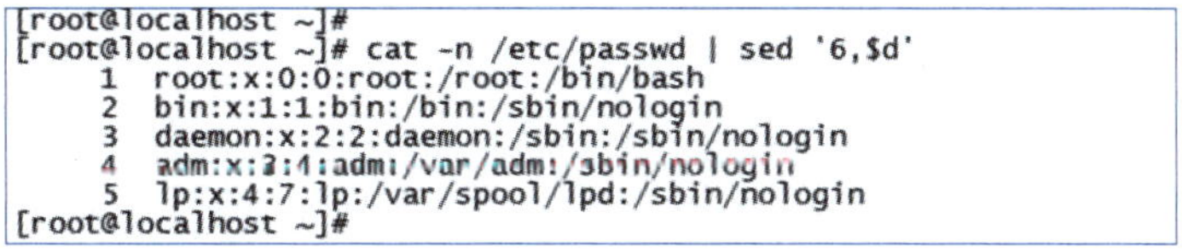

```
[root@localhost ~]#
[root@localhost ~]# cat -n /etc/passwd | sed '6,$d'
     1  root:x:0:0:root:/root:/bin/bash
     2  bin:x:1:1:bin:/bin:/sbin/nologin
     3  daemon:x:2:2:daemon:/sbin:/sbin/nologin
     4  adm:x:3:4:adm:/var/adm:/sbin/nologin
     5  lp:x:4:7:lp:/var/spool/lpd:/sbin/nologin
[root@localhost ~]#
```

图 7.14 cat 命令与 sed 命令通过管道连接的示例

操作指令 cat 查看 /etc/passwd 文件内容，将结果通过管道输入给 sed 进行过滤，删除第六行至最后一行的信息，最终输出前五行信息。

7.5.4 管道命令示例 awk

管道命令 awk 也是一个很有用的命令，相较于 sed 常常对一整行进行操作，awk 则倾向于将一行分为多个字段来处理。因此，awk 相当适合处理小型的文本数据。

例 7.14 以 ps 命令与 awk 命令为例，通过管道操作符"|"连接两个命令，对前一个命令 ps 查看所有的进程信息，将结果通过管道送给 awk 进行过滤，只输出第一列与第二列的数据。

操作命令如下：

```
[root@localhost /]# ps -ef|awk '{print $1 "\t" $2}'| more
```

操作过程如图 7.15 所示。

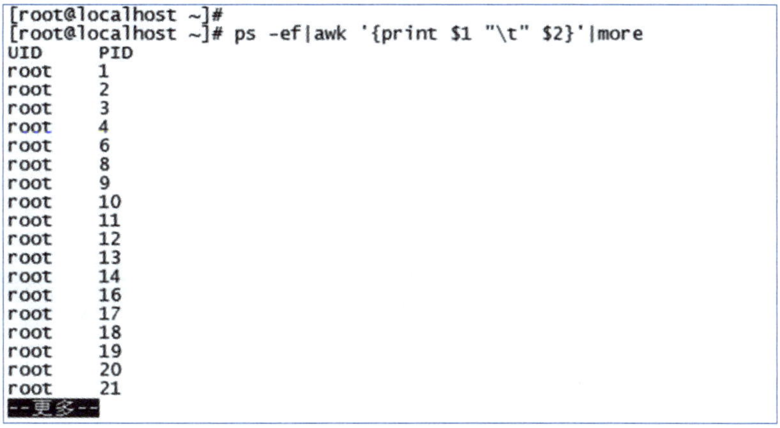

```
[root@localhost ~]#
[root@localhost ~]# ps -ef|awk '{print $1 "\t" $2}'|more
UID      PID
root     1
root     2
root     3
root     4
root     6
root     8
root     9
root     10
root     11
root     12
root     13
root     14
root     16
root     17
root     18
root     19
root     20
root     21
--更多--
```

图 7.15 ps 命令与 awk 命令通过管道连接的示例

操作指令 ps 显示所有的进程信息,将结果通过管道输入给 awk 进行过滤,只输出第一列与第二列的数据,中间用 tab 进行分隔,输出的信息只有两列。在此结果的基础上再一次使用管道命令 more,让输出结果分页显示,使用【Enter】键进行翻页,本案例只展示第一页输出。

以上简单介绍了三种常用的管道命令的示例,命令的具体用法请读者查阅相关手册。管道的使用虽然有一些限制和不足,但仍为用户提供了一种便捷的操作方式,因此管道在麒麟操作系统命令中使用非常广泛。

7.6 命令替换

命令替换

命令替换 Shell 脚本中的一种特性,将一个命令的输出结果作为另外一个命令的参数,或者赋值给某个变量。使用命令替换可以将多个命令串联起来,从而构建出更复杂的命令或脚本,比较常用于 Shell 脚本编程。

命令替换支持两种格式如下:

```
command1 'command2'
command1 $(command2)
```

首先执行单引号内的 command2 命令,执行结果作为前面 command1 命令的参数,再执行 command1 命令,输出结果至屏幕。

例 7.15 以 date 命令为例,将 date 命令的输出结果作为 echo 命令的参数。

操作命令如下:

```
[root@localhost /]# echo 'date'
[root@localhost /]# echo $(date)
[root@localhost /]# echo $(date +%Y-%m-%d)
```

操作过程如图 7.16 所示。

```
[root@localhost ~]#
[root@localhost ~]# echo `date`
2023年 10月 16日 星期一 13:23:04 CST
[root@localhost ~]#
[root@localhost ~]# echo $(date)
2023年 10月 16日 星期一 13:23:06 CST
[root@localhost ~]#
[root@localhost ~]# echo $(date +%Y-%m-%d)
2023-10-16
[root@localhost ~]#
```

图 7.16 使用命令替换的示例

以上示例先执行 date 命令,执行结果即当前时间作为 echo 命令的参数,再执行 echo 命令,结果显示当前时间。

本章实训

一、实训目的

(1)熟悉输入重定向的使用。

（2）熟练掌握输出重定向的使用。
（3）掌握错误输出重定向的使用。
（4）熟练运用管道技术。
（5）了解命令替换的一般用法。

二、实训环境

（1）操作系统：麒麟操作系统。
（2）硬件要求：至少 2 GB RAM，20 GB 硬盘空间，双核处理器。
（3）终端：用于执行命令行操作。
（4）文本编辑器：如 VIM 或 nano，用于查看或编辑配置文件。

三、实训内容

1. 输入重定向实验

（1）使用操作符"<"将标准输入重定向到文件中。
（2）使用操作符"<<<"将标准输入重定向到后面的 here-strings 字符串中。
（3）使用操作符"<<"将标准输入重定向到后面的 here 文档中。

2. 输出重定向

（1）使用操作符">"将标准输出以强制覆盖模式重定向到文件中。
（2）使用操作符">>"将标准输出以追加模式重定向到文件中。

3. 错误输出重定向

（1）使用操作符"2>"将错误输出以覆盖模式重定向到文件中。
（2）使用操作符"2>>"将错误输出以追加模式重定向到文件中。
（3）使用操作符"&>"将标准及错误输出以覆盖模式重定向到文件中。
（4）使用操作符"&>>"将标准及错误输出以追加模式重定向到文件中。

4. 管道技术

（1）运用管道技术，结合管道命令 grep，过滤输出内容。
（2）运用管道技术，结合管道命令 sed，过滤并格式化输出内容。
（3）运用管道技术，结合管道命令 awk，过滤并格式化输出内容。

5. 命令替换实验

使用命令替换将多个命令串联起来。

习 题

一、选择题

1. 以文件作为输入重定向的操作符是（   ）。
　　A. <　　　　　　　B. <<<　　　　　　　C. <<　　　　　　D. 以上皆是
2. 麒麟操作系统以强制覆盖模式进行输出重定向的操作符是（   ）。
　　A. > 或 >!　　　　B. <　　　　　　　　C. >>　　　　　　D. 以上皆是

3. 能同时将标准输出与错误输出以追加模式重定向的操作符是（　　）。

  A.2>   B.2>>   C.&>   D.&>>

4. 不是管道命令的是（　　）。

  A.more   B.ls   C.grep   D.awk

二、简答题

1. 请用重定向技术，使用 ls 命令编写一条指令，并将标准输出以追加模式重定向到文件。

2. 请用定向技术，编写一条指令，实现标准输出显示在终端屏幕，错误输出以覆盖模式重定向到文件。

3. 请用管道技术，实现查看操作系统启动的 httpd 进程。

第 8 章 软件包管理

在现代计算机系统中,软件包管理是确保系统运行顺利、安全可靠的不可或缺的环节。在麒麟操作系统中,rpm 命令和 yum 命令两大关键工具扮演着至关重要的角色。它们不仅简化了软件包的安装、更新和卸载过程,更提供了对系统安全性和功能性的强大保障。

rpm 命令和 yum 命令作为麒麟操作系统中的主要软件包管理工具,极大地改善了管理流程。从管理单个软件包到系统级别的维护和更新,这些工具为系统管理员和用户提供了高效、可靠、安全的管理平台,使得系统始终保持最佳状态。

本章将深入介绍 rpm 和 yum 的基本命令,包括 RPM 软件包的认识、查询、安装、卸载、升级以及校验等内容。

学习目标

- 理解软件包管理的重要性;
- 熟悉 rpm 命令的应用;
- 掌握 yum 的使用方法;
- 了解源码编译安装。

8.1 使用 rpm 命令管理 RPM 软件包

8.1.1 认识 RPM 软件包

1. RPM 软件包概念

RPM(red hat package manager)是用于银河 Kylin 服务器、CentOS、Fedora 等 Linux 发行版(distribution)的常见的软件包管理器。RPM 是银河麒麟系统上默认的包管理系统,可以用来查询、安装、卸载、升级和校验软件。因为它允许分发已编译的软件,所以用户只用一个命令就可以安装软件。RPM 软件包是一种特殊的文件格式,它包含软件的二进制文件、配置文件、文档等。

2. dpkg 和 RPM 的区别

dpkg 和 RPM 是麒麟操作系统中常用的两种软件包管理工具。dpkg 是 Debian 软件包管理系统的基础，由伊恩·默多克于 1993 年创建。dpkg 与 RPM 十分相似，它们都具有安装、卸载、更新、查询等基本功能，但也有一些区别。dpkg 本身是一个底层的工具。上层的工具，如 APT，被用于从远程获取软件包以及处理复杂的软件包关系。

dpkg 和 RPM 的主要区别见表 8.1。

表 8.1 dpkg 和 RPM 的主要区别

特　　性	dpkg	RPM
文件格式	.deb	.rpm
软件包管理工具	dpkg	rpm、yum
软件包依赖关系	需要用户手动处理	需要用户手动处理
软件包签名	可选	必须
软件包源	本地、网络	本地、网络

3. RPM 软件包命名规定

RPM 软件包命名遵循如下规定：

< 软件包名称 >< 版本 >-< 修订号 >< 平台 >.rpm

例如，nano_2.5.3-2kord_arm64.rpm，各部分代表的意义如下：

软件包名称：nano；

版本：2.5.3；

修订号：2kord；

平台：arm64。

4. RPM 软件包的命令格式

RPM 软件包的命令格式如下：

```
rpm [选项] [文件]
```

选项说明：

-a：显示所有软件包。

-q：查询软件包的信息，包括软件包名称、版本号、发布版本、架构等。

-i：安装指定的软件包，并自动解决软件包依赖关系。通常和 -v, -h 选项结合使用。

-e：删除指定的软件包，并自动删除软件包的所有相关文件。

-f：查询拥有指定文件的软件包。

-l：显示软件包的文件列表。

-p：显示系统中所有待安装的软件包。

-R：显示指定软件包的所有依赖关系和冲突关系。

-s：显示文件状态。通常结合 -l 选项使用。

-U：将指定软件包升级到最新版本。

-v：显示指令执行过程。

-h:在安装过程中将显示一系列的"#"来表示安装进度。
-V:验证软件包的完整性和一致性。
-vv:详细显示指令执行过程,便于排错。
--nodeps:忽略依赖关系。

8.1.2 RPM 软件包的查询

RPM 软件包的查询功能主要由 -q 选项完成,但是有时为了实现特殊的查询功能,就要结合其他的选项进行配合使用。

1. 查询系统已经安装的全部 RPM 软件包

命令格式如下:

```
rpm [选项] [文件]
```

其中,-q 代表查询软件包,-a 代表全部。

例 8.1 查询系统已经安装的 RPM 软件包中包含 selinux 关键字的软件包。
操作命令如下:

```
[root@localhost 桌面]# rpm -qa | grep selinux
```

操作过程如图 8.1 所示。

例8.1
视频讲解

```
[root@localhost 桌面]# rpm -qa | grep selinux
libselinux-devel-3.1-4.se.02.ky10.x86_64
libselinux-3.1-4.se.02.ky10.x86_64
container-selinux-2.138.0-1.p01.ky10.noarch
python3-libselinux-3.1-4.se.02.ky10.x86_64
selinux-policy-targeted-3.14.2-76.se.14.ky10.noarch
selinux-policy-3.14.2-76.se.14.ky10.noarch
selinux-policy-devel-3.14.2-76.se.14.ky10.noarch
```

图 8.1 查询包含 selinux 关键字的 RPM 软件包

2. 查询指定软件包是否在本系统中已经安装

命令格式如下:

```
[root@localhost 桌面]# rpm -qa | grep selinux
```

例 8.2 查询 python3 和 vim 软件包是否已经安装。
操作命令如下:

```
[root@localhost 桌面]# rpm -q python3 vim
```

操作过程如图 8.2 所示。

```
[root@localhost 桌面]# rpm -q python3 vim
python3-3.7.9-18.se.05.p05.ky10.x86_64
未安装软件包 vim
```

图 8.2 查询 python3 和 vim 软件包是否已经安装

当软件包未安装的时候,系统将会提示未安装软件包,当软件包已经安装的时候,系统将会显示出已经安装的这个软件包名。

3. 查询软件包的描述信息

命令格式如下:

```
rpm -qi 软件名称
```

例 8.3 查询已安装的 python3 软件包的信息。

操作命令如下：

```
[root@localhost 桌面]# rpm -qi python3
```

操作过程如图 8.3 所示。

```
[root@localhost 桌面]# rpm -qi python3
Name        : python3
Version     : 3.7.9
Release     : 18.se.05.p05.ky10
Architecture: x86_64
Install Date: 2023年09月25日 星期一 13时36分30秒
Group       : Unspecified
Size        : 33555497
License     : Python
Signature   : RSA/SHA256, 2023年09月19日 星期二 01时07分19秒, Key ID 41f8aebe7a4
86d9f
Source RPM  : python3-3.7.9-18.se.05.p05.ky10.src.rpm
Build Date  : 2023年09月18日 星期一 18时53分57秒
Build Host  : localhost.localdomain
Packager    : Kylin Linux
Vendor      : KylinSoft
URL         : https://www.python.org/
Summary     : Interpreter of the Python3 programming language
Description :
Python combines remarkable power with very clear syntax. It has modules,
classes, exceptions, very high level dynamic data types, and dynamic
typing. There are interfaces to many system calls and libraries, as well
as to various windowing systems. New built-in modules are easily written
in C or C++ (or other languages, depending on the chosen implementation).
Python is also usable as an extension language for applications written
in other languages that need easy-to-use scripting or automation interfaces.

This package Provides python version 3.
```

图 8.3 查询已安装的 python3 软件包的信息

4. 查询某文件所属的软件包

命令格式如下：

```
rpm -qf 文件路径
```

使用该命令可以查看系统中的文件是因哪个软件的安装包而产生的，但是并不是系统中的每一个文件都是由软件包的安装而产生的。

例 8.4 查询 /etc/python3 目录是哪个安装包而创建的。

操作命令如下：

```
[root@localhost 桌面]# rpm -qf /etc/python3
```

操作过程如图 8.4 所示。

```
[root@localhost 桌面]# rpm -qf /bin/python3
python3-3.7.9-18.se.05.p05.ky10.x86_64
```

图 8.4 查询 /etc/python3 目录是哪个安装包而创建的

8.1.3 RPM 软件包的安装

安装功能是 RPM 软件包最常用的功能，通常使用 -i 选项进行安装，但同时也会经常结合 -v 和 -h 选项。

选项说明：
-i：安装指定的软件包，并自动解决软件包依赖关系。
-v：显示指令执行过程。
-h：在安装过程中将显示一系列的"#"来表示安装进度。
--nodeps：忽略依赖关系。
命令格式如下：

```
rpm -ivh [软件包路径]
```

例 8.5　使用 rpm 命令安装 gperftools-libs。
操作命令如下：

```
[root@localhost 桌面]# rpm -ivh gperftools-libs-2.8-1.ky10.x86_64.rpm
```

操作过程如图 8.5 所示。

```
[root@localhost 桌面]# rpm -ivh gperftools-libs-2.8-1.ky10.x86_64.rpm
Verifying...                           ################################# [100%]
准备中...                              ################################# [100%]
正在升级/安装...
   1:gperftools-libs-2.8-1.ky10        ################################# [100%]
```

图 8.5　使用 rpm 命令安装 gperftools-libs

8.1.4　RPM 软件包的卸载

RPM 软件包可以通过卸载命令从系统中将已安装的软件包清除。
命令格式如下：

```
rpm -e 软件名称
```

例 8.6　使用 rpm 命令将 nginx 软件从系统中卸载。
操作命令如下：

```
[root@localhost 桌面]# rpm -e nginx
```

如果正常卸载成功，系统将不会出现任何提示，如图 8.6 所示。

```
[root@localhost 桌面]# rpm -e nginx
[root@localhost 桌面]#
```

图 8.6　使用 rpm 命令卸载 nginx

8.1.5　RPM 软件包的升级

如果要将某个软件包升级到较高的版本，可以使用 RPM 软件包的升级功能来实现，需要使用 -U 选项或者 -F 选项进行升级，通常配合 -v 和 -h 使用。
-U 与 -F 区别：
-U 表示如果这个包以前装过，更新到最新的版本；如果没有装过，就装当前的包。
-F 表示只是更新以前安装过的包（先删除后安装）。

例 8.7　利用 rpm 命令的 -U 对 nginx-filesystem 进行升级。
操作命令如下：

```
[root@localhost 桌面]# rpm -Uvh nginx-filesystem-1.16.1-11.p01.ky10.noarch.rpm
```

升级过程如图 8.7 所示。

```
[root@localhost 11]# rpm -Uvh nginx-filesystem-1.16.1-11.p01.ky10.noarch.rpm
Verifying...                          ################################# [100%]
准备中...                              ################################# [100%]
正在升级/安装...
   1:nginx-filesystem-1:1.16.1-11.p01.################################# [100%]
```

图 8.7　利用 rpm 命令的 -U 选项对 nginx-filesystem 进行升级

8.1.6　RPM 软件包的校验

rpm 的 -V 参数用于验证软件包的完整性和一致性。它会对软件包的文件进行校验，确保软件包没有被篡改或损坏。

1. 校验整个系统的 RPM 套件

命令格式如下：

```
rpm -Va
```

例 8.8　利用 rpm 命令检验整个系统的套件。

操作过程如图 8.8 所示。

```
[root@localhost 11]# rpm -Va
.M.......    /var/lib/nfs/rpc_pipefs
S.5....T.  c /etc/ssh/sshd_config
.......T.    /boot/System.map-4.19.90-52.28.v2207.ky10.x86_64
.......T.    /boot/config-4.19.90-52.28.v2207.ky10.x86_64
S.5....T.    /boot/initramfs-4.19.90-52.28.v2207.ky10.x86_64.img
.......T.    /boot/vmlinuz-4.19.90-52.28.v2207.ky10.x86_64
.......T.    /lib/modules/4.19.90-52.28.v2207.ky10.x86_64/modules.builtin.alias.
bin
```

图 8.8　验证整个系统的套件

2. 校验 RPM 软件包

命令格式如下：

```
rpm -V <包名>
```

例 8.9　校验 python3 和 python 的 RPM 软件包。

操作命令如下：

```
[root@localhost 桌面]# rpm -V python3 python
```

操作过程如图 8.9 所示，如果 RPM 软件包没问题则不会出现回显。

```
[root@localhost 11]# rpm -V python3 pyhton
未安装软件包 pyhton
```

图 8.9　校验 RPM 软件包

3. 验证指定的包文件

命令格式如下：

```
rpm -Vp <包文件名>
```

例 8.10　校验 gperftools-libs 的包文件。

操作命令如下：

```
[root@localhost 桌面]# rpm -Vp gperftools-libs-2.8-1.ky10.x86_64.rpm
```

操作过程如图 8.10 所示，如果 RPM 软件包没问题则不会出现回显。

```
[root@localhost 桌面]# rpm -Vp gperftools-libs-2.8-1.ky10.x86_64.rpm
[root@localhost 桌面]#
```

图 8.10　验证指定的包文件

4. 验证包含指定文件的软件包

命令格式如下：

`rpm -Vf <文件名>`

例 8.11　校验 /bin/python3 的软件包。

操作命令如下：

`[root@localhost 桌面]# rpm -Vf /bin/python`

操作过程如图 8.11 所示，如果 RPM 软件包没问题则不会出现回显。

```
[root@localhost 桌面]# rpm -Vf /bin/python
[root@localhost 桌面]#
```

图 8.11　验证包含指定文件的软件包

8.2　使用 yum 命令管理 RPM 软件包

yum（yellowdog updater modified）工具是 rpm 的智能化前端，能够自动处理依赖关系问题。使用 yum 工具安装、卸载、更新升级软件，实际上是通过调用底层的 rpm 来完成的。但是 yum 工具能够自动解决 RPM 软件包所面临的依赖问题，可以确保软件包的正确安装和更新，避免软件冲突。

基于 RPM 包构建的软件更新机制可以自动解决依赖关系，所有软件包由集中的 yum 软件仓库提供，这使得 yum 具有以下优势：

（1）方便快捷：yum 可以自动下载、安装、卸载和更新软件包，无须用户手动操作，大大提高了软件更新的效率。

（2）安全可靠：yum 使用了 RPM 软件包的依赖关系机制，可以确保软件包之间的兼容性，避免软件冲突。

（3）集中管理：yum 可以将所有软件包集中存储在 yum 软件仓库中，方便管理员进行统一管理。

软件仓库的提供方式：

（1）FTP 服务：ftp://......

（2）HTTP 服务：http://......

（3）本地目录：file:///.......

RPM 软件包的来源：

（1）Red Hat 发布的 RPM 软件包集合。

（2）第三方组织发布的 RPM 软件包集合。

（3）用户自定义的 RPM 软件包集合。

8.2.1　YUM 源设置

YUM 源是麒麟操作系统下软件包管理工具 YUM 的软件包源，用于下载和安装软件包。YUM 源的设置是麒麟操作系统下软件包管理的重要组成部分，正确设置 YUM 源可以让系统快速、稳定地安装和更新软件包。

例 8.12　添加本地 yum 仓库。具体要求如下：

（1）添加麒麟操作系统 ISO 镜像到 Linux 虚拟机上。

（2）挂载 iso 镜像。

（3）添加源到指定仓库位置。

操作步骤：

（1）使用 lsblk 命令查看 iso 镜像的所在地址。

操作命令如下：

```
[root@localhost /]# lsblk
```

操作过程如图 8.12 所示。

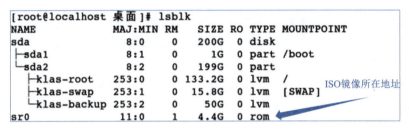

图 8.12　查看 iso 镜像

（2）挂载镜像到 /run/media/Kylin-Server-10 目录。

操作命令如下：

```
[root@localhost /]# mount /dev/sr0  /run/media/Kylin-Server-10
```

操作过程如图 8.13 所示。

```
[root@localhost 桌面]# mount /dev/sr0 /run/media/Kylin-Server-10
mount: /run/media/Kylin-Server-10: WARNING: source write-protected, mounted read
-only.
```

图 8.13　挂载镜像

（3）添加源到指定仓库位置。

操作命令如下：

```
[root@localhost /]# vim /etc/yum.repos.d/kylin_x86_64.repo
```

插入代码如下：

```
[cdrom] name=KylinOS DVD Repository
baseurl=file:///run/media/Kylin-Server-10
enabled=1
gpgcheck=0
```

操作过程如图 8.14 所示。

```
[ks10-adv-updates]
name = Kylin Linux Advanced Server 10 - Updates
baseurl = https://update.cs2c.com.cn/NS/V10/V10SP3/os/adv/lic/updates/$basearch/
gpgcheck = 1
gpgkey=file:///etc/pki/rpm-gpg/RPM-GPG-KEY-kylin
enabled = 1

[ks10-adv-addons]
name = Kylin Linux Advanced Server 10 - Addons
baseurl = https://update.cs2c.com.cn/NS/V10/V10SP3/os/adv/lic/addons/$basearch/
gpgcheck = 1
gpgkey=file:///etc/pki/rpm-gpg/RPM-GPG-KEY-kylin
enabled = 0

[cdrom]
name=KylinOS DVD Repository
baseurl=file:///root/run/media/Kylin-Server-10
enabled=1
gpgcheck=0
```

图 8.14　配置文件添加本地仓库

8.2.2　使用 yum 命令查询 RPM 软件包

使用 yum 查询软件包的命令格式如下：

```
yum list [软件名] 或 yum search <关键词>
```

例 8.13　通过 yum 语句查询 httpd 和 vsftpd 两个软件。
操作命令如下：

```
[root@localhost 桌面]# yum list httpd vsftpd
[root@localhost 桌面]# yum search "httpd"
[root@localhost 桌面]# yum search "vsftpd"
```

操作过程如图 8.15 所示。

```
[root@localhost 桌面]# yum list httpd vsftpd
上次元数据过期检查: 0:00:03 前, 执行于 2023年09月27日 星期三 16时49分30秒。
已安装的软件包
httpd.x86_64                    2.4.43-22.p01.ky10              @ks10-adv-updates
vsftpd.x86_64                   3.0.3-32.ky10                   @ks10-adv-os
[root@localhost 桌面]# yum search "httpd"
上次元数据过期检查: 0:00:12 前, 执行于 2023年09月27日 星期三 16时49分30秒。
============================ Name 精准匹配: httpd ============================
httpd.x86_64 : Apache HTTP Server
======================= Name 和 Summary 匹配: httpd =========================
httpd-devel.x86_64 : Development files for httpd
libmicrohttpd-devel.x86_64 : Development files for libmicrohttpd
libmicrohttpd-help.noarch : This help package for libmicrohttpd
============================== Name 匹配: httpd =============================
httpd-filesystem.noarch : The basic directory for HTTP Server
httpd-help.noarch : Documents and man pages for HTTP Server
httpd-tools.x86_64 : Related tools for use HTTP Server
libmicrohttpd.x86_64 : Lightweight library for embedding a webserver in
                    : applications
web-assets-httpd.noarch : Web Assets aliases for the Apache HTTP daemon
[root@localhost 桌面]# yum search "vsftpd"
上次元数据过期检查: 0:00:29 前, 执行于 2023年09月27日 星期三 16时49分30秒。
============================ Name 精准匹配: vsftpd ===========================
vsftpd.x86_64 : It is a secure FTP server for Unix-like systems
======================= Name 和 Summary 匹配: vsftpd ========================
vsftpd-help.x86_64 : Help package for package vsftpd
```

图 8.15　查询 httpd 和 vsftpd 两个软件

例 8.14　通过 yum 语句查询 vsftpd 软件的详细信息。
操作命令如下：

```
[root@localhost 桌面]# yum info vsftpd
```

操作过程如图 8.16 所示。

```
[root@localhost 桌面]# yum info vsftpd
上次元数据过期检查：0:01:23 前，执行于 2023年09月27日 星期三 16时49分30秒。
已安装的软件包
Name         : vsftpd
Version      : 3.0.3
发布         : 32.ky10
Architecture : x86_64
Size         : 209 k
源           : vsftpd-3.0.3-32.ky10.src.rpm
Repository   : @System
来自仓库     : ks10-adv-os
Summary      : It is a secure FTP server for Unix-like systems
URL          : https://security.appspot.com/vsftpd.html
协议         : GPLv2 with exceptions
Description  : Vsftpd, (or very secure FTP daemon), is an FTP server for Unix-like systems,
             : including Linux. It is licensed under the GNU General Public License. It supports
             : IPv6 and SSL. Vsftpd supports explicit (since 2.0.0) and implicit (since 2.1.0) FTPS.
```

图 8.16　查询 vsftpd 软件的详细信息

例 8.15　通过 yum 语句查询"系统工具"组。

操作命令如下：

[root@localhost 桌面]# yum grouplist "系统工具"

操作过程如图 8.17 所示。

```
[root@localhost 桌面]# yum grouplist "系统工具"
上次元数据过期检查：0:01:53 前，执行于 2023年09月27日 星期三 16时49分30秒。
可用组：
   系统工具
```

图 8.17　查询"系统工具"组

例 8.16　通过 yum 语句查询"系统工具"组的详细信息。

操作命令如下：

[root@localhost 桌面]# yum groupinfo "系统工具"

操作过程如图 8.18 所示。

```
[root@localhost 桌面]# yum groupinfo "系统工具"
上次元数据过期检查：0:02:11 前，执行于 2023年09月27日 星期三 16时49分30秒。
组：系统工具
描述：这组软件包是各类系统工具的集合，如：连接 SMB 共享的客户；监控网络交通的工具。
默认的软件包：
   chrony
   cifs-utils
   libreswan
   nmap
   openldap-clients
   samba-client
   setserial
   tigervnc
   tmux
   xdelta
   zsh
可选的软件包：
   PackageKit-command-not-found
   aide
   amanda-client
   arpwatch
   chrpath
   convmv
   createrepo_c
   environment-modules
```

图 8.18　查询"系统工具"组的详细信息

8.2.3　使用 yum 语句安装 RPM 软件包

使用 yum 语句安装 RPM 软件包的命令格式如下：

yum install [软件名] 或 yum groupinstall [软件名]

例8.17　使用 yum 命令安装 vsftpd 软件。

操作命令如下：

[root@localhost 桌面]# yum install vsftpd -y

其中，-y 参数表示自动确认。

操作过程如图 8.19 所示。

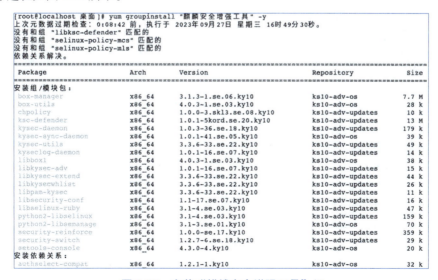

图 8.19　安装 vsftpd 软件

例8.18　使用 yum 命令安装"麒麟安全增强工具"组。

操作命令如下：

[root@localhost 桌面]# yum groupinstall "麒麟安全增强工具" -y

操作过程如图 8.20 所示。

例8.18
视频讲解

图 8.20　安装"麒麟安全增强工具"组

8.2.4 使用 yum 语句卸载 RPM 软件包

使用 yum 语句卸载 RPM 软件包的命令格式如下：

```
yum remove [软件名] 或 yum groupremove [软件名]
```

例 8.19 使用 yum 命令卸载 vsftpd 软件。

操作命令如下：

```
[root@localhost 桌面]# yum remove vsftpd -y
```

操作过程如图 8.21 所示。

```
[root@localhost 桌面]# yum remove vsftpd -y
依赖关系解决。
================================================================================
 Package          Architecture     Version                Repository        Size
================================================================================
移除：
 vsftpd           x86_64           3.0.3-32.ky10          @ks10-adv-os     209 k
清除未被使用的依赖关系：
 vsftpd-help      x86_64           3.0.3-32.ky10          @ks10-adv-os     130 k

事务概要
================================================================================
移除  2 软件包

将会释放空间： 339 k
运行事务检查
事务检查成功。
运行事务测试
事务测试成功。
运行事务
  准备中     ：                                                              1/1
  运行脚本：  vsftpd-3.0.3-32.ky10.x86_64                                   1/1
  运行脚本：  vsftpd-3.0.3-32.ky10.x86_64                                   1/2
  删除       ：  vsftpd-3.0.3-32.ky10.x86_64                                   1/2
  运行脚本：  vsftpd-3.0.3-32.ky10.x86_64                                   1/2
  删除       ：  vsftpd-help-3.0.3-32.ky10.x86_64                              2/2
  运行脚本：  vsftpd-help-3.0.3-32.ky10.x86_64                              2/2
  验证       ：  vsftpd-3.0.3-32.ky10.x86_64                                   1/2
  验证       ：  vsftpd-help-3.0.3-32.ky10.x86_64                              2/2

已移除：
  vsftpd-3.0.3-32.ky10.x86_64              vsftpd-help-3.0.3-32.ky10.x86_64

完毕！
```

图 8.21 卸载 vsftpd 软件

例 8.20 使用 yum 命令卸载“麒麟安全增强工具”组。

操作命令如下：

```
[root@localhost 桌面]# yum groupremove "麒麟安全增强工具" -y
```

操作过程如图 8.22 所示。

```
[root@localhost 桌面]# yum groupremove "麒麟安全增强工具" -y
依赖关系解决。
================================================================================
 Package                  Arch      Version                   Repository           Size
================================================================================
移除：
 box-manager              x86_64    3.1.3-1.se.06.ky10        @ks10-adv-os        197 M
 box-utils                x86_64    4.0.3-1.se.03.ky10        @ks10-adv-os         87 k
 chpolicy                 x86_64    1.0.0-3.skl3.se.08.ky10   @ks10-adv-updates    14 k
 ksc-defender             x86_64    1.0.1-5kord.se.20.ky10    @ks10-adv-updates    46 M
 kysec-daemon             x86_64    1.0.3-36.se.18.ky10       @ks10-adv-updates   557 k
 kysec-sync-daemon        x86_64    1.0.1-41.se.05.ky10       @ks10-adv-os         94 k
 kysec-utils              x86_64    3.3.6-33.se.22.ky10       @ks10-adv-updates   145 k
 kyseclog-daemon          x86_64    1.0.1-16.se.07.ky10       @ks10-adv-updates    14 k
 libbox1                  x86_64    4.0.3-1.se.03.ky10        @ks10-adv-os         90 k
 libkysec-adv             x86_64    1.0.1-16.se.07.ky10       @ks10-adv-updates    22 k
 libkysec-extend          x86_64    3.3.6-33.se.22.ky10       @ks10-adv-updates   125 k
 libkysecwhlist           x86_64    3.3.6-33.se.22.ky10       @ks10-adv-updates    54 k
 libpam-kysec             x86_64    3.3.6-33.se.22.ky10       @ks10-adv-updates    14 k
 libsecurity-conf         x86_64    1.1-17.se.07.ky10         @ks10-adv-updates    14 k
 libselinux-ruby          x86_64    3.1-4.se.03.ky10          @ks10-adv-updates   184 k
 python2-libselinux       x86_64    3.1-4.se.03.ky10          @ks10-adv-updates   611 k
 python2-libsemanage      x86_64    3.1-3.se.01.ky10          @ks10-adv-os        482 k
 security-reinforce       x86_64    1.0.0-se.17.ky10          @ks10-adv-updates   1.5 M
 security-switch          x86_64    1.2.7-6.se.18.ky10        @ks10-adv-updates    60 k
 setools-console          x86_64    4.3.0-4.ky10              @ks10-adv-os        107 k
清除未被使用的依赖关系：
 authselect-compat        x86_64    1.2.1-1.ky10              @ks10-adv-os         82 k
 ecryptfs-utils           x86_64    111-5.ky10                @ks10-adv-os        667 k
 ecryptfs-utils-python    x86_64    111-5.ky10                @ks10-adv-os         35 k
 openpgm                  x86_64    5.2.122-15.ky10           @ks10-adv-os        321 k
 pkcs11-helper            x86_64    1.25.1-1.ky10             @ks10-adv-os        151 k
```

图 8.22 卸载“麒麟安全增强工具”组

8.2.5 使用 yum 语句升级 RPM 软件包

使用 yum 语句升级 RPM 软件包的命令格式如下：

```
yum update 或 yum groupupdate
```

例 8.21 使用 yum 命令对系统进行升级。
操作命令如下：

```
[root@localhost 桌面]# yum update -y
```

操作过程如图 8.23 所示。

```
[root@localhost 桌面]# yum update -y
上次元数据过期检查：0:12:01 前，执行于 2023年09月27日 星期三 16时49分30秒。
依赖关系解决。
无需任何处理。
完毕！
```

图 8.23 升级系统

例 8.22 使用 yum 命令升级"开发工具"组。
操作命令如下：

```
[root@localhost 桌面]# yum groupupdate "开发工具" -y
```

操作过程如图 8.24 所示。

```
[root@localhost 桌面]# yum groupupdate "开发工具" -y
上次元数据过期检查：0:12:40 前，执行于 2023年09月27日 星期三 16时49分30秒。
没有和组 "pkgconf-pkg-config" 匹配的
没有和组 "huaweijdk-8" 匹配的
没有和组 "pkgconf-m4" 匹配的
没有和组 "perl-Fedora-VSP" 匹配的
没有和组 "rpm-sign" 匹配的
依赖关系解决。
================================================================================
 Package            Architecture        Version              Repository      Size
================================================================================
Installing Groups:
Development Tools

事务概要
================================================================================

完毕！
```

图 8.24 升级"开发工具"组

8.3 源码编译安装

源码编译安装是指从软件的源代码开始，通过编译和安装的过程，最终在计算机上运行该软件。

源码安装通常具有以下优势：

（1）灵活性：用户可以根据自己的需求进行定制，例如选择编译器、编译选项等。
（2）版本最新：源码安装可以安装最新版本的软件，而二进制包可能需要等待发行商发布。
（3）安全性：源码安装可以确保软件的完整性和安全性，因为用户可以对源代码进行检查。

源码安装通常需要以下步骤：

（1）下载源代码包：可以从软件包的官方网站或其他可靠的来源下载。
（2）解压源代码包：将源代码包解压到指定目录。

（3）编译源代码：使用编译器将源代码编译成二进制文件。

（4）安装二进制文件：将编译好的二进制文件安装到系统。

例8.23 使用源码编译安装的方式安装 nginx。

具体步骤如下：

（1）下载源码包软件。

```
[root@localhost nginx]# wget http://nginx.org/download/nginx-1.16.1.tar.gz
```

（2）解压源码。

```
[root@localhost nginx]# tar -zxvf nginx-1.16.1.tar.gz
```

（3）进入解压文件目录，执行 configure，生成 Makefile 文件。

```
[root@localhost nginx]# ./configure --prefix=/usr/local/nginx
```

--prefix：指定将软件安装至 /usr/local/nginx 目录中，/usr/local/nginx 目录无须手动创建。

（4）执行 make，编译源码。

```
[root@localhost nginx]# make
```

（5）执行 make install，将软件安装至指定目录。

```
[root@localhost nginx]# make install
```

操作过程如图 8.25~图 8.30 所示。

```
[root@localhost nginx]# wget http://nginx.org/download/nginx-1.16.1.tar.gz
--2023-09-27 17:16:23--  http://nginx.org/download/nginx-1.16.1.tar.gz
正在解析主机 nginx.org (nginx.org)... 3.125.197.172, 52.58.199.22, 2a05:d014:edb:5704::6, ...
正在连接 nginx.org (nginx.org)|3.125.197.172|:80... 已连接。
已发出 HTTP 请求，正在等待回应... 200 OK
长度: 1032630 (1008K) [application/octet-stream]
正在保存至: "nginx-1.16.1.tar.gz"

nginx-1.16.1.tar.gz     100%[===================================>]   1008K  1.03MB/s    用时 1.0s

2023-09-27 17:16:24 (1.03 MB/s) - 已保存 "nginx-1.16.1.tar.gz" [1032630/1032630])
```

图 8.25　wegt 下载源码包

```
[root@localhost nginx]# tar -zxvf nginx-1.16.1.tar.gz
nginx-1.16.1/
nginx-1.16.1/auto/
nginx-1.16.1/conf/
nginx-1.16.1/contrib/
nginx-1.16.1/src/
nginx-1.16.1/configure
nginx-1.16.1/LICENSE
nginx-1.16.1/README
nginx-1.16.1/html/
nginx-1.16.1/man/
nginx-1.16.1/CHANGES.ru
nginx-1.16.1/CHANGES
nginx-1.16.1/man/nginx.8
nginx-1.16.1/html/50x.html
nginx-1.16.1/html/index.html
nginx-1.16.1/src/core/
nginx-1.16.1/src/event/
nginx-1.16.1/src/http/
nginx-1.16.1/src/mail/
nginx-1.16.1/src/misc/
```

图 8.26　解压源码

```
[root@localhost nginx-1.16.1]# ./configure --prefix=/usr/local/nginx
checking for OS
 + Linux 4.19.90-52.28.v2207.ky10.x86_64 x86_64
checking for C compiler ... found
 + using GNU C compiler
 + gcc version: 7.3.0 (GCC)
checking for gcc -pipe switch ... found
checking for -Wl,-E switch ... found
checking for gcc builtin atomic operations ... found
checking for C99 variadic macros ... found
checking for gcc variadic macros ... found
checking for gcc builtin 64 bit byteswap ... found
checking for unistd.h ... found
checking for inttypes.h ... found
checking for limits.h ... found
checking for sys/filio.h ... not found
checking for sys/param.h ... found
checking for sys/mount.h ... found
checking for sys/statvfs.h ... found
checking for crypt.h ... found
checking for Linux specific features
checking for epoll ... found
checking for EPOLLRDHUP ... found
checking for EPOLLEXCLUSIVE ... found
checking for O_PATH ... found
checking for sendfile() ... found
checking for sendfile64() ... found
checking for sys/prctl.h ... found
checking for prctl(PR_SET_DUMPABLE) ... found
checking for prctl(PR_SET_KEEPCAPS) ... found
checking for capabilities ... found
checking for crypt_r() ... found
checking for sys/vfs.h ... found
checking for struct dirent.d_namlen ... not found
checking for struct dirent.d_type ... found
checking for sysconf(_SC_NPROCESSORS_ONLN) ... found
checking for sysconf(_SC_LEVEL1_DCACHE_LINESIZE) ... found
checking for openat(), fstatat() ... found
checking for getaddrinfo() ... found
checking for PCRE library ... found
checking for PCRE JIT support ... found
checking for zlib library ... found
creating objs/Makefile

Configuration summary
  + using system PCRE library
  + OpenSSL library is not used
  + using system zlib library

  nginx path prefix: "/usr/local/nginx"
  nginx binary file: "/usr/local/nginx/sbin/nginx"
  nginx modules path: "/usr/local/nginx/modules"
  nginx configuration prefix: "/usr/local/nginx/conf"
  nginx configuration file: "/usr/local/nginx/conf/nginx.conf"
  nginx pid file: "/usr/local/nginx/logs/nginx.pid"
  nginx error log file: "/usr/local/nginx/logs/error.log"
  nginx http access log file: "/usr/local/nginx/logs/access.log"
  nginx http client request body temporary files: "client_body_temp"
  nginx http proxy temporary files: "proxy_temp"
  nginx http fastcgi temporary files: "fastcgi_temp"
  nginx http uwsgi temporary files: "uwsgi_temp"
  nginx http scgi temporary files: "scgi_temp"
```

图 8.27 生成 Makefile 文件

```
[root@localhost nginx-1.16.1]# make
make -f objs/Makefile
make[1]: 进入目录"/root/桌面/nginx/nginx-1.16.1"
cc -c -pipe  -O -W -Wall -Wpointer-arith -Wno-unused-parameter -Werror -g  -I src/core -I src/event
-I src/event/modules -I src/os/unix -I objs \
        -o objs/src/os/unix/ngx_send.o \
        src/os/unix/ngx_send.c
cc -c -pipe  -O -W -Wall -Wpointer-arith -Wno-unused-parameter -Werror -g  -I src/core -I src/event
-I src/event/modules -I src/os/unix -I objs \
        -o objs/src/os/unix/ngx_writev_chain.o \
        src/os/unix/ngx_writev_chain.c
cc -c -pipe  -O -W -Wall -Wpointer-arith -Wno-unused-parameter -Werror -g  -I src/core -I src/event
-I src/event/modules -I src/os/unix -I objs \
        -o objs/src/os/unix/ngx_udp_send.o \
        src/os/unix/ngx_udp_send.c
cc -c -pipe  -O -W -Wall -Wpointer-arith -Wno-unused-parameter -Werror -g  -I src/core -I src/event
-I src/event/modules -I src/os/unix -I objs \
        -o objs/src/os/unix/ngx_udp_sendmsg_chain.o \
        src/os/unix/ngx_udp_sendmsg_chain.c
cc -c -pipe  -O -W -Wall -Wpointer-arith -Wno-unused-parameter -Werror -g  -I src/core -I src/event
-I src/event/modules -I src/os/unix -I objs \
        -o objs/src/os/unix/ngx_channel.o \
        src/os/unix/ngx_channel.c
cc -c -pipe  -O -W -Wall -Wpointer-arith -Wno-unused-parameter -Werror -g  -I src/core -I src/event
-I src/event/modules -I src/os/unix -I objs \
        -o objs/src/os/unix/ngx_shmem.o \
        src/os/unix/ngx_shmem.c
cc -c -pipe  -O -W -Wall -Wpointer-arith -Wno-unused-parameter -Werror -g  -I src/core -I src/event
-I src/event/modules -I src/os/unix -I objs \
        -o objs/src/os/unix/ngx_process.o \
        src/os/unix/ngx_process.c
cc -c -pipe  -O -W -Wall -Wpointer-arith -Wno-unused-parameter -Werror -g  -I src/core -I src/event
-I src/event/modules -I src/os/unix -I objs \
```

图 8.28　编译源码

```
[root@localhost nginx-1.16.1]# make install
make -f objs/Makefile install
make[1]: 进入目录"/root/桌面/nginx/nginx-1.16.1"
test -d '/usr/local/nginx' || mkdir -p '/usr/local/nginx'
test -d '/usr/local/nginx/sbin' \
        || mkdir -p '/usr/local/nginx/sbin'
test ! -f '/usr/local/nginx/sbin/nginx' \
        || mv '/usr/local/nginx/sbin/nginx' \
              '/usr/local/nginx/sbin/nginx.old'
cp objs/nginx '/usr/local/nginx/sbin/nginx'
test -d '/usr/local/nginx/conf' \
        || mkdir -p '/usr/local/nginx/conf'
cp conf/koi-win '/usr/local/nginx/conf'
cp conf/koi-utf '/usr/local/nginx/conf'
cp conf/win-utf '/usr/local/nginx/conf'
test -f '/usr/local/nginx/conf/mime.types' \
        || cp conf/mime.types '/usr/local/nginx/conf'
cp conf/mime.types '/usr/local/nginx/conf/mime.types.default'
test -f '/usr/local/nginx/conf/fastcgi_params' \
        || cp conf/fastcgi_params '/usr/local/nginx/conf'
cp conf/fastcgi_params \
        '/usr/local/nginx/conf/fastcgi_params.default'
test -f '/usr/local/nginx/conf/fastcgi.conf' \
        || cp conf/fastcgi.conf '/usr/local/nginx/conf'
cp conf/fastcgi.conf '/usr/local/nginx/conf/fastcgi.conf.default'
test -f '/usr/local/nginx/conf/uwsgi_params' \
        || cp conf/uwsgi_params '/usr/local/nginx/conf'
cp conf/uwsgi_params \
        '/usr/local/nginx/conf/uwsgi_params.default'
test -f '/usr/local/nginx/conf/scgi_params' \
        || cp conf/scgi_params '/usr/local/nginx/conf'
cp conf/scgi_params \
        '/usr/local/nginx/conf/scgi_params.default'
test -f '/usr/local/nginx/conf/nginx.conf' \
```

图 8.29　执行 make install

```
[root@localhost nginx-1.16.1]# nginx -v
nginx version: nginx/1.16.1
```

图 8.30　检查是否安装成功

本章实训

一、实训目的

（1）熟悉麒麟服务器操作系统的 RPM 工具的操作环境。
（2）理解麒麟服务器操作系统的软件包管理机制。
（3）熟悉麒麟服务器操作系统的 YUM 工具的综合应用。
（4）了解麒麟服务器操作系统的 RPM 和 YUM 的功能差异与互补性。

二、实训环境

基础环境：
（1）操作系统：麒麟服务器操作系统。
（2）硬件要求：至少 2 GB RAM，20 GB 硬盘空间，双核处理器。

软件环境：
（1）RPM：RPM 包管理工具，应已预装在麒麟服务器操作系统中。
（2）YUM：YUM 包管理工具，应已预装在麒麟服务器操作系统中。
（3）软件源：确保 RPM 和 YUM 的软件源已配置并能够正常访问。

实训工具：
（1）终端：用于执行命令行操作。
（2）文本编辑器：如 VIM 或 nano，用于查看或编辑配置文件。

实训目标软件包：
（1）telnet：一个用于远程登录的客户端程序。
（2）httpd：Apache HTTP 服务器。

三、实训内容

1. 使用 RPM 进行软件包管理

（1）使用 RPM 软件包安装 telnet。
（2）RPM 软件包的查询。
  ①查询软件包 telnet 是否已经安装。
  ②查询软件包 telnet 的详细信息。
  ③查询软件包 telnet 的安装文件。
（3）卸载 RPM 软件包 telnet。

2. 使用 YUM 进行软件包管理

（1）使用 YUM 安装软件包 httpd。
（2）使用 YUM 查询软件包 httpd 是否安装，再查询 httpd 软件包的详细信息。
（3）使用 YUM 卸载软件包 httpd。

习 题

一、选择题

1. 以下（　　）方式可以安装麒麟操作系统软件包。
   A. RPM　　　　　　　　　B. yum
   C. 源码安装　　　　　　　D. 以上皆是

2. RPM 包的扩展名是（　　）。
   A. .rpm　　　　B. .deb　　　　C. .tar.gz　　　　D. .zip

3. yum 是基于（　　）包管理机制的。
   A. RPM　　　　　　　　　B. Deb
   C. 源码　　　　　　　　　D. 以上皆是

4. 源码安装的优点是（　　）。
   A. 灵活性　　　　　　　　B. 最新版本
   C. 安全性　　　　　　　　D. 以上皆是

二、简答题

1. 使用 rpm 命令查找所有含有 MySql 关键字的 rpm 软件包。
2. 使用 rpm 命令安装 nginx 软件。
3. 使用 yum 命令安装 nginx 软件。

第 9 章 服务和进程管理

随着对麒麟操作系统深入的探索,用户将聚焦于进程和服务管理。在操作系统的运作中,理解进程与服务是确保系统顺畅运行和提高性能的关键。进程,作为操作系统中的执行实例,对于系统的运行和资源分配起着关键作用。服务管理同样是服务器运维中不可或缺的一环,了解服务的角色和管理方法对于确保系统的稳定性和可用性至关重要。

学习目标

- 理解进程的核心概念;
- 掌握进程管理技能;
- 了解服务的角色和功能;
- 掌握服务的配置方法。

9.1 进程和服务概述

9.1.1 进程和服务的基本概念

进程是计算机中运行的程序的实例。每个进程都有自己的内存空间、执行环境和资源。进程是计算机系统中的工作单元,可以执行各种任务,从应用程序到系统服务。

微视频
进程和服务概述

服务通常指系统中在后台运行的程序,也称为守护进程。服务是为了满足系统或用户需求而提供的功能。它们可以处理网络通信、数据存储、系统维护等各种任务。

9.1.2 进程和服务之间的关系

进程和服务之间存在紧密的关系,因为服务通常由一个后台进程提供。例如,Web 服务器服务可能由一个名为 Apache 的进程提供。进程与服务之间的关系允许系统在后台提供各种功能和服务,如网络通信、打印任务、文件共享等。

两者的区别与联系如下：

（1）进程通常与用户交互，而服务通常在后台默默工作。

（2）进程是具体的任务实例，而服务是系统功能的提供者。

（3）进程通常有独立的执行环境，而服务共享系统资源。

了解这些关系有助于更好地理解操作系统内部的工作方式。

9.2 进程管理

微视频
进程管理

在本节中，将深入了解如何在麒麟操作系统中管理进程。进程是操作系统的核心组成部分，负责执行各种任务，从简单的系统进程到用户应用程序。

9.2.1 查看运行中的进程

为了了解系统中正在运行的进程，可以使用一些命令来查看它们的列表。以下是两个常用的命令。

1. ps 命令

这个命令可以列出当前用户的进程。默认情况下，它会显示与当前终端相关的进程，但也可以使用各种选项来查看所有进程或特定用户的进程。例如，要显示所有进程的列表，可以使用以下命令：

```
[root@localhost 桌面]# ps aux
```

运行结果如图 9.1 所示。

图 9.1　ps 显示所有进程信息

2. top 命令

top 命令提供了一个动态的、实时的进程监视器。它会显示系统中运行的前几个进程，以及有关它们的各种信息，如 CPU 使用率、内存占用等，如图 9.2 所示。要运行 top，只需在终端中输入"top"并按【Enter】键。

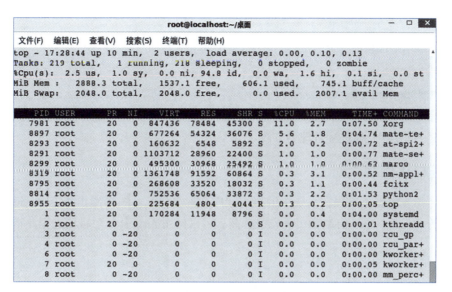

图 9.2　top 显示进程信息

9.2.2　进程的状态和属性

每个进程都具有状态，这些状态反映了它们当前的情况。常见的进程状态包括：

（1）运行（running）：进程正在执行。

（2）等待（waiting）：进程正在等待某些事件的发生，例如 I/O 操作完成。

（3）停止（stopped）：进程已被暂停，等待继续执行或被终止。

（4）僵尸（zombie）：进程已经终止，但其父进程还没有确认其终止。

每个进程都有一个唯一的标识符，称为进程 ID（PID）。PID 对于唯一标识系统中的每个进程非常重要。

可以查看有关进程的其他属性，例如父进程、启动时间和命令行参数。例如，要查看特定 PID 的详细信息，可以使用如下命令：

```
ps -p <PID> -o pid,ppid,stime,tty,cmd
```

这将显示有关进程的信息，包括其 PID、父进程 ID（PPID）、启动时间、所属终端和执行的命令，如图 9.3 所示。

图 9.3　ps 显示有关进程的信息

9.2.3　终止进程

麒麟操作系统提供了多种方法来终止进程。

1. kill 命令

使用 kill 命令可以发送信号给进程，以请求其终止。默认情况下，kill 命令发送的是 SIGTERM 信号，允许进程完成正在进行的工作并正常退出。要终止特定进程，只需提供其 PID，例如，

```
kill <PID>
```
如果进程未响应或需要立即终止，可以使用 SIGKILL 信号。
```
kill -9 <PID>
```

2. pkill 和 pgrep 命令

pkill 命令允许根据进程的名称终止进程，而 pgrep 命令用于查找进程的 PID。这两个命令通常与 kill 一起使用，使进程管理更方便。

9.2.4 进程优先级

进程优先级决定了进程在系统中的执行顺序和资源分配。麒麟操作系统中，nice 值用于表示进程的优先级，nice 值越低，优先级越高。可以使用 nice 命令来启动进程并指定其优先级。例如，
```
nice -n 10 command
```
这将以较低的优先级启动命令，较低的优先级表示系统将为该进程分配更多的 CPU 时间。需要注意的是，通常只有 root 用户才能提高进程的优先级，这是因为更高的优先级可能会影响系统的稳定性。

9.3 服务管理

服务也称为守护进程，是在后台运行的程序，负责执行各种系统任务和功能。

9.3.1 服务的基本概念

服务是一种在系统背景中运行的特殊类型的进程。它们的角色是提供特定的功能或服务，如网络服务、文件系统监控、定时任务等。服务通常在系统启动时启动，并在系统运行时持续监控和提供服务，以满足系统的需求。

服务的基本特征包括：

（1）运行在后台：服务通常在后台默默运行，不需要用户干预。它们不会显示在用户界面中，而是在系统级别执行任务。

（2）持续性：服务是持续运行的，直到它们被明确停止或系统关闭。它们可以随着系统启动而启动，以确保在需要时提供服务。

（3）独立性：服务通常是独立的，它们有自己的进程，并且不依赖于用户的交互。

（4）特定功能：每个服务都有一个特定的任务或功能，例如 Web 服务器、数据库服务、打印服务等。

9.3.2 启动和停止服务

在麒麟操作系统中，有两个常用的命令来管理系统服务。

1. systemctl 命令

systemctl 是一个用于管理 systemd 服务的强大工具。systemd 是现代 Linux 系统上的初始

化和服务管理系统。要启动一个服务，可以使用以下命令：

```
sudo systemctl start <service-name>
```

要停止服务，可以使用以下命令：

```
sudo systemctl stop <service-name>
```

2. service 命令

service 命令是一种更传统的服务管理工具，适用于不使用 systemd 的系统。要启动服务，可以使用以下命令：

```
sudo service <service-name> start
```

要停止服务，可以使用以下命令：

```
sudo service <service-name> stop
```

9.3.3　管理服务状态

了解服务的状态对于系统管理非常重要。可以使用以下命令来查看服务的状态：

systemctl status 命令，这个命令将显示特定服务的详细状态信息，包括是否正在运行、最后一次启动时间等。例如，

```
systemctl status <service-name>
```

9.3.4　自动启动服务

在系统启动时自动启动服务是常见的要求，以确保服务可用。可以使用以下 systemctl enable 命令来配置服务自动启动，例如，

```
sudo systemctl enable <service-name>
```

这样，服务将在系统启动时自动启动，而不需要手动干预。

例 9.1　管理 nfs 服务器。

若要管理 nfs 服务器，需启动 nfs 服务、查看 nfs 状态、开机自启动等操作，具体操作步骤如下：

（1）启动 nfs 服务。

（2）查看 nfs 状态。

（3）开机自启动 nfs。

具体操作命令及过程如图 9.4 所示。

```
[root@localhost 桌面]# systemctl start nfs
[root@localhost 桌面]# systemctl status nfs
● nfs-server.service - NFS server and services
   Loaded: loaded (/usr/lib/systemd/system/nfs-server.service; disabled; vendor
   Active: active (exited) since Mon 2023-10-23 17:31:24 CST; 4min 22s ago
  Process: 9032 ExecStartPre=/usr/sbin/exportfs -r (code=exited, status=0/SUCCE
  Process: 9034 ExecStart=/usr/sbin/rpc.nfsd (code=exited, status=0/SUCCESS)
 Main PID: 9034 (code=exited, status=0/SUCCESS)
    Tasks: 0
   Memory: 0B
   CGroup: /system.slice/nfs-server.service

10月 23 17:31:24 localhost systemd[1]: Starting NFS server and services...
10月 23 17:31:24 localhost systemd[1]: Started NFS server and services.
[root@localhost 桌面]# systemctl enable nfs
Created symlink /etc/systemd/system/multi-user.target.wants/nfs-server.service →
 /usr/lib/systemd/system/nfs-server.service.
```

图 9.4　nfs 服务器的管理操作

服务管理是系统管理的一个重要方面，它确保了系统功能的稳定和可用性。理解如何管理服务以及它们在系统中的作用对于系统管理员和运维人员非常重要。

本章实训

一、实训目的

（1）深入理解服务和进程管理的概念。
（2）掌握服务的查看和操作方法。
（3）熟练运用进程管理技能。

二、实训环境

（1）操作系统：麒麟服务器操作系统。
（2）硬件要求：至少 2 GB RAM，20 GB 硬盘空间，双核处理器。
（3）终端：用于执行命令行操作。
（4）SSH 服务器：系统需提前安装好 SSH 服务器供用户练习使用。

三、实训内容

1. 查看运行中的服务

（1）使用 systemctl 命令查看当前系统上正在运行的服务。
（2）使用 service 命令查看当前系统上正在运行的服务（如果您的系统不使用 systemd）。

2. 启动和停止服务

选择一个系统服务（如 SSH 服务），使用 systemctl 命令启动它，然后再停止它。

3. 管理进程

（1）使用 ps 命令查看当前运行的进程列表。
（2）选择一个进程，使用 kill 命令终止它，然后观察进程的状态变化。

4. 配置自动启动服务

选择一个系统服务（如 SSH 服务），使用 systemctl 命令配置它在系统启动时自动启动。

习 题

一、选择题

1. 进程在麒麟操作系统中是（　　）。
   A. 文件　　　　　B. 用户　　　　　C. 程序的实例　　　　　D. 目录
2. 麒麟操作系统中的守护进程通常被称为（　　）。
   A. 服务　　　　　B. 进程　　　　　C. 线程　　　　　D. 目录
3. 下列（　　）命令可以用来查看当前系统上正在运行的服务。
   A. top　　　　　B. system　　　　　C. ps　　　　　D. service

4. 在麒麟操作系统中，以下（　　）命令可以终止一个进程。
   A. end   B. terminate
   C. kill   D. stop
5. 进程的 PID 代表（　　）。
   A. 进程标识符   B. 进程名
   C. 进程状态   D. 进程优先级

二、填空题

1. 使用 ____ 命令可以查看系统上正在运行的进程列表。
2. 进程的状态包括运行中、休眠和 ____ 等状态。
3. 使用 ____ 命令可以终止一个进程。
4. nice 命令用于调整进程的 ____。
5. 在麒麟操作系统中，服务（守护进程）通常存储在 ____ 目录中，以便在系统启动时自动启动。

第 10 章 计划任务

Linux 计划任务的发展背景可以追溯到 UNIX 操作系统的时代。在 UNIX 系统中，已经有了类似计划任务的概念，称为 cron job。cron job 允许用户在特定的时间间隔内自动执行预定的命令或脚本。随着 Linux 操作系统的兴起，cron job 的概念被继承并得到了进一步的发展。麒麟操作系统中的 cron job 功能更加强大和灵活，可以支持更多种类的定时任务和更复杂的条件。这些工具和技术使得用户可以更加灵活和方便地实现任务的自动化和计划性。本章主要讲解的是麒麟操作系统定时任务中一次性计划任务和周期性计划任务的区别和用法。

学习目标

- 了解系统定时任务计划；
- 掌握一次性任务管理命令；
- 熟悉周期性计划任务服务；
- 熟练掌握周期性命令操作。

10.1 系统定时任务

10.1.1 系统定时任务概述

在麒麟系统的实际使用中，可能会经常碰到让系统在某个特定时间执行某些任务的情况，比如定时采集服务器的状态信息、负载状况；定时执行某些任务/脚本来对远端进行数据采集等。atd、crond 是麒麟系统中用来定期执行命令/脚本或指定程序任务的一种服务或软件，一般情况下，安装完操作系统之后，默认便会启动这些任务调度服务。

crond 就是计划任务，类似于平时生活中的闹钟定点执行。crond 主要是做一些周期性的任务，例如，凌晨 3 点定时备份数据；11 点开启网站抢购接口，12 点关闭网站抢购接口。at、crond 服务会定期（默认每分钟检查一次）检查系统中是否有要执行的任务工作，如果有，便会根据其预先设定的定时任务规则自动执行该定时任务工作，这个定时任务服务就相当于我们平时早起使用的闹钟一样，一次性的或是按周期循环。

定时任务主要分为以下两种使用情况：

（1）系统级别的定时任务。临时文件清理、系统信息采集、日志文件切割。

（2）用户级别的定时任务。定时向互联网同步时间、定时备份系统配置文件、定时备份数据库的数据。

10.1.2 计划任务的分类

计划任务分为一次性计划任务与周期性计划任务。顾名思义，一次性计划任务在指定的时间执行计划的任务，执行之后，计划任务失效。一次性计划任务只执行一次，例如计划今晚 12 点 30 分开启想要执行的服务，这种任务一般用于满足临时的工作需求，可以用 at 命令实现这种功能；如果希望麒麟操作系统能够周期性地、有规律地执行某些具体的任务，例如每周一的凌晨 3 点把 /data/www 目录打包备份为 backup.tar.gz，那么，就要使用麒麟操作系统中默认启用的 crond 服务。

10.2 一次性任务管理

在麒麟操作系统中，一般使用 at 命令进行一次性任务管理。比如要在二十分钟后重启，要在两分钟后启动一个可执行程序，或者在一天后执行一个脚本。适合应对突发性和临时性的任务。

10.2.1 at 任务概述

at 与 crontab 一样，都是执行定时计划任务的命令。但不同的是，crontab 执行的是循环任务，而 at 执行的是一次性任务，任务执行完以后便失效。

使用时需注意时间设置，指定某天的某个时间点的操作，以免执行计划任务的时候，时间段错误。

相对计时法，这对于安排不久就要执行的命令是很有好处的。指定格式为：now+count time-units，now 即为当前时间，time-units 是时间单位，这里可以是 minutes（分钟）、hours（小时）、days（天）、weeks（星期）。count 是时间的数量，比如几天、几小时等。更有一种计时方法就是直接使用 today（今天）、tomorrow（明天）来指定完成命令的时间。

at 任务命令的格式是：

at [选项][参数]

其选项值及其功能见表 10.1。

表 10.1　at 任务命令的格式中选项值及其功能

选项	功能
-m	当指定的任务被完成之后，将给用户发送邮件，即使没有标准输出
-M	不发送邮件
-l	显示待执行任务的列表，atq 的别名

续上表

选项	功能
-d	删除指定的待执行任务，atrm 的别名
-r	atrm 的别名
-v	显示任务将被执行的时间，显示的时间格式为：Thu Feb 20 14:50:00 1997
-c	打印任务的内容到标准输出
-V	显示版本信息
-q	后面加 < 队列 > 使用指定的队列
-f	后面加 < 文件 > 从指定文件读入任务而不是从标准输入读入
-t	后面 < 时间参数 > 以时间参数的形式提交要运行的任务

例如，如果想要查看已设置好但还未执行的一次性计划任务，可以使用"at -l"命令。

```
[root@localhost ~]# at -l
```

10.2.2　at 任务的操作

1. at 的安装

（1）如果想运行 at 命令，则需要安装 atd 服务，并配置为自启动。要确定系统上是否已经安装了 at 包，可以使用以下命令：

```
[root@localhost ~]# rpm -q at
```

如果已经安装了，上述命令将返回 at 包的完整名称，否则将通知用户包不可用。

（2）要安装程序包，以 root 用户按照下面的格式来使用 dnf 命令：

```
dnf install package
```

2. 启动 atd 服务

（1）要确定服务是否正在运行，可以使用以下命令：

```
[root@localhost ~]# systemctl status atd.service
```

（2）要在当前会话中运行 atd 服务，以 root 用户在命令行提示符下输入以下命令：

```
[root@localhost ~]# systemctl start atd.service
```

（3）要配置服务开机自启动，可以以 root 用户使用以下命令：

```
[root@localhost ~]# systemctl enable atd.service
```

3. 停止 atd 服务

（1）要在当前会话中停止 atd 服务，可以以 root 用户在命令行提示符下输入以下命令：

```
[root@localhost ~]# systemctl stop atd.service
```

（2）要禁止服务开机自启动，可以以 root 用户使用以下命令：

```
[root@localhost ~]# systemctl disable atd.service
```

4. 重启 atd 服务

要重启 atd 服务，可以以 root 用户在命令行提示符下输入以下命令：

```
[root@localhost ~]# systemctl restart atd.service
```

该命令停止服务后将很快地再次启动服务。

10.2.3 at 任务的配置

创建 at 任务方式有从文件输入和从控制台输入两种。要使用 at 工具调度一次性任务在指定时间执行，可按以下步骤操作：

1. 在命令行中输入命令

```
[root@localhost ~]# at TIME
```

这里的 TIME 表示命令执行的时间。TIME 参数可以使用以下任意一种格式定义：

（1）HH:MM：指定确切的小时和分钟，例如，04:00 表示上午 4 点。

（2）midnight：指定为午夜 12 点。

（3）noon：指定为中午 12 点。

（4）teatime：指定为下午 4 点。

（5）MONTH DAY YEAR 格式：例如，January 15 2020 表示 2020 年 1 月 15 日，年份的值是可选的。

（6）MMDDYY、MM/DD/YY 或者 MM.DD.YY 格式：例如，011520 表示 2020 年 1 月 15 日。

（7）now + TIME：这里的 TIME 由一个整数和 minutes、hours、days 或者 weeks 几个类型值来定义。例如，now+5days 表示命令将在从现在起五天后的同一时间被执行。

必须首先指定时间，其后可以指定可选的日期。如果指定的时间已经过了，则任务将在明天的同一时间被执行。要了解更多关于时间格式的信息可以参考 /usr/sh-are/doc/at-<version>/timespec 文本文件。

2. 在显示出的 at> 命令行提示符下，定义任务命令

（1）输入任务应该执行的命令，并按下【Enter】键。可选地，可以重复此步骤，提供多个命令。

（2）在命令行提示符下输入一个 Shell 脚本，并在脚本的每一行之后按下【Enter】键。

例 10.1 将系统设置为在今晚 23:30 自动重启服务。

命令如下：

例10.1
视频讲解

```
[root@localhost ~]# at 23:30
at > systemctl restart httpd
at > 此处请同时按下【Ctrl+D】组合键来结束编写计划任务
```

运行过程及结果如图 10.1 所示。

图 10.1 运行结果

（1）如果想要查看已设置好但还未执行的一次性计划任务，可以使用"at -l"命令。

```
[root@localhost ~]# at -l
```

（2）要想将其删除，可以用"atrm 任务序号"。

```
[root@localhost ~]# atrm 3
[root@localhost ~]# at -l
```

一旦输入结束，请在一个空行中按【Ctrl+D】组合键，退出命令行提示符。要查看等待执行的 at 任务，可以执行 atq 命令。atq 命令将显示一个等待执行的任务的列表，每个任务单独显示为一行。每一行的格式为任务编号、日期、任务类型和用户名称。用户只能查看他们自己的任务。如果 root 用户执行 atq 命令，则会显示所有用户的所有任务，运行结果如图 10.2 所示。

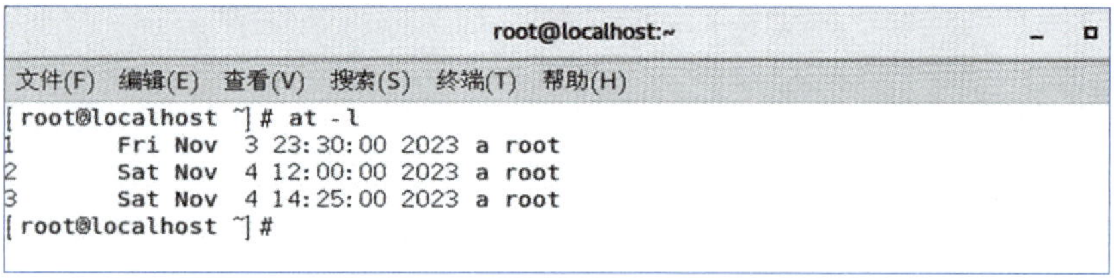

```
[root@localhost ~]# at -l
1       Fri Nov  3 23:30:00 2023 a root
2       Sat Nov  4 12:00:00 2023 a root
3       Sat Nov  4 14:25:00 2023 a root
[root@localhost ~]#
```

图 10.2　显示所有用户的所有 at 任务

10.2.4　at 任务指定时间的方法

at 任务指定时间的方法如下：

（1）能够接收在当天的 hh:mm（小时:分钟）式的时间指定。假如该时间已过去，那么就放在第二天执行。例如，04:00。

（2）能够使用 midnight（深夜）、noon（中午）、teatime（饮茶时间，一般是下午 4 点）等比较模糊的词语来指定时间。

（3）能够采用 12 小时计时制，即在时间后面加上 am（上午）或 pm（下午）来说明是上午还是下午。例如，12 pm。

（4）能够指定命令执行的具体日期，指定格式为 month day（月日）或 mm/dd/yy（月/日/年）或 dd.mm.yy（日.月.年），指定的日期必须跟在指定时间的后面。例如，04:00 2009.03-1。

（5）能够使用相对计时法。指定格式为 now+count time-units，now 就是当前时间，time-units 是时间单位，这里能够是 minutes（分钟）、hours（小时）、days（天）、weeks（星期）。count 是时间的数量，比如几天、几小时。例如，now+5 minutes 04pm+3 days。

（6）能够直接使用 today（今天）、tomorrow（明天）来指定完成命令的时间。

10.3　周期性任务管理

10.3.1　周期性定时任务

周期性定时任务是一种让系统在指定的时间段或周期执行某些任务（程序）的功能。麒麟操作系统中周期性定时任务是指在特定的时间间隔内自动执行的任务。这些任务可以是系统维护、备份、监控等操作，也可以是用户自定义的脚本或程序。麒麟操作系统提供了多种方式来实现周期性定时任务，如 cron、systemd timer 等。其中，cron 是最常用的方式，它可以在分钟、小时、日、周、月等不同的时间间隔内执行任务。

1. cron 任务

cron 是能够调度重复性任务在一个确定的时间点执行的守护进程，时间点是通过准确的时间、月份中的某天、月份、一周中的某天、周来定义的。cron 的任务可以每分钟都运行。但是，这个工具假定系统是持续运行的，如果在任务被安排的时间系统并没有运行，则任务不会被执行。

> **注意**
> 麒麟操作系统中的cron定时任务的最低执行频率是每分钟执行一次，因此如果是需要以秒为单位执行的计划任务，cron就无法执行。面对这种情况，在工作中可以写Shell脚本，然后作为守护进程执行。

2. crond 服务

cron 任务是由 crond 服务来控制的。crond 服务会定期（默认每分钟检查一次）检查系统中是否有需要执行的任务工作计划。如果有，便会根据其预先设定的定时任务规则自动执行该定时任务工作。

3. crontab 命令

crontab 是用于设置周期性任务（cron）被执行的命令，该命令从标准输入设备读取指令，并将其存放于 crontab 文件中，以供之后读取与执行。经常使用的 crontab 命令是 cron table 的简写，它是 cron 的配置文件，也可以称它作业列表，可以在以下文件夹内找到相关配置文件。

（1）/var/spool/cron/ 目录下存放的是每个用户包括 root 的 crontab 任务，每个任务以创建者的名字命名。

（2）/etc/crontab 这个文件负责调度各种管理和维护任务。

（3）/etc/cron.d/ 这个目录用来存放任何要执行的 crontab 文件或脚本。

（4）还可以把脚本放在 /etc/cron.hourly、/etc/cron.daily、/etc/cron.weekly、/etc/cron.monthly 目录中，让它每小时 / 天 / 星期 / 月执行一次。

总而言之，在麒麟操作系统中，cron 是定时任务，crond 是服务进程，而 crontab 命令是用来设置定时任务规则的配置命令。cron 定时任务依赖于 crond 服务，要使得 crontab 命令设定的配置生效，必须先启动 crond 服务。

10.3.2 安装 cron 任务

要安装 cron，首先需要安装 cron 的 cronie 包。要确定系统上是否已经安装了相应的包，可以使用以下命令：

```
[root@localhost ~]# rpm -q cronie
```

如果已经安装，上述命令将返回 cronie 包的完整名称，否则将通知用户相应的包不可用。要安装这些包，以 root 用户按照下面的格式来使用 dnf 命令：

```
[root@localhost ~]# dnf install package
```

10.3.3 运行 crond 服务

上节已经介绍 cron 任务都是由 crond 服务来控制的。本节将说明如何启动、停止和重启 crond 服务，以及如何配置让其开机自启动。

1. 启动 crond 服务

要确定服务是否正在运行，可以使用以下命令：

```
[root@localhost ~]# systemctl status crond.service
```

要在当前会话中运行 crond 服务，可以以 root 用户在命令行提示符下输入以下命令：

```
[root@localhost ~]# systemctl start crond.service
```

要配置服务开机自启动，可以以 root 用户使用以下命令：

```
[root@localhost ~]# systemctl enable crond.service
```

2. 停止 crond 服务

要在当前会话中停止 crond 服务，可以以 root 用户在命令行提示符下输入以下命令：

```
[root@localhost ~]# systemctl stop crond.service
```

要禁止服务开机自启动，可以以 root 用户使用以下命令：

```
[root@localhost ~]# systemctl disable crond.service
```

3. 重启 crond 服务

要重启 crond 服务，请以 root 用户在命令行提示符下输入以下命令：

```
[root@localhost ~]# systemctl restart crond.service
```

该命令停止服务后将很快地再次启动服务。

10.3.4 cron 任务配置

1. 配置 cron 任务

cron 任务的配置文件是 /etc/crontab 文件，也称为 crontab 配置文件，它只能通过 root 用户进行访问。该文件包含内容如图 10.3 所示。

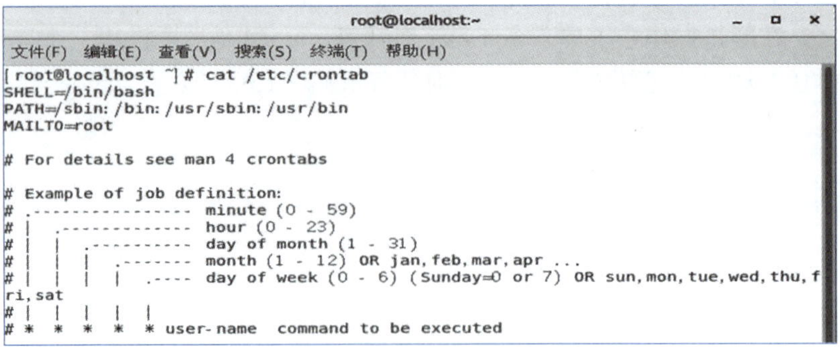

图 10.3 crontab 配置文件

crontab 配置文件含义说明：

（1）前三行定义用来配置 cron 任务运行环境的相关变量。

① SHELL——用来运行任务的 shell 环境（示例中是 Bash shell）。

② PATH——可执行程序的路径。

③ MAILTO——通过电子邮件接收 anacron 任务输出的用户的名称。如果没有定义 MAILTO 变量（MAILTO=），则不会发送邮件。

（2）该文件还可以定义 HOME 变量。HOME 变量定义一个目录，该目录在任务执行命令或脚本时将被作为家目录。

（3）/etc/crontab 文件的剩余行代表计划任务，并遵从以下格式：

```
minute   hour   day   month   day of week   username   command
```

以下各项定义了任务将要运行的时间：

① minute——从 0 到 59 的任意整数。

② hour——从 0 到 23 的任意整数。

③ day——从 1 到 31 的任意整数（如果指定了月份，则这里的日期必须是相对于该月有效的日期）。

④ month——从 1 到 12 的任意整数（或者月份的简短名称，例如 jan 或者 feb）。

⑤ day of week——从 0 到 7 的任意整数，0 或 7 代表星期日（或者使用每周各天的简短名称，例如 sun 或者 mon）。

以下各项定义了任务的其他属性：

① username——指定执行任务的用户。

② command——将要执行的命令。

这里的命令既可以是一个类似 ls/proc>>/tmp/proc 的命令，也可以是一个执行自定义脚本的命令。

（4）对于以上的各项属性值，星号（*）可以用来表示所有的有效值。例如，如果您将 month 的值定义为星号，则该任务将在其他条件的约束下每个月都执行。

（5）整数之间的连字号（-）代表了一个整数范围。例如，1-4 表示整数 1、2、3、4。

（6）用逗号（,）分隔的值列表指定了一个列表。例如，3，4，6，8 就确实指明了这四个整数。

（7）斜杠（/）可以用来指定步长值。指定了步长值的项将按步长所定义的整数来增长。例如，minute 项的值定义为 0-59/2，则表示每隔一分钟。步长值也可以和星号一起使用。例如，如果 month 项的值被定义为 */3，则任务将每三个月执行一次（每隔两个月）。

（8）以井号（#）开头的所有行都是注释，不会被处理。

（9）非 root 用户可以使用 crontab 工具来配置 cron 任务。用户定义的 crontabs 被保存在 /var/spool/cron/ 目录下，并且以创建它们的用户来执行。

（10）要以一个特定用户来创建 crontab，请以该用户进行登录，并且输入命令 crontab-e 来使用 VISUAL 或者 EDITOR 环境变量所指定的编辑器对用户的 crontab 进行编辑。该文件使用和 /etc/crontab 完全相同的格式。当用户对 crontab 的修改被保存时，crontab 按照用户名来保存，并写入 /var/spool/cron/user-name 文件中。要列出当前用户的 crontab 文件的内容，使用 crontab-l 命令。

（11）/etc/cron.d/ 目录下包含的文件和 /etc/crontab 文件具有相同的语法。只有 root 用户被允许在该目录下创建和修改文件。

（12）cron 守护进程会每分钟检查 /etc/anacrontab 文件、/etc/crontab 文件、/etc/cron.d/ 目录和 /var/spool/cron/ 目录的变化，并把检测到的修改加载到内存中。因此，当一个 anacrontab 或 crontab 文件被修改后，并不需要重启守护进程。

2. 控制对 cron 的访问

要限制对 cron 的访问，可以使用 /etc/cron.allow 和 /etc/cron.deny 文件。这些访问控制文件使用相同的格式，都是每一行一个用户名。记住，两个文件都不允许使用空格。

如果存在 cron.allow 文件，只有在该文件中列出的用户才能使用 cron，并且 cron.deny 文件将被忽略。

如果 cron.allow 文件不存在，则 cron.deny 文件中列出的用户将被禁止使用 cron。

如果访问控制文件被修改了，不必重启 cron 守护进程（crond）。每次用户试图添加或删除一个 cron 任务时，都会检查访问控制文件。

不管访问控制文件中的用户名是什么，root 用户都始终能够使用 cron。

也可以通过插入式认证模块（pluggable authentication modules,PAM）来控制访问。相应的设置保存在 /etc/security/access.conf 文件中。例如，在文件中添加如下一行之后，将只有 root 用户能够创建 crontabs：

```
[root@localhost ~]# -:ALL EXCEPT root:cron
```

被禁止的任务将被记录在适当的日志文件中，或者，当使用 crontab-e 命令时，返回到标准输出里。

3. cron 任务的黑白名单

任务的黑白名单用来定义任务的某部分不需要被执行。当在一个 cron 目录里（例如，/etc/cron.daily/）调用 run-parts 脚本时很有用，如果用户把这个目录下的程序加入了黑名单，run-parts 脚本将不会执行这些程序。

要创建一个黑名单，可以在 run-parts 脚本将要执行的目录中创建一个 jobs.deny 文件。例如，如果需要从 /etc/cron.daily/ 目录中忽略一个特定的程序，可以创建 /etc/cron.daily/jobs.deny 文件。在这个文件中，指定需要在执行时被忽略的程序的名称（只有位于同一个目录下的程序能够加入列表）。如果一项任务执行一个命令，该命令从 /etc/cron.daily/ 目录执行程序，例如 run-parts/ect/cron.daily，则 jobs.deny 文件中定义的程序不会被执行。

10.3.5 crontab 命令

上节已经介绍可以使用 crontab 用于设置周期性被执行的命令，也就是用来让使用者在固定时间或固定时间间隔执行程序之用。其语法格式如下：

```
[root@localhost ~]# crontab [-u user] file
[root@localhost ~]# crontab [ -u user ] [ -i ] { -e | -l | -r }
```

常用选项说明：

user：用于设定某个用户的 crontab 服务。

file: file 为命令文件名，表示将 file 作为 crontab 的任务列表文件并载入 crontab。

-e：编辑某个用户的 crontab 文件内容，如不指定用户则表示当前用户。

-l：显示某个用户的 crontab 文件内容，如不指定用户则表示当前用户。

-r：从 /var/spool/cron 目录中删除某个用户的 crontab 文件。
-i：在删除用户的 crontab 文件时给确认提示。

例 10.2 每天凌晨 3 点做一次备份，备份 /etc/ 目录到 /backup 下面，具体要求如下：
（1）将备份命令写入一个脚本中。
（2）每天备份文件名要求格式：2019-05-01_hostname_etc.tar.gz。
（3）在执行计划任务时，不要输出任务信息。
（4）存放备份内容的目录要求只保留三天的数据。

操作步骤如下：
（1）实现如上备份需求。

```
[root@localhost ~]# mkdir /backup
[root@localhost ~]# tar zcf $(date +%F)_$(hostname)_etc.tar.gz /etc
[root@localhost ~]# find /backup -name "*.tar.gz" -mtime +3 -exec rm -f {}\;
```

（2）将命令写入至一个文件中。

```
[root@localhost ~]# vim /root/back.sh
mkdir /backup
tar zcf $(date +%F)_$(hostname)_etc.tar.gz /etc
find /backup -name "*.tar.gz" -mtime +3 -exec rm -f {}\;
```

（3）配置定时任务。

```
[root@localhost ~]# crontab -l
00 03 * * * bash /root/back.sh  &>/dev/null
```

（4）备份脚本。

10.3.6 使用 crontab 命令的注意事项

在使用 crontab 定时任务命令时，需要注意以下几点：

（1）crontab 有两种编辑方式：直接编辑 /etc/crontab 文件与 crontab -e，其中 /etc/crontab 里的计划任务是系统中的计划任务，而用户的计划任务需要通过 crontab -e 来编辑。

（2）每次编辑完某个用户的 cron 设置后，cron 自动在 /var/spool/cron 下生成一个与此用户同名的文件，此用户的 cron 信息都记录在这个文件中，这个文件是不可以直接编辑的，只可以用 crontab -e 来编辑。

（3）crontab 中的 command 尽量使用绝对路径，否则会经常因为路径错误导致任务无法执行。新创建的 cron job 不会马上执行，至少要等 2 分钟才能执行，可重启 crond 来立即执行。% 在 crontab 文件中表示"换行"，因此假如脚本或命令含有 %，需要使用 \% 来进行转义。

（4）每一分钟执行一次 command（因 cron 默认每 1 分钟扫描一次，因此全为 * 即可），例如，

```
[root@localhost ~]# *****command
```

（5）每小时的第 3 和第 15 分钟执行 command。

```
[root@localhost ~]# 3,15**** command
```

（6）每天上午 8 点至 11 点的第 3 和 15 分钟执行 command。

```
[root@localhost ~]# 03,15 8-11 * * * command
```
（7）每隔两天的上午 8 点至 11 点的第 3 和 15 分钟执行 command。

```
[root@localhost ~]# 3,15 8-11 */2 * * command
```
（8）每一小时重启 ssh。

```
[root@localhost ~]# w* */1 * * * systemctl restart sshd
```
（9）每周六、周日的 1 点 10 分重启 ssh。

```
[root@localhost ~]# 10 1 * * 6,0 systemctl restart sshd
```
（10）每天 18 点至 23 点之间每隔 30 分钟重启 ssh。

```
[root@localhost ~]# 0,30 18-23 * * * systemctl restart sshd
```
（11）每天凌晨 2 点执行备份系统日志文件。

```
[root@localhost ~]# 00 2 * * * /bin/bash /data/logbak.sh
```

（12）在 crond 服务的配置参数中，可以像 Shell 脚本那样以 # 号开头写上注释信息这样在日后回顾这段命令代码时可以快速了解其功能、需求以及编写人员等重要信息。

（13）计划任务中的"分"字段必须有数值，绝对不能为空或是 * 号，而"日"和"星期"字段不能同时使用，否则就会发生冲突。如果在 crond 服务中需要同时包含多条计划任务的命令语句，应每行仅写一条。尤其需要注意的是，在 crond 服务的计划任务参数中，所有命令一定要用绝对路径的方式来写。

本章实训

一、实训目的

（1）熟练掌握一次性任务管理命令操作。
（2）熟练掌握周期性命令操作。

二、实训环境

基础环境：
（1）操作系统：麒麟服务器操作系统。
（2）硬件要求：至少 2 GB RAM，20 GB 硬盘空间，双核处理器。
软件环境：
软件源：确保 at 包管理工具和 cronie 包管理工具，已预装在麒麟服务器操作系统中。
实训工具：
（1）终端：用于执行命令行操作。
（2）文本编辑器：如 VIM 或 nano，用于查看或编辑配置文件。

三、实训内容

（1）建立一个一次性计划任务，要求服务器 2022 年 2 月 2 日凌晨 3 点整重新启动（通过 date 修改时间到 2 点 59 验证效果）。

（2）指定 2023 年 04 月 15 日 9 点将时间写入 testmail.txt 文件中。

（3）建立周期性计划任务，要求服务器使用 root 用户，在 6 月 1 号至 5 号以及 12 月 6 号至 10 号的凌晨 12 点到 2 点，每半个小时执行一条指令，清空 /tmp 临时目录中的内容。

（4）建立周期性计划任务，要求一分钟备份一次日志，同时备份文件的名称根据时间自动变化，文件存放在 /tmp。

（5）建立周期性计划任务，要求一天删除一次备份文件。

习 题

一、选择题

1. 删除 at 任务的命令是（　　）。
   A. at　　　　　　　　B. atrm　　　　　　　　C. atq　　　　　　　　D. atm
2. at 命令使用错误的是（　　）。
   A. at now + 5 minutes
   B. at now + 3 days
   C. at time
   D. at 10:30pm
3. 下面（　　）命令可以列出定义在以后特定时间运行一次的所有任务。
   A. ato　　　　　　　　B. cron　　　　　　　　C. batch　　　　　　　　D. At
4. erontab 文件由六个域组成，每个域之间用空格分割，其排列如下正确的是（　　）。
   A. MIN HOUR DAY MONTH YEAR COMMAND
   B. MIN HOUR DAY MONTH DAYOFWEEK COMMAND
   C. COMMAND HOUR DAY MONTH DAYOFWEEK
   D. COMMAND YEAR MONTH DAY HOUR MIN
5. cron 的配置文件是（　　）（多选）。
   A. /etc/crontab，全局配置文件
   B. crontab 命令生成的配置文件，属于用户级
   C. /etc/cron，全局配置文件
   D. /etc/crontab，用户级配置文件
6. 对 cron 的访问控制说法正确的是（　　）（多选）。
   A. 默认情况下，所有用户都能访问 cron
   B. 若需要对 cron 进行访问控制，可以生成 /etc/cron.allow 与 /etc/cron.deny 文件
   C. 存在 /etc/cron.allow 文件时，只有 cron.allow 文件中允许的用户才能访问 cron
   D. cron.allow 和 cron.deny 同时存在时，只有 cron.deny 中的用户被拒绝

二、简答题

1. 简述计划任务及其分类和注意事项。
2. 简述周期性任务的执行过程。

第 11 章
麒麟操作系统启动流程

麒麟操作系统启动流程是一项重要又复杂的工作，它涵盖了计算机科学、操作系统原理和硬件工程等多个领域的知识，理解这个过程，能够帮助读者理解麒麟操作系统的运作机制。在本章节中将详细介绍麒麟操作系统启动流程中的每一个重要阶段，以及各个阶段的关键步骤和工作原理，方便读者理解系统的整个引导过程，并为处理启动流程中遇到的问题提供一些思路。同时，这些知识还将有助于读者更好地比较和评估其他操作系统的工作原理和性能特性。

学习目标

- 理解银河麒麟操作系统启动流程；
- 了解系统启动原理；
- 熟悉系统启动中涉及的专有名词；
- 熟悉麒麟操作系统的运行级别；
- 掌握 systemd 启动服务的原理。

11.1 概　　述

众所周知，操作系统是配置在计算机硬件上的第一层软件，也是管理各种硬件资源的最基础最重要的系统软件。麒麟操作系统作为国产操作系统中重要的一员，也承担着同样的职责，不仅能管理各类计算机硬件资源，也能为运行在系统上的各类系统软件及应用软件提供接口和服务。

那么一台安装了麒麟操作系统的计算机，从连接好电源线，到按下机器的电源启动键，即是开启了麒麟操作系统的启动流程。系统的启动过程实际上是一个非常复杂又精密的过程，涉及硬件、内核、进程、服务和文件系统等诸多资源的加载和初始化，包括硬件的检测与初始化、内核的加载、文件系统的加载、守护进程的启动等步骤。但整个过程又遵循一定的流程，环环相扣，结合的紧密又高效，最终完成整个操作系统的启动，将计算机带入正常运行的工作状态，为用户提供一个可交互的界面，也为安装于操作系统之上的其他各类系统软件及应用软件提供服务。

11.2 系统启动流程

11.2.1 总流程

麒麟操作系统的启动过程主要分为四个阶段：

（1）主机加电自检，初始化 BIOS。
（2）启动管理器 BootLoader。
（3）加载麒麟操作系统的 OS 内核。
（4）启动 systemd 守护进程。
完成上述四个阶段，系统启动完成，进入用户登录界面。

总流程

11.2.2 初始化 BIOS

在学习系统启动流程第一阶段之前，先来了解什么是 BIOS。BIOS 是 "basic input output system" 的缩写，直译过来的名称就是"基本输入/输出系统"。它是一组固化到计算机主板上一个 ROM 芯片上的程序，保存着计算机最重要的基本输入/输出程序、开机后自检程序和系统自启动程序，它可从 CMOS 中读写系统设置的具体信息。它的主要功能是为计算机提供最底层的、最直接的硬件设置和控制，它也是计算机启动时加载的第一个程序。

初始化BIOS

当计算机在接通电源之后，开始加载 BIOS 程序。首先 BIOS 程序会对计算机各个硬件设备（主板、ROM、CMOS 存储器、CPU、内存、硬盘、显卡、键盘、显示器、各类接口等）进行自检，这个过程称为 POST 自检。在自检过程中如果发现问题，系统会给出提示，如果没有问题，BIOS 会依据 CMOS 内设置的引导顺序搜索处于活动状态并且可以引导的设备，例如，硬盘、CDROM、U 盘、移动硬盘甚至网络服务器等，在引导设备的主引导区加载主引导程序，由引导信息接着完成下一步的启动程序。

BIOS 的启动模式又分为两大类：LEGACY 启动模式和 UEFI 启动模式。下面分别介绍这两类 BIOS 启动模式的原理和流程。

1. LEGACY 启动模式

LEGACY 启动模式是过去比较常用的 BIOS 启动模式，也是一种传统的启动模式，适用于一些比较老旧的设备。LEGACY 只能读取 MBR（main boot record，主引导记录）格式分区表，或称为引导记录表。系统在开机的时候会主动读取 MBR 分区表，MBR 只占用一个扇区，也就是 512 字节，这个扇区被称为主引导扇区，分为三个部分。

（1）主引导程序：主引导扇区的第一部分为主引导程序所在位置，共占用 446 字节。

（2）磁盘分区表：主引导扇区的第二部分为磁盘分区表（DPT），保存磁盘的分区情况，它由 4 个分区表项构成，每一个分区表项为 16 字节，共 64 字节。

（3）结束标志：主引导扇区的第三部分为结束标志，值为 AA55（但存储时高位在后，低位在前，所以一般表示为 55AA），共 2 字节。

LEGACY 模式下 BIOS 启动时，首先加载 MBR 主引导扇区（主引导扇区结构参考图 11.1），读取 MBR 分区表的内容，将主引导程序装入 RAM 并执行，然后再加载磁盘分区表，找出硬盘中激活的主分区，从而了解启动操作系统程序所在的物理位置，确定引导系统开机。

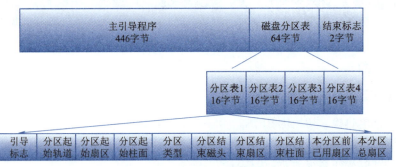

图 11.1　主引导扇区结构图

LEGACY 启动模式能支持 32 位或 64 位的系统，但由于 LEGACY 只支持 MBR 磁盘格式，所以存在三个主要的缺点：

（1）最多支持 4 个主分区或最多支持 3 个主分区 +1 个扩展分区。

（2）每个分区最多不能超过 2 T 的容量。

（3）在 MBR 中只能存储一个操作系统的引导记录。

2. UEFI 启动模式

UEFI（unified extensible fireware interface，统一的可扩展固件接口）是目前比较主流的一种 BIOS 启动模式。它的可编程性可扩展性更好，且具有更好的性能和安全性。UEFI 采用 GPT（GUID partition table，全局唯一标识磁盘分区表）磁盘格式。UEFI 还提供了一种兼容传统 LEGACY 的启动模式。所以在 UEFI 启动模式下可以选择 LEGACY+UEFI 模式，也可以只选择 UEFI 模式。

在 UEFI 启动模式下安装的银河麒麟操作系统，会比传统 LEGACY 启动模式多一个称为 ESP 的特殊分区。ESP 对 UEFI 启动模式很重要，UEFI 的引导程序以后缀名 .efi 的文件形式存放在 ESP 分区中，包括 BootLoader，ESP 分区采用 fat32 文件系统。麒麟操作系统直接将 ESP 分区挂载到 /boot/efi 目录下，UEFI 会自动去这里查找相应的启动文件，执行下一阶段的系统启动。当然系统启动后，用户可以在文件夹中查看这些 .efi 文件。

UEFI 算是 LEGACY 的继任者，也是目前很多计算机硬件支持的主流引导模式，采用 UEFI 有如下优势：

（1）GPT 分区格式远远突破了 MBR 分区表只能支持 2 TB 分区的限制，最大可支持 18 EB 分区。随着当下硬盘及各类存储设备的快速发展，这一特性能很好的兼容大容量硬件的特性。

（2）UEFI 提供安全引导功能，防止病毒在引导时被加载。

（3）UEFI BIOS 图形界面更直观，交互性更强，同时支持鼠标操作和多国语言。

（4）UEFI 兼容传统的 LEGACY 启动模式。

11.2.3　启动管理器 BootLoader

从 LEGACY 或 UEFI 中加载主引导程序后，会将控制权交给 BootLoader（也被称为启动管理器），系统启动进入第二阶段。

1. BootLoader 的功能

BootLoader 可以初始化硬件设备，建立内存空间映射图，加载配置文件及环境参数文件等，为调用操作系统内核程序做好相关环境的准备工作。除此之外，BootLoader 还有如下这些主要功能：

（1）提供菜单：BootLoader 会提供一个比较友好的交互界面，用户可以在图像化界面中选择不同的启动项，这也是多重引导的重要功能。

（2）加载内核文件：直接指向可启动的程序区段来开始启动操作系统内核程序，也就是从 BootLoader 中可以进一步进入启动流程的第三阶段。

（3）转交其他 Loader：即 BootLoader 具有控制权转交功能，可以将引导装载功能转交给其他 Loader 负责。

2. Grub2

BootLoader 是操作系统内核运行之前运行的一段主引导程序，Linux 下的 BootLoader 有四种：Grub、Grub2、Lilo、SPFDisk，当前最新版银河麒麟操作系统使用的是 Grub2，这也是目前非常受欢迎的一款 BootLoader，下面重点介绍 Grub2。

Grub2（grand unified bootloader）是一个来自 GNU 项目的多操作系统启动程序，运行版本为 2.X，是兼具扩展性和灵活性的一款引导加载程序，提供了大量可定制选项。Grub2 也能够灵活地从任意磁盘或分区加载操作系统。

Grub2 有两种不同的引导方法。一是直接加载默认操作系统，另一种是链式加载另一个 Loader，然后再根据这个 Loader 加载相应的操作系统。在大部分情况下，我们使用第一种方法，这样不需要安装或维护其他 Loader，比较简便。

Grub2 程序主要由很多扩展名为 .mod 的模块文件、.img 的映像文件、.lst 的列表文件及配置文件构成。在银河麒麟操作系统中，这些文件存放在 /usr/lib/grub/i386-pc 目录下，通过系统 ls 指令，可以分别查看各类文件的数量及文件列表，命令操作如下。文件展示如图 11.2 所示。

```
[root@localhost 桌面]# ls -l /usr/lib/grub/i386-pc/*.img | wc
[root@localhost 桌面]# ls -l /usr/lib/grub/i386-pc/*.mod | wc
[root@localhost 桌面]# ls -l /usr/lib/grub/i386-pc/*.lst | wc
[root@localhost 桌面]# ls -l /usr/lib/grub/i386-pc/*.img /usr/lib/grub/i386-pc/*.lst /usr/lib/grub/i386-pc/*.mod | more
```

图 11.2　Grub2 程序文件构成

Grub2 程序中含有很多文件，构成 Grub2 程序的核心文件及说明见表 11.1。

表 11.1 Grub2 核心程序文件构成

文 件 名	说　　明
boot.img	Grub2 的映像文件，引导系统启动装载 core.img
core.img	Grub2 的核心映像文件
*.mod	Grub2 的可动态加载模块
grub.cfg	Grub2 的配置文件

查看 Grub2 的配置文件 grub.cfg，可以看到当前可引导的麒麟操作系统版本，及两种引导模式的信息，如图 11.3 所示。用户也可以编辑该配置文件，修改默认启动顺序：

```
[root@localhost 桌面]# ls -l /boot/grub2/i386-pc/core.img
[root@localhost 桌面]# ls -l /boot/grub2/i386-pc/boot.img
[root@localhost 桌面]# cat /boot/grub2/grub.cfg | grep kylin
```

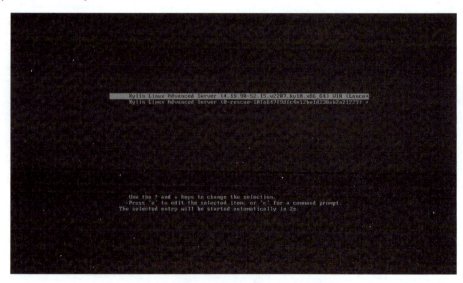

图 11.3　Grub2 配置文件信息

银河麒麟操作系统启动到这一阶段，出现如图 11.4 界面，在这个界面中有两个启动模式：正常启动模式和救援模式，用户可以根据需要选择进入其中一种模式。默认进入第一种模式，即正常启动模式。由这个界面也可看出，将启动的银河麒麟操作系统大版本为 V10，而内核版本为 4.19.90-52.15。

图 11.4　麒麟操作系统 BootLoader 界面

此时，系统会依据主引导程序 Grub2 的设定加载内核（Kernal）到内存中运行，Kernel 会开始侦测硬件并加载驱动程序。Grub2 主引导加载 Kernel 后，就会自动退出，把硬件的控制权交给 Kernel，启动流程进入下一阶段。

11.2.4 加载内核

内核（Kernal）是操作系统最核心的程序模块，也是操作系统最早被加载执行的模块，接下来的步骤就是加载内核程序。麒麟操作系统的内核程序以压缩包的形式存储在硬盘中，内核文件放置在 /boot 目录下，如图 11.5 所示。

加载内核

```
[root@localhost /]# ls /boot
config-4.19.90-52.15.v2207.ky10.x86_64
dracut
efi
grub2
initramfs-0-rescue-10fa647f9dfc4e12be1d230ab2a21223.img
initramfs-4.19.90-52.15.v2207.ky10.x86_64.img
loader
symvers-4.19.90-52.15.v2207.ky10.x86_64.gz
System.map-4.19.90-52.15.v2207.ky10.x86_64
vmlinuz-0-rescue-10fa647f9dfc4e12be1d230ab2a21223
vmlinuz-4.19.90-52.15.v2207.ky10.x86_64
[root@localhost /]#
```

图 11.5 麒麟操作系统内核文件

麒麟操作系统内核文件说明见表 11.2。

表 11.2 麒麟操作系统内核文件说明

文件或目录名	说 明
config-*	系统 kernel 配置文件，文件名包括内核版本，内核编译完成会生成这个配置文件
Grub2	存放 grub2 相关数据的目录
initramfs-*	内核根文件系统文件，是系统启动时模块供应的主要来源
symvers-*	存放模块符号信息
system.map-*	系统 kernel 中的变量对应表，也可以理解为索引文件
vmlinuz-*	用于启动的压缩内核镜像文件

注意：* 代表内核版本号

由此可见，存放在磁盘中的内核程序并不是一个可执行的文件，而是一组文件，其中包括一个压缩过的内核映像文件，内核映像中包含了内核的所有代码及数据。首先需要引导加载程序将内核镜像文件加载到内存中，由于内核映像文件头部嵌有解压缩程序，可以执行自解压操作，解压完成后开始启动内核引导过程。完成内核的加载，内核将启动第一个用户进程，银河麒麟操作系统将启动的第一个进程称为 systemd 守护进程。由此启动流程进入下一阶段。

11.2.5 启动 systemd 守护进程

麒麟操作系统在历史的版本迭代中先后采用过 Sysinit、Upstart、Systemd 等几种启动方式。

在近几年的麒麟操作系统版本中，包括最新的 V10 版本，均采用 systemd 的启动方式。systemd 是一个 Linux 的系统工具，用来启动守护进程，负责系统的进一步初始化，包括加载系统服务、设置网络等，最后完成系统启动。systemd 目前已成为一部分

启动 systemd 守护进程

Linux 发行版本的标准配置。systemd 是系统第一个进程，即是 PID=1，其他进程都是它的子进程。这里需要说明的是，systemd 并不是一个命令，而是一组命令，涉及系统管理的方方面面。systemd 的主配置目录是 /etc/systemd/system，文件内容如图 11.6 所示。

```
[root@localhost /]# ls /etc/systemd/system
bluetooth.target.wants                              graphical.target.wants
cron.service                                        multi-user.target.wants
ctrl-alt-del.target                                 network-online.target.wants
dbus-org.bluez.service                              printer.target.wants
dbus-org.fedoraproject.FirewallD1.service           remote-fs.target.wants
dbus-org.freedesktop.ModemManager1.service          sockets.target.wants
dbus-org.freedesktop.nm-dispatcher.service          sysinit.target.wants
default.target                                      sysstat.service.wants
display-manager.service                             timedatex.service
getty.target.wants                                  timers.target.wants
[root@localhost /]#
```

图 11.6　systemd 主配置目录

systemd 执行的第一个目标是 default.target。默认情况 default.target 是指向图形化系统 graphical.target 的软链接，表明默认情况下 systemd 将启动图形化界面，如图 11.7 所示。

```
[root@localhost /]#
[root@localhost /]# ls -l /etc/systemd/system/default.target
lrwxrwxrwx 1 root root 40 10月   7 18:33 /etc/systemd/system/default.target -> /usr/lib/systemd/system/graphical.target
[root@localhost /]#
```

图 11.7　default.target 指向 graphical.target

graphical.target 是一个图形化系统的配置文件，用命令查看文件内容如图 11.8 所示。

```
[root@localhost /]#
[root@localhost /]# cat /etc/systemd/system/default.target
#  SPDX-License-Identifier: LGPL-2.1+
#
#  This file is part of systemd.
#
#  systemd is free software; you can redistribute it and/or modify it
#  under the terms of the GNU Lesser General Public License as published by
#  the Free Software Foundation; either version 2.1 of the License, or
#  (at your option) any later version.

[Unit]
Description=Graphical Interface
Documentation=man:systemd.special(7)
Requires=multi-user.target
Wants=display-manager.service
Conflicts=rescue.service rescue.target
After=multi-user.target rescue.service rescue.target display-manager.service
AllowIsolate=yes
[root@localhost /]#
```

图 11.8　graphical.target 文件内容

在配置文件 graphical.target 中，主要配置项的含义见表 11.3。

表 11.3　配置文件 graphical.target 配置项说明

配置项	说明
description	对 target 的简短描述
requires	依赖字段，需要依赖 multi-user.target，必须启动 multi-user.target，才能启动 graphic.target
wants	服务启动时可同时启动哪些其他的服务
conflicts	冲突字段，如果 rescue.target 或 rescue.service 正在运行，multi-user.target 就不能运行，反之亦然
after	表示 graphical.target 在 multi-user.target.... 等之后启动

注意：target 配置文件里面没有启动命令。

用同样的方法查看 multi-user.target 配置文件，获知 multi-user.target 的 requires 配置项为 basic.tartget，而 basic.tartget 的 requires 配置项为 sysinit.tartget。由此可见，每个 target 都有一个 requires 选项，直到最基本的 target。这也从侧面验证了 systemd 的启动流程及依赖关系，

如图 11.9 所示。

麒麟操作系统支持 7 种运行级别，常用 target 对应到系统的运行级别见表 11.4。

```
sysinit.target
    ↓
basic.target
    ↓
multi-user.target
    ↓
graphical.target
    ↓
  login
```

图 11.9　target 间依赖关系

表 11.4　target 与运行级别说明

运行级别	名称	描述
0	poweroff.target	用于停止系统运行并切断电源的单元，不能将默认的运行级别设置在这个值
1	rescure.target	用于启动单用户命令行模式的单元
2	multi-user.target	用于启动多用户命令行模式下的单元
3		
4		
5	graphical.target	用于启动完整的图形化登录界面的单元
6	reboot.target	用于重启系统的单元，不能将默认的运行级别设置在这个值

用户也可以在系统里查看各 target 对应的系统运行级别，如图 11.10 所示。

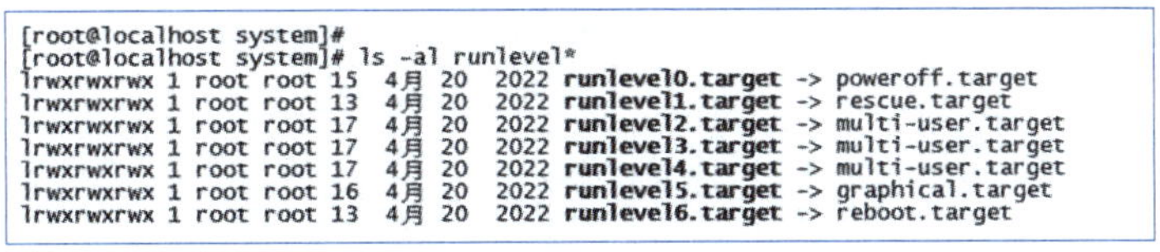

```
[root@localhost system]#
[root@localhost system]# ls -al runlevel*
lrwxrwxrwx 1 root root 15 4月  20  2022 runlevel0.target -> poweroff.target
lrwxrwxrwx 1 root root 13 4月  20  2022 runlevel1.target -> rescue.target
lrwxrwxrwx 1 root root 17 4月  20  2022 runlevel2.target -> multi-user.target
lrwxrwxrwx 1 root root 17 4月  20  2022 runlevel3.target -> multi-user.target
lrwxrwxrwx 1 root root 17 4月  20  2022 runlevel4.target -> multi-user.target
lrwxrwxrwx 1 root root 16 4月  20  2022 runlevel5.target -> graphical.target
lrwxrwxrwx 1 root root 15 4月  20  2022 runlevel6.target -> reboot.target
```

图 11.10　target 与系统运行级别间的映射关系

这些运行级别相对应的系统操作命令如下，通过 init 命令带不同的数字参数可以切换到不同的运行级别。

```
[root@localhost /]# init 0        #运行此命令关机
[root@localhost /]# init 1        #运行此命令切换到单用户命令行模式
[root@localhost /]# init 2        #运行此命令切换到多用户命令行模式
[root@localhost /]# init 3        #运行此命令切换到多用户命令行模式
[root@localhost /]# init 4        #运行此命令切换到多用户命令行模式
[root@localhost /]# init 5        #运行此命令切换到图形化界面模式
[root@localhost /]# init 6        #运行此命令重启系统
```

如果想要查看当前的运行级别，可以使用如下命令，麒麟操作系统默认的运行级别为

graphical.target，即是图形化界面模式。

```
[root@localhost /]# systemctl get-default          #查看当前运行级别
```

麒麟操作系统可以修改默认的运行级别，修改方法有两种：

（1）通过命令 systemctl 进行修改，如执行下面命令，可以将系统默认运行级别修改为多用户命令行模式。

```
[root@localhost /]# systemctl set-default multi-user.target
```

（2）通过编辑软链接方式进行修改，如执行下面任何一条命令，也可以将系统默认运行级别修改为多用户命令行模式。

```
[root@localhost /]# ln -wf /lib/systemd/system/runlevel3.target /etc/systemd/default.target
[root@localhost /]# ln -wf /lib/systemd/system/multi-user.target /etc/systemd/default.target
```

挂载文件系统后，systemd 根据系统配置依次运行各 target，在这个启动阶段，也会出现银河麒麟操作系统的品牌 logo 界面，如图 11.11 所示。最后运行 default.target 链接的 target（默认是 graphical.target），根据目标 target 来启动图形化界面或命令行界面，至此用户就可以通过图形化界面或者命令行来登录系统了，启动流程结束。

图 11.11　银河麒麟操作系统品牌 logo 界面

11.2.6　进入登录界面

按照默认 target 将进入图形化界面，此时出现登录界面，提示输入用户名，如图 11.12 所示。

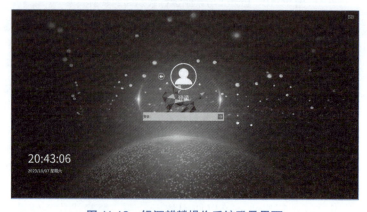

图 11.12　银河麒麟操作系统登录界面

完成用户名的输入后出现密码输入界面，用户输入正确的密码即可登录成功，进入图形化主界面，如图 11.13 所示。

图 11.13　银河麒麟操作系统图形化主界面

11.3　开机自启动设置

麒麟操作系统使用 systemd 实现服务或指令的开机自动运行。在 systemd 中，可以通过创建一个服务文件，把要执行的命令放在其中的配置项中，然后将这个服务添加到 systemd 的开机自启动项中。

开机自启动设置

11.3.1　服务文件格式

systemd 服务文件通常是扩展名为 .service 的文本文件，服务文件中的各项配置使用键值对的形式指定，即每一行都以 key=value 的形式组成。systemd 服务文件包括以下配置项：

（1）[Unit]：指定服务的全局信息和依赖性声明，如服务名称、描述等。

（2）[Service]：指定服务的具体配置，如服务执行的命令、工作目录等。

（3）[Install]：指定服务的安装方式，如服务的启动级别等。

下面逐一介绍这三个配置项的主要字段。

1. [Unit] 配置项的各字段说明

（1）Description：对服务的简短描述。

（2）Before：定义服务在其他服务之前启动。

（3）After：定义服务在其他服务之后启动。

（4）Requires：定义服务启动需要哪些其他服务已启动，否则无法启动。

（5）PartOf：定义该服务是其他服务的一部分，如果其他服务停止，该服务也会停止。

（6）Wants：定义服务启动时可同时启动哪些其他服务。

（7）Condition...：定义服务启动的条件，如 ConditionPathExists 表示某个路径存在时才启动该服务。

2. [Service] 配置项的各字段说明

（1）Type：服务类型，可以是 simple、forking、ondemand、notify 等。

（2）ExecStart：服务启动命令，可以是单个命令、脚本文件或者多个命令组成的脚本。

（3）ExecStop：停止服务的命令。

（4）User：定义服务运行的用户。

（5）Group：定义服务运行的用户组。

（6）PrivateTmp：将服务的 /tmp 目录挂载到私有的命名空间中，以增强安全性。

（7）Restart：定义服务异常退出时如何重启。

（8）WorkingDirectory：定义服务工作目录。

（9）Environment：定义服务的环境变量等。

（10）ProtectSystem：防止服务对系统文件进行修改。

（11）NoNewPrivileges：防止服务通过 setuid 或 setgid 等提升权限。

3. [Install] 配置项的各字段说明

（1）WantedBy：定义在哪些系统运行级别下启用此服务。

（2）RequiredBy：启动其他系统服务时必需启动此服务。

11.3.2 编写服务文件

本小节及下小节均以 MySQL 数据库服务为案例，说明服务文件的编写及服务的配置，前提条件是系统上已成功安装 MySQL 程序。

首先在 /usr/lib/systemd/system 目录下，创建一个名为 mysql.service 的服务文件，文件内容如图 11.14 所示。其中一部分字段表示该服务启动时执行 /usr/local/mysql/bin/mysqld_safe –defaults-file=/etc/my.cnf 命令，运行用户为 mysql，如果服务异常退出，每三秒重新启动，服务将在多用户运行级别下启动。

```
[root@localhost system]# pwd
/usr/lib/systemd/system
[root@localhost system]#
[root@localhost system]# cat mysql.server
[Unit]
Description=Mysql Server
Documentation=https://dev.mysql.com/doc/

[Service]
ExecStart=/usr/local/mysql/bin/mysqld_safe --defaults-file=/etc/my.cnf
User=mysql
Group=mysql
Restart=always
RestartSec=3

[Install]
WantedBy=multi-user.target
[root@localhost system]#
```

图 11.14　服务文件案例

11.3.3 设置开机自启动

通过命令 systemctl 可以实现服务的启动、停止及重启，也可以设置开机自启动，同样以 MySQL 服务作为示例，具体操作如下：

（1）启动 MySQL 服务：systemctl start mysql。

（2）停止 MySQL 服务：systemctl stop mysql。

（3）重启 MySQL 服务：systemctl restart mysql。

（4）设置开机自启动 MySQL 服务：systemctl enable mysql。
（5）查看 MySQL 服务运行状态：systemctl status mysql。
用户可以根据需要，编写自己的服务文件，并通过 systemctl 来设置服务的开机自启动。

本章实训

一、实训目的
（1）熟悉麒麟操作系统的运行级别。
（2）掌握麒麟操作系统开机自启动的设置方法。

二、实训环境
（1）操作系统：麒麟操作系统。
（2）硬件要求：至少 2 GB RAM，20 GB 硬盘空间，双核处理器。
（3）终端：用于执行命令行操作。

三、实训内容

1. 查找各 target 配置文件与运行级别对应关系
（1）查找与运行级别相关的 target 配置文件，整理出映射关系表。
（2）查看各 target 文件内容，整理出各 target 的依赖关系。

2. 切换系统的运行级别
（1）使用命令 init 0 关机。
（2）使用命令 init 1 切换到单用户命令行模式。
（3）使用命令 init 2、init 3、init 4 切换到多用户命令行模式，并对比差异。
（4）使用命令 init 5 切换到图形化界面模式。
（5）使用命令 init 6 重启系统。

3. 开机自启动设置
（1）编写服务文件。
（2）通过命令启动服务：systemctl start 服务名。
（3）通过命令停止服务：systemctl stop 服务名。
（4）通过命令重启服务：systemctl restart 服务名。
（5）通过命令设置开机自启动服务：systemctl enable 服务名。
（6）通过命令查看服务运行状态：systemctl status 服务名。

习 题

一、选择题

1. 麒麟操作系统从开机到登录系统要经历四个阶段：①装载内核；② BIOS 启动；③启动 systemd 守护进程；④启动 grub2。这四个阶段的正确排序是（   ）。

A. ①②③④ B. ②④①③
C. ③①②④ D. ④②③①

2. 关于 MBR 分区表特点，以下描述错误的是（   ）。

   A. 最多支持四个主分区

   B. 最多支持三个主分区＋一个扩展分区

   C. MBR 分区表中逻辑块地址采用 32 位二进制数表示

   D. 扩展分区数量无限制

3. 关于 GPT 分区表特点，以下描述错误的是（   ）。

   A. 最多支持四个主分区

   B. 可以支持大于 2 T 的分区

   C. GPT 分区表中逻辑块地址采用 64 位二进制数表示

   D. GPT 分区表的大小不是固定的，那么分区数量也就没有限制

4. 进入图形化界面的运行级别是（   ）。

   A. 0 B. 1
   C. 3 D. 5

二、简答题

1. 已知银河麒麟操作系统使用 uefi 启动方式，请问它的分区表格式是什么？
2. 使用 MBR 是否可以创建 4 T 的分区？为什么？
3. 如何获取系统的运行级别？
4. 当前桌面版本的银河麒麟操作系统，systemd 默认的运行级别和 target 分别是什么？

第 12 章 网络管理

麒麟操作系统是一个开源的、性能稳定的多用户网络操作系统，它基于 Linux 系统开发，继承了 Linux 的特性，具有非常强大的网络功能和灵活的网络管理工具，支持所有的因特网协议，包括 TCP/IPv4、TCP/IPv6 等，其强大的网络功能使得它在服务器的搭建上得到了广泛应用。在麒麟操作系统上，网络配置可以通过命令行工具和图形界面两种方式实现。命令行工具包括 nmcli、ip、ifconfig 等，这些工具可以修改网络接口、设置路由、查看 IP 地址等。图形界面可以通过网络管理器进行配置，可以进行网卡配置、DNS 服务器设置等。

学习目标

- 了解网络相关概念；
- 熟悉网络配置文件；
- 掌握 nmcli 的使用方法；
- 掌握网络管理的相关命令。

12.1 网络管理基础

12.1.1 网络相关概念

1. TCP/IP 简介

TCP/IP（transmission control protocol/internet protocol，传输控制协议/网际协议）是能够在多个不同网络间实现信息传输的协议簇。TCP/IP 协议由 TCP、UDP、IP、FTP、SMTP、ICMP、HTTP 等协议构成，因为在 TCP/IP 协议中 TCP 协议和 IP 协议最具代表性，所以被称为 TCP/IP 协议。

TCP/IP 协议是 Internet 最基本的协议。其中，应用层的主要协议有 Telnet、FTP、SMTP、HTTP 等，用来接收来自传输层的数据或者按不同应用要求与方式将数据传输至传输层；传输层的主要协议有 UDP、TCP，可以实现数据传输与数据共享；网络层的主要协议有 ICMP、

IP、IGMP，主要负责网络中数据包的传送等；网络接口层主要协议有 ARP、RARP，提供链路管理错误检测、对不同通信媒介有关信息细节问题进行有效处理等。

2. IP 地址与子网掩码

1）IP 地址简介

IP 地址（internet protocol address）指互联网协议地址，是 IP 协议提供的统一的地址格式。为互联网的每一个网络和每一台主机分配一个唯一的逻辑地址，这个地址称为"IP 地址"。IP 地址就像是家庭地址一样，如果要写信给一个人，就要知道他（她）的地址，这样邮递员才能把信送到。计算机发送信息就好比是邮递员，它必须知道唯一的"家庭地址"才能把信息送到。

计算机与网络中的其他主机相互通信，必须设置 IP 地址，IP 地址在本网络范围内必须唯一，否则会造成 IP 地址冲突。IP 地址设置在主机的网卡上，网卡的地址就是主机的 IP 地址。

IP 地址是一个 32 位的二进制数，通常被分割为 4 个 "8 位二进制数"（也就是 4 字节）。IP 地址通常用 "点分十进制"的形式表示，如，a.b.c.d，其中，a、b、c、d 都是 0~255 之间的十进制整数。如，点分十进 IP 地址 100.4.5.6，实际上是 32 位二进制数 01100100.00000100.00000101.00000110。

2）IP 地址的类型

IP 地址分为公有地址和私有地址两种类型，公有地址（public address）由 Inter NIC（internet network information center，因特网信息中心）负责，通过公有地址可以直接访问互联网。私有地址（private address）属于非注册地址，专门为组织内部使用，内部私有地址见表 12.1。

表 12.1 私有地址

类 别	IP 地址范围
A 类	10.0.0.0~10.255.255.255
B 类	172.16.0.0~172.31.255.255
C 类	192.168.0.0~192.168.255.255

3）IP 地址编码

为便于寻址以及层次化构造网络，每个 IP 地址包括两个标识码（ID），即网络 ID 和主机 ID。同一个物理网络上的所有主机都使用同一个网络 ID，网络上的一个主机有一个主机 ID。为适合不同容量的网络，将 IP 地址定义为 A 类、B 类、C 类、D 类和 E 类。其中，A 类、B 类和 C 类地址见表 12.2。

表 12.2 A 类、B 类和 C 类地址

类 别	最大网络数	IP 地址范围	单个网段最大主机数	私有 IP 地址范围
A 类	126(2^7-2)	1.0.0.1~127.255.255.254	16777214	10.0.0.0~10.255.255.255
B 类	16384(2^{14})	128.0.0.1~191.255.255.254	65534	172.16.0.0~172.31.255.255
C 类	2097152(2^{21})	192.0.0.1~223.255.255.254	254	192.168.0.0~192.168.255.255

4）IP 地址分配

TCP/IP 协议需要针对不同的网络进行不同的设置，且每个节点一般需要一个"IP 地址"、

一个"子网掩码"、一个"默认网关"。也可以通过动态主机配置协议 DHCP，给客户端自动分配一个 IP 地址。

5）子网掩码

子网掩码 (subnet mask) 又称网络掩码、地址掩码、子网络遮罩。子网掩码是一个 32 位地址，用于屏蔽 IP 地址，指明一个 IP 地址的哪些位标识的是主机所在的子网，哪些位标识的是主机的位掩码，子网掩码不能单独存在，必须结合 IP 地址一起使用。对于 A、B、C 类 IP 地址，其默认子网掩码的二进制与十进制对应关系见表 12.3。

表 12.3 默认子网掩码

类别	子网掩码的二进制数值	子网掩码的十进制数值
A 类	11111111 00000000 00000000 00000000	255.0.0.0
B 类	11111111 11111111 00000000 00000000	255.255.0.0
C 类	11111111 11111111 11111111 00000000	255.255.255.0

3. 网关地址

众所周知，从一个房间到另一个房间，必须经过一扇门。同样从一个网络向另一个网络发送和接收数据，也需要经过一道"关口"，这个关口就是网关。网关就是一个网络连接另一个网络的"关口"。只有设置好网关的 IP 地址，TCP/IP 协议才能实现不同网络之间的相互通信。比如，网络 A 向网络 B 转发数据包，网络 A 的 IP 地址范围为"192.168.1.1~192.168.1.254"，子网掩码为 255.255.255.0；网络 B 的 IP 地址范围为"192.168.2.1~192.168.2.254"，子网掩码为 255.255.255.0。

在没有路由器的情况下，两个网络之间是不能进行 TCP/IP 通信的，即使是两个网络连接在同一台交换机上，TCP/IP 协议也会根据子网掩码（255.255.255.0）与主机的 IP 地址作"与"运算的结果不同，判定两个网络中的主机处在不同的网络。而要实现这两个网络之间的通信，则必须通过网关。如果网络 A 中的主机发现数据包的目的主机不在本地网络中，就把数据包转发给它自己的网关，再由网关转发给网络 B 的网关，网络 B 的网关再转发给网络 B 的某个主机。因此，为了实现不同网段主机之间的通信，必须设置网关地址。

4. DNS 域名服务器地址

虽然 IP 地址可以定位网络中的主机，但 IP 地址记忆不方便。通常人们使用容易记忆的域名来代替 IP 地址，这样就形成了域名和 IP 地址的相互映射。所以，要使用域名，需要指定至少一个 DNS 域名服务器，由这个 DNS 域名服务器完成域名与 IP 地址的解析工作。

5. 主机名

主机名用于标识一台主机，是指在网络中唯一标识本机的名称，也可以称为计算机名或者主机标识名。

6. 麒麟操作系统的网络接口

1）lo 接口

lo 是 local 的简写，是指本地环回接口。IP 地址是 127.0.0.1，利用这个接口可以实现系统内部发送和接收数据，主要作用是检测本机的网络配置、提供某些应用程序在运行时需调用服务器上的资源。

2）en 接口

系统上的每个网络接口都有一个名称。传统上，Linux 的网络接口名称为 eth0、eth1 和 eth2 等，最新网络接口名称为 enXXX。网络接口名称以接口类型开头，如，以太网接口以 en 开关，WLAN 接口以 wl 开头，WWAN 接口以 ww 开头。在类型之后，接口名称的其余部分将基于服务器固件所提供的信息，或由 PCI 拓扑中设备的位置确定。如 ,o 代表板载，s 代表热插拔插槽，p 代表 PCI 地理位置。最后，使用数字 N 代表索引、ID 或端口。

ens33 是网络接口名称，用于标识网络接口。网络接口是计算机与网络之间的桥梁，负责管理网络连接、处理网络通信数据包的传输和接收。因此，正确选择和配置网络接口名称对于网络通信的稳定性和性能至关重要。

7. VMware 的网络连接模式

1）桥接模式

桥接模式下，虚拟机使用宿主机的网卡，直接连接互联网。

2）仅主机模式

对于宿主机来说，连接两个网络。使用真实的物理网卡连接互联网；使用虚拟网卡 VMware Network Adapter VMnet1（简称 VMnet1）连接虚拟网络。虚拟网卡 VMnet1 连接虚拟网络可以使用私有 IP 地址。

对于虚拟机来说，虚拟机只连接虚拟网络，虚拟机无法访问互联网。可以使用 VMware 自带的 DHCP 服务器，为宿主机和虚拟机分配虚拟网络上的 IP 地址，也可以使用手动方式配置虚拟网络上的 IP 地址。

3）NAT 模式

使用 NAT 模式，让虚拟系统借助网络地址转换 NAT 功能，通过宿主机器所在的网络来访问公网。对于宿主机来说，连接两个网络。使用真实的物理网卡连接互联网；使用虚拟网卡 VMware Network Adapter VMnet8（简称 VMnet8）连接虚拟网络。VMware 提供了 NAT 功能，当虚拟机访问的非本网段的 IP 地址时，IP 报文被发送给网关，然后经过 NAT，IP 报文被发送到外网。

12.1.2 常用网络配置文件

常用网络配置文件见表 12.4。

表 12.4 网络配置文件

网络配置文件名	功能描述
/etc/sysconfig/network-scripts/ifcfg-ens33	配置网络接口
/etc/resolv.conf	配置 DNS 客户端
/etc/hostname	配置主机名称
/etc/hosts	配置 IP 地址与主机名解析
/etc/sysctl.conf	配置内核参数
/etc/protocols	支持的协议
/etc/services	支持的服务和端口
/etc/nsswitch.conf	配置名称解析的先后顺序

12.1.3 NetworkManager 简介

麒麟操作系统使用的网络管理服务有 NetworkManager 和 network 两种，默认使用 NetworkManager 提供网络服务，同时也支持传统的 network 网络管理服务。

NetworkManager 是一种动态管理网络配置的守护进程，用于保持当前网络设备及连接处于工作状态。NetworkManager 主要负责管理网络接口和连接配置，命令行和图形工具与 NetworkManager 通信，NetworkManager 监视和管理网络设置，并将配置文件保存在 /etc/sysconfig/network-scripts 目录中。

NetworkManager 可以用于以下类型的连接：Ethernet、VLANS、Bridges、Bonds、Wi-Fi 等。针对这些网络类型，NetworkManager 提供的 nmcli 命令行工具和 nmtui 图形界面工具，可以方便地管理网络连接，配置网络别名、IP 地址、静态路由、DNS、VPN 连接以及其他特殊参数。

NetworkManager 的主要功能包括：
（1）管理有线和无线网络连接。
（2）自动检测网络连接状态。
（3）自动配置网络连接。
（4）支持 VPN 连接。
（5）支持移动宽带连接。

NetworkManager 的优点如下：
（1）简单易用：NetworkManager 提供了简单易用的图形界面和命令行工具，方便用户管理网络连接。
（2）自动化：NetworkManager 可以自动检测网络连接状态，并自动配置网络连接，减少用户的操作。
（3）灵活性：NetworkManager 支持多种网络连接类型，包括有线、无线、VPN 和移动宽带连接，满足用户不同的需求。

使用 systemctl 命令控制 NetworkManager 守护进程，NetworkManager 的相关操作命令如下。
（1）查看 NetworkManager 服务状态。

```
[root@localhost 桌面]# systemctl status NetworkManager
```

操作过程如图 12.1 所示。

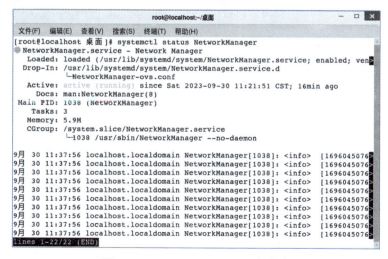

图 12.1 NetworkManager 运行状态

（2）查看 NetworkManager 是否开机自启动。

[root@localhost 桌面]# systemctl is-enabled NetworkManager

操作过程如图 12.2 所示。

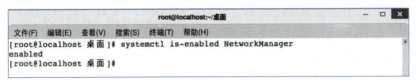

图 12.2　查询 NetworkManager 是否开机自启动

（3）设置 NetworkManager 开机自启动。

[root@localhost 桌面]# systemctl enable NetworkManager

（4）设置 NetworkManager 禁止开机自启动。

[root@localhost 桌面]# systemctl disable NetworkManager

（5）开启 NetworkManager 服务。

[root@localhost 桌面]# systemctl start NetworkManager

（6）停止 NetworkManager 服务。

[root@localhost 桌面]# systemctl stop NetworkManager

（7）重启 NetworkManager 服务。

[root@localhost 桌面]# systemctl restart NetworkManager

（8）重新装载 NetworkManager 服务。

[root@localhost 桌面]# systemctl reload NetworkManager

> ⚠ 注意
>
> NetworkManager 中开头的 N 和中间的 M 必须大写。

12.2　麒麟操作系统网络配置

12.2.1　通过图形界面配置网络

麒麟操作系统可以通过图形界面配置网络，主要有三种方法配置网络。

（1）利用 nmtui 网络配置工具配置网络参数。

（2）通过"开始"菜单的控制面板里的"网络连接"图标配置网络参数。

（3）通过桌面任务栏右下角的"网络管理器小程序"配置网络参数。

三种网络配置的实质者是通过修改网卡的配置文件实现的。配置的网络参数在重启系统或重启网络服务后会永久生效。

1. 查看网络配置信息的两种方式

（1）在桌面环境下，依次单击"开始"菜单→"所有程序"→"系统工具"→"系统信息"，操作过程如图 12.3 所示。在"系统信息"窗口中，依次单击"网络"→"界面"，即可查看网络配置信息，如图 12.4 所示。

图 12.3 系统信息

图 12.4 网络配置信息

（2）在桌面环境下，右击桌面任务栏右下角的"网络管理器小程序"图标，选择"连接信息"，操作过程如图 12.5 所示。在"连接信息"对话框中即可查看网络配置信息，如图 12.6 所示。

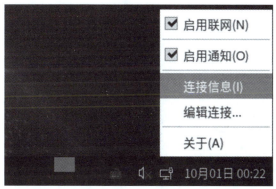

图 12.5 网络管理器小程序　　　　　图 12.6 网络配置信息界面

2. 利用 nmtui 工具配置网络

nmtui 工具采用基于字符的窗口界面，来完成对 IP 地址、子网掩码、默认网关和 DNS 域名服务器地址的设置。在 shell 提示符输入并执行 nmtui 命令，即可启动该配置工具。

例 12.1 利用 nmtui 工具配置网络。

（1）shell 提示符中输入 nmtui 命令。

```
[root@localhost 桌面]# nmtui
```

操作过程如图 12.7 所示。

例12.1
视频讲解

图 12.7 执行 nmtui 工具

（2）在 nmtui 工具的图形界面中，选择"编辑连接"。

在 nmtui 工具的图形界面中，使用键盘的【↑】【↓】【←】【→】键移动光标。选择"编辑连接"选项，按【Enter】键确定，如图 12.8 所示。

（3）配置 IP 地址、子网掩码、网关和 DNS。

在选项界面选中需要修改的连接 ens33 后，选择"＜编辑...＞"并按【Enter】键，如图 12.9 所示，进入 ens33 网卡设备编辑界面，如图 12.10 所示，根据 IP 地址规划输入或编辑 IP 地址、子网掩码、网关和 DNS 等参数。完成修改后，单击界面下方的"＜确定＞"按钮保存配置后，返回图 12.8 所示界面，单击"退出"按钮返回终端 Shell。

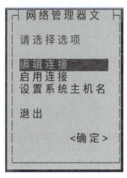 

图 12.8　选项界面　　　　图 12.9　选项界面

（4）激活连接。

再次在终端 Shell 命令行中输入 nmtui 命令，启动配置界面，见图 12.8，选中"启用连接"选项，在激活连接的界面中，选中连接后，再选右边的"＜激活＞"选项激活连接或"＜停用＞"选项停用激活连接，如图 12.11 所示。完成修改后，单击界面下方的"＜返回＞"按钮。

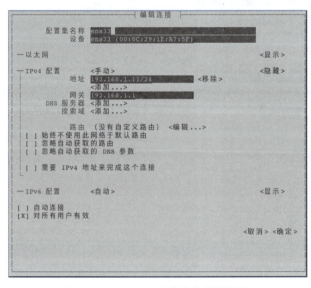 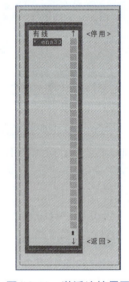

图 12.10　ens33 网卡设备编辑界面　　　图 12.11　激活连接界面

（5）设置系统主机名。

在图 12.8 所示的界面中，选中"设置系统主机名"选项，在设置主机名界面中修改主机名，如图 12.12 所示。

图 12.12　设置主机名界面

配置完成后使用【Tab】键将光标移动到"< 退出 >"按钮，退回到终端 Shell 界面。

（6）启用网络设备连接。

使用 nmtui 配置工具进行网络配置后，仅仅是修改了网络配置文件，并未立即生效。为使配置生效，需要重启系统或使用 nmcli 命令启用网络设备连接。nmcli 工具的操作命令如下：

```
[root@localhost 桌面]# nmcli connection up ens33
```

3. 通过控制面板中的"网络连接"图标配置网络参数

在桌面环境下，依次单击"开始"菜单→"控制面板"，操作过程如图 12.13 所示。在"控制面板"对话框中，单击"网络连接"图标，如图 12.14 所示，即可打开"网络连接"窗口，如图 12.15 所示。

图 12.13　控制面板　　　　　　　　　图 12.14　网络连接

图 12.15　"网络连接"窗口

进入 ens33 网卡设备编辑界面，如图 12.16 所示，根据 IP 地址规划输入或编辑 IP 地址、子网掩码、网关和 DNS 等参数。完成修改后，单击"保存"按钮保存配置。

图 12.16　配置网络界面

网络配置后，仅仅是修改了网络配置文件，并未立即生效。为使配置生效，需要重启系统或使用 nmcli 命令启用网络设备连接。nmcli 工具的操作命令：

```
[root@localhost 桌面]# nmcli connection up ens33
```

4. 通过桌面任务栏右下角的"网络管理器小程序"图标配置网络参数

在桌面环境下，右击桌面任务栏右下角的"网络管理器小程序"图标，选择"编辑连接"命令。在"网络连接"界面，配置网络，如图 12.15 所示，操作同上。

5. 通过 nm-connection-editor 命令在图形界面中配置网络

```
[root@localhost 桌面]# nm-connection-editor
```

12.2.2　通过命令行配置网络

可以使用 nmcli 命令来管理 NetworkManager 服务。nmcli 是一款基于命令行的网络配置工具，功能丰富，参数众多。

1. 查看 NetworkManager 状态

在使用 nmcli 命令前，需要确保 NetworkManager 服务为"运行"状态，查看 NetworkManager 服务状态。

```
[root@localhost 桌面]# systemctl status NetworkManager
```

2. 查看 NetworkManager 是否接管网络配置

使用 nmcli 命令前，还需要查看 NetworkManager 是否接管网络配置，查看是否接管网络配置。

```
[root@localhost 桌面]# nmcli networking
```

设置接管网络配置。

```
[root@localhost 桌面]# nmcli networking on
```

设置取消接管网络配置。

```
[root@localhost 桌面]# nmcli networking off
```

操作过程如图 12.17 所示。

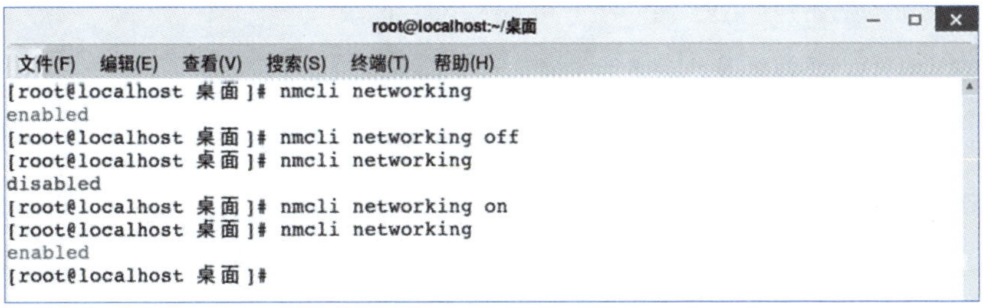

图 12.17　配置 NetworkManager 是否接管网络配置

说明：networking 可以简写为 n、ne、net、netw……，所以，nmcli networking 命令可以简写为 nmcli n。

3．nmcli 工具

nmcli 用于创建、显示、编辑、删除、激活和停用网络连接，以及控制和显示网络设备状态。

1）nmcli 安装

nmcli 实用工具由 NetworkManager 包提供。

```
yum install -y NetworkManager
```

2）nmcli 语法

```
nmcli [OPTIONS...] {help | general | networking | radio | connection | device | agent | monitor} [COMMAND] [ARGUMENTS...]
```

选项说明：

-t：简洁输出，会将多余的空格删除。

-p：人性化输出。

-m：优化输出，有两个选项 tabular(不推荐) 和 multiline(默认)。

-c：颜色开关，控制颜色输出 (默认启用)。

-f：过滤字段，all 为过滤所有字段，common 打印出可过滤的字段。

-g：过滤字段，适用于脚本，以 : 分隔。

-w：超时时间。

-h：打印帮助信息。

-v：显示版本。

3）general 常规选项

nmcli general 命令可以显示 NetworkManager 的状态和权限，也可以查询和修改系统主机名，以及 NetworkManager 的日志记录级别。

nmcli general 命令格式：

```
nmcli general {status|hostname|permissions|logging}
```

例 12.2 使用 status 参数显示 NetworkManager 整体状态。

[root@localhost 桌面]# nmcli general status

操作过程如图 12.18 所示。

图 12.18 显示 NetworkManager 状态

图 12.18 中，STATE 表示网络是否连接。CONNECTIVITY 表示网络连接，与 nmcli networking connectivity 相同。WIFI-HW 表示 Wi-Fi 硬件开关。WIFI 表示 Wi-Fi 软件开关。WWAN-HW 表示 wwan 硬件开关。WWAN 表示 wwan 软件开关。

说明：HW 表示 HardWare。WWAN 表示 Wireless Wide Area Network。

例 12.3 使用 hostname 参数查询主机名。

[root@localhost 桌面]# nmcli general hostname

操作过程如图 12.19 所示。

图 12.19 查询主机名

例 12.4 使用 hostname 参数修改主机名，修改后的主机名称存放在 /etc/hostname 文件中。

[root@localhost 桌面]# nmcli general hostname p8.localdomain

操作过程如图 12.20 所示。

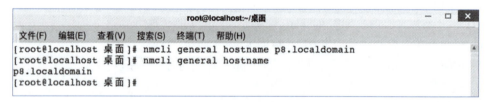

图 12.20 修改主机名

例 12.5 使用 permissions 参数显示调用者对 NetworkManager 提供的各种认证操作的权限。

[root@localhost 桌面]# nmcli general permissions

操作过程如图 12.21 所示。

例 12.6 使用 logging 参数查询 NetworkManager 日志级别和域。不带任何参数时，显示当前日志级别和域。

[root@localhost 桌面]# nmcli general logging

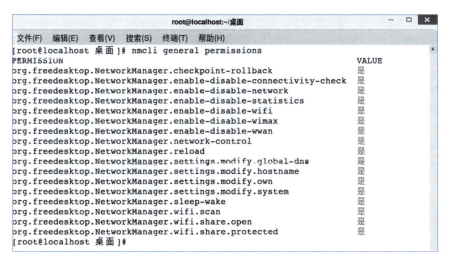

图 12.21 显示认证操作的权限

操作过程如图 12.22 所示。

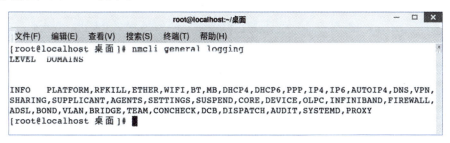

图 12.22 查询日志级别

4）networking 网络控制

nmcli networking 命令可查询 NetworkManager 网络状态，启用和禁用网络。

nmcli networking 命令格式如下：

```
nmcli networking {on|off|connectivity}
```

例 12.7 使用 on 参数启用网络控制。

```
[root@localhost 桌面]# nmcli networking on
```

例 12.8 使用 off 参数禁用网络控制。

```
[root@localhost 桌面]# nmcli networking off
```

例 12.9 使用 connectivity 参数获取网络连接状态。

```
[root@localhost 桌面]# nmcli networking connectivity
```

操作过程如图 12.23 所示。

图 12.23 获取网络连接状态

如果在 connectivity 后加上 check 参数，表示重新检查连接，如果没有 check 参数则显示最新的已知连接状态，不重新检查。可能的显示结果：

none：主机未连接到任何网络。

portal：主机位于强制网络之后，无法访问完整的 Internet。

limited：主机已连接到网络，但不能访问互联网。

full：主机与网络相连，并能完全接入互联网。

unknown：无法找到连接状态。

5）radio 无线传输控制

nmcli radio 命令可以显示无线开关状态，配置启用和禁用。

命令格式如下：

```
nmcli radio {all|wifi|wwan}
```

例 12.10 使用 all [on|off] 参数显示或设置所有无线网络开关。

```
[root@localhost 桌面]# nmcli radio all
```

操作过程如图 12.24 所示。

图 12.24 显示所有无线网络开关

例 12.11 使用 wifi 参数，在 NetworkManager 中显示或设置 Wi-Fi 的状态。如果未提供参数，则显示 Wi-Fi 状态，on 表示启用无线网络，off 表示禁用无线网络。

```
[root@localhost 桌面]# nmcli radio wifi
```

操作过程如图 12.25 所示。

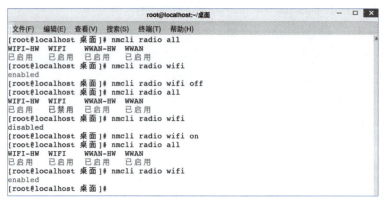

图 12.25 显示或设置 Wi-Fi 状态

例 12.12 使用 wwan 参数，在 NetworkManager 中显示或设置 WWAN（移动宽带）的状

态。如果未提供参数，则显示 WWAN 状态，on 表示启用 WWAN，off 表示禁用 WWAN。

```
[root@localhost 桌面]# nmcli radio wwan
```

操作过程如图 12.26 所示。

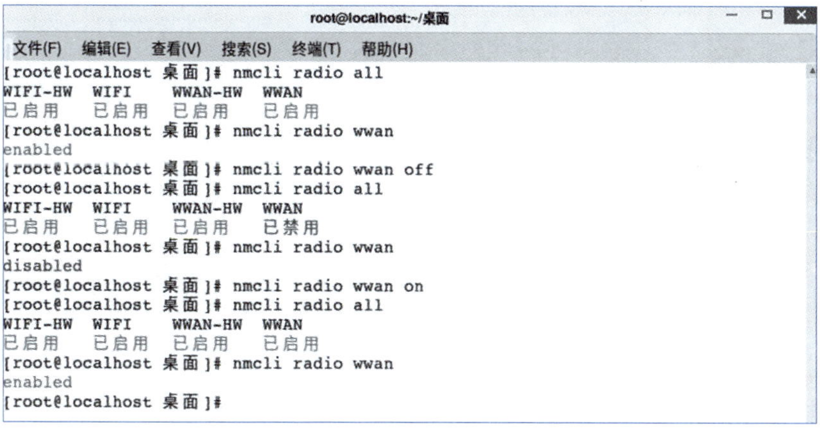

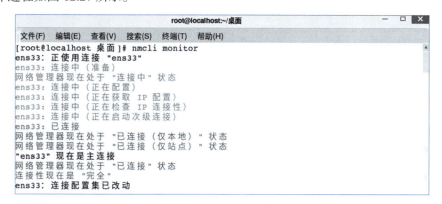

图 12.26　显示或设置 WWAN 状态

6）monitor　活动监视器

使用 nmcli monitor 命令可以查看 NetworkManager 的活动。监视连接状态、设备或连接配置文件的变化。

在第一个终端窗口输入 nmcli monitor 命令，然后打开第二个终端窗口，输入 nmcli connection up ens33 命令，然后切换到第一个终端窗口，观察所监视的信息，操作命令如下：

```
[root@localhost 桌面]# nmcli monitor
```

操作过程如图 12.27 所示。

图 12.27　监视连接状态

7）connection　连接管理

NetworkManager 将所有网络配置存储为"connections"，如 IP 地址等，当使用该连接的配置创建或连接到网络时，连接处于"活动状态"。一个设备可能有多个连接，但同一时间，该设备只能有一个连接处理"活动状态"。额外的连接可用于在不同网络和配置之间快速切换。如，一台计算机，它通常使用 DHCP 动态获取 IP 地址连接到网络，有时也会使用静态 IP 地址连接到网络。此时，可以将设置保存为两个连接，无须每次重新更改网络配置，这两个连接都适用于 ens33 网卡,一个用于 DHCP(称为 default),另一个用于静态 IP 地址(称为 testing)。当连接到 DHCP 时,可以运行 nmcli connection up default 命令,当连接到静态网络时,可以运行 nmcli connection up testing 命令进行快速切换。

nmcli connection 命令语法格式如下:

```
nmcli connection {show|up|down|modify|add|edit|clone|delete|monitor|reload|load}
```

(1) show:列出内存和磁盘上的连接配置文件,如果没有参数,将列出所有配置文件。

nmcli connection show 命令语法格式如下:

```
show [--active] [--order [+-]category:...]
```

--active 选项,仅显示活动配置文件。

--order 选项,用于获取连接的自定义顺序。可以按活动状态(active)、名称(name)、类型(type)或 D-Bus 路径(path)对连接进行排序。其中,"+"或没有前缀表示按升序(按字母顺序或数字)排序,"-"表示反向(降序)顺序。

例 12.13 使用 show 参数列出内存和磁盘上的连接配置文件。

查看所有连接状态

```
[root@localhost 桌面]# nmcli connection show
```

以活动的连接进行排序

```
[root@localhost 桌面]# nmcli connection show --order +active
[root@localhost 桌面]# nmcli connection show --active
```

将所有连接以名称排序

```
[root@localhost 桌面]# nmcli connection show --order +name
```

将所有连接以类型排序(倒序)

```
[root@localhost 桌面]# nmcli connection show --order -type
```

操作过程如图 12.28 所示。

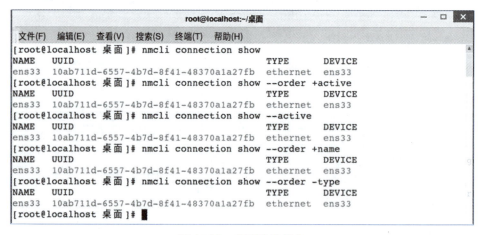

图 12.28 查看连接状态

例 12.14 显示指定连接 ens33 的详细信息。

```
[root@localhost 桌面]# nmcli connection show ens33
```

操作过程如图 12.29 所示。

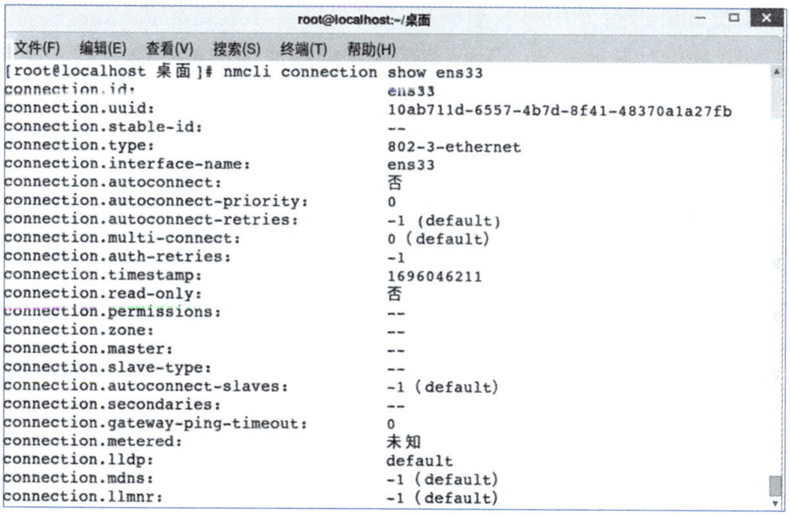

第 12 章 网络管理

图 12.29 显示指定设备的连接详细信息

（2）up：激活连接。

语法格式如下：

```
up [id | uuid | path] ID [ifname ifname] [ap BSSID]
```

提供连接名称、UUID 或 D-Bus 路径标识进行激活。如果未提供 ID 或对特定设备激活连接时，则可以使用 ifname 选项指定设备名进行激活。如果是 VPN 连接，ifname 选项指定基本连接的设备。ap 选项指定在 Wi-Fi 连接的情况下应使用哪个特定 AP。

例 12.15 激活连接 ens33。

以连接名进行激活

[root@localhost 桌面]# nmcli connection up ens33

以 uuid 进行激活

[root@localhost 桌面]# nmcli connection up 10ab711d-6557-4b7d-8f41-48370a1a27fb

以设备接口名进行激活

[root@localhost 桌面]# nmcli connection up ifname ens33

操作过程如图 12.30 所示。

图 12.30 激活连接

（3）down：停用与设备的连接。

nmcli connection down 命令语法格式如下：

```
down [id | uuid | path | apath] ID...
```

提供连接名或 uuid 进行停用，若未提供，则可以使用设备名进行激活。停用的连接配置文件在内部被阻止再次自动连接。因此，在重新启动或用户执行取消阻止自动连接的操作（如，修改配置文件或激活）之前，它不会自动连接。

例 12.16 停用 ens33 设备连接。

以连接名进行停用

[root@localhost 桌面]# nmcli connection down ens33

以 uuid 进行停用

[root@localhost 桌面]# nmcli connection down 10ab711d-6557-4b7d-8f41-48370a1a27fb

操作过程如图 12.31 所示。

图 12.31 停用与设备的连接

（4）modify：添加、修改或删除属性。

在连接配置文件中添加、修改或删除属性的语法格式如下：

modify [--temporary] [id | uuid | path] ID {option value | [+|-]setting.property value}...

从连接配置文件中删除设置

modify [--temporary] [id | uuid | path] ID remove setting

要设置属性，需要在指定属性名称的后面加上属性值，空值（""）会将属性值重置为默认值。同一属性添加多个值使用"+"。同一属性删除指定值用"-"。

例 12.17 添加多个 IP 地址。

查看

[root@localhost 桌面]# nmcli -f IP4 connection show ens33

添加三个 IP 地址

[root@localhost 桌面]# nmcli connection modify ens33 +ipv4.addresses 192.168.1.20/24

[root@localhost 桌面]# nmcli connection modify ens33 +ipv4.addresses 192.168.1.30/24

[root@localhost 桌面]# nmcli connection modify ens33 +ipv4.addresses 192.168.1.40/24

启用配置

[root@localhost 桌面]# nmcli connection up ens33

操作过程如图 12.32 所示。

图 12.32 在连接配置文件中添加属性

例12.18 删除 IP 地址。

查看

[root@localhost 桌面]# nmcli -f IP4 connection show ens33

删除当前索引为2和3的IP地址

[root@localhost 桌面]# nmcli connection modify ens33 -ipv4.addresses 3
[root@localhost 桌面]# nmcli connection modify ens33 -ipv4.addresses 2

启用配置

[root@localhost 桌面]# nmcli connection up ens33

操作过程如图 12.33 所示。

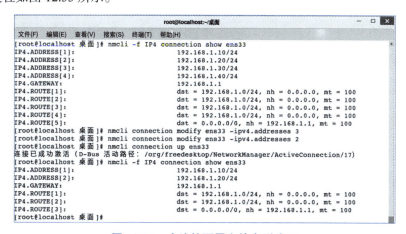

图 12.33 在连接配置文件中删除 IP

例12.19 使用 remove 删除 IP 地址。

```
[root@localhost 桌面]# nmcli -f IP4 connection show ens33
[root@localhost 桌面]# nmcli connection modify ens33 +ipv4.addresses 192.168.1.20/24
[root@localhost 桌面]# nmcli connection up ens33
[root@localhost 桌面]# nmcli -f IP4 connection show ens33
[root@localhost 桌面]# nmcli connection modify ens33 remove ipv4
[root@localhost 桌面]# nmcli connection up ens33
```

（5）add 使用指定的属性创建新连接。语法格式如下：

add [save {yes | no}] {option value | [+|-]setting.property value}...

例 12.20 创建新连接。

①添加网络接口。

```
虚拟机添加网卡
[root@localhost 桌面]# ip addr
添加网络接口
[root@localhost 桌面]# nmcli connection add con-name ens36 type ethernet ifname ens36
```

②设置 IP 地址、子网掩码。

```
设置IP地址、子网掩码
[root@localhost 桌面]# nmcli connection modify ens36 ipv4.addresses 192.168.10.60/24
修改配置方式为手动
[root@localhost 桌面]# nmcli connection modify ens36 ipv4.method manual
```

③启用网络接口。

```
启用网络接口
[root@localhost 桌面]# nmcli connection up ens36
查看配置是否成功
[root@localhost 桌面]# nmcli connection
[root@localhost 桌面]# ip addr
```

操作过程如图 12.34 所示。

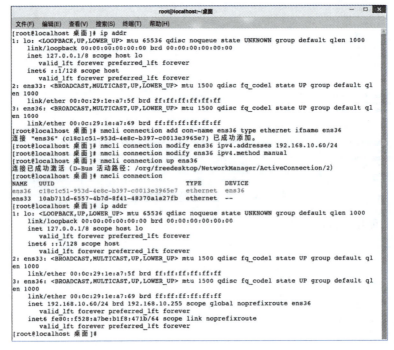

图 12.34 创建新连接

（6）edit 使用交互式编辑器编辑现有连接或添加新连接使用交互式编辑器可以完成连接编辑。语法格式如下：

```
edit {[id | uuid | path] ID | [type type] [con-name name] }
```

例 12.21 使用交互式编辑器编辑现有连接 ens33。

[root@localhost 桌面]# nmcli connection edit ens33

操作过程如图 12.35 所示。

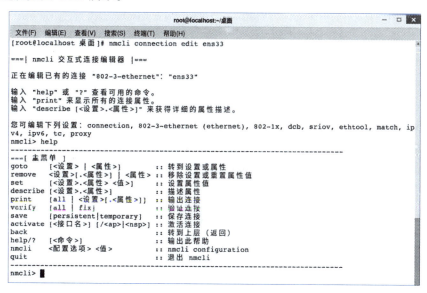

图 12.35 使用交互式编辑器

（7）clone 克隆连接。语法格式如下：

```
clone [--temporary] [id | uuid | path] ID new_name
```

new_name 是新克隆连接的名称。新连接除了连接名称和 uuid 是新生成的，其他都是一样的。

例 12.22 将 ens33 克隆生成 ens33_1。

[root@localhost 桌面]# nmcli connection clone ens33 ens33_1

操作过程如图 12.36 所示。

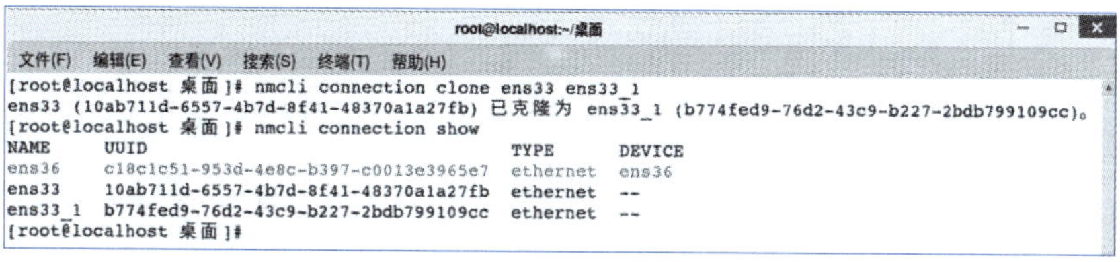

图 12.36 克隆连接

（8）delete 删除已配置的连接。语法格式如下：

```
delete [id | uuid | path] ID...
```

如果未指定 --wait 选项，则默认超时为 10 s。

例 12.23 将 ens33_1 连接删除。

[root@localhost 桌面]# nmcli connection delete ens33_1

操作过程如图 12.37 所示。

图 12.37　删除已配置的连接

（9）monitor 监视连接配置文件活动。语法格式如下：

```
monitor [id | uuid | path] ID...
```

每当指定的连接发生更改时，此命令都会打印一行。未指定任何连接配置文件，将监视所有连接配置文件。当所有受监视的连接消失时，该命令将终止。

例 12.24　监视 ens33 连接活动。

```
[root@localhost 桌面]# nmcli connection monitor ens33
```

（10）load 是指从磁盘重新加载所有连接文件。NetworkManager 不监视对连接的更改。因此，需要使用 load 命令告诉 NetworkManager，在对连接配置文件进行更改时从磁盘重新读取连接配置文件。

例 12.25　对网卡配置文件修改后，使用 reload 重载网卡配置文件。

```
[root@localhost 桌面]# nmcli connection reload /etc/sysconfig/network-scripts/ifcfg-ens33
```

操作过程如图 12.38 所示。

图 12.38　重载配置文件

8）device 设备管理

device 命令用于显示和管理网络接口。

nmcli device 命令语法格式如下：

```
nmcli device {status | show | set | connect | reapply | modify | disconnect |
delete | monitor | wifi | lldp} [ARGUMENTS...]
```

（1）status 显示设备的状态。

例 12.26　使用 status 参数，显示现有设备 ens33 的状态。

```
[root@localhost 桌面]# nmcli device status
```

（2）show 显示设备的详细信息。

例 12.27　使用 show 参数，显示设备 ens33 的详细信息。默认显示所有设备详细信息。要显示特定设备的详细信息，必须提供接口名称。

```
[root@localhost 桌面]# nmcli device show
[root@localhost 桌面]# nmcli device show ens33
```

操作过程如图 12.39 所示。

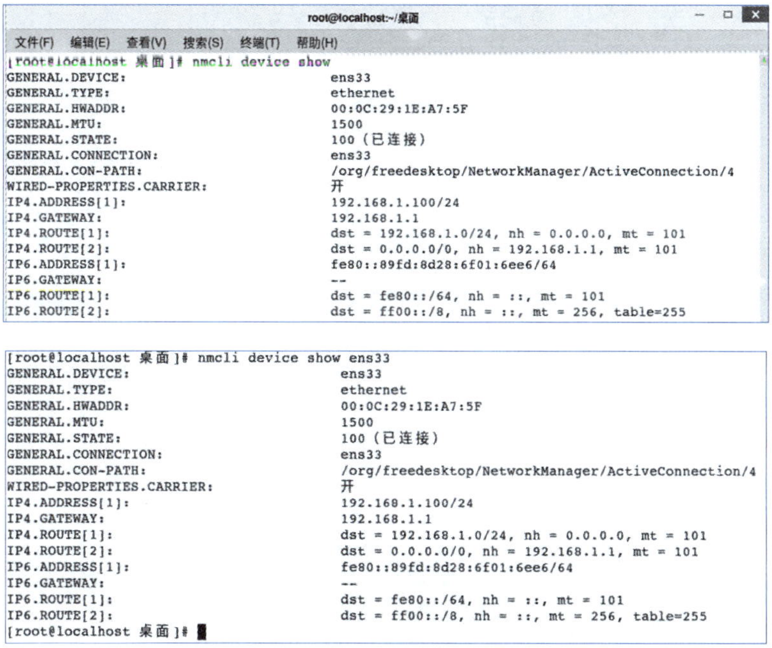

```
root@localhost:~/桌面
文件(F)  编辑(E)  查看(V)  搜索(S)  终端(T)  帮助(H)
[root@localhost 桌面]# nmcli device show
GENERAL.DEVICE:                         ens33
GENERAL.TYPE:                           ethernet
GENERAL.HWADDR:                         00:0C:29:1E:A7:5F
GENERAL.MTU:                            1500
GENERAL.STATE:                          100（已连接）
GENERAL.CONNECTION:                     ens33
GENERAL.CON-PATH:                       /org/freedesktop/NetworkManager/ActiveConnection/4
WIRED-PROPERTIES.CARRIER:               开
IP4.ADDRESS[1]:                         192.168.1.100/24
IP4.GATEWAY:                            192.168.1.1
IP4.ROUTE[1]:                           dst = 192.168.1.0/24, nh = 0.0.0.0, mt = 101
IP4.ROUTE[2]:                           dst = 0.0.0.0/0, nh = 192.168.1.1, mt = 101
IP6.ADDRESS[1]:                         fe80::89fd:8d28:6f01:6ee6/64
IP6.GATEWAY:                            --
IP6.ROUTE[1]:                           dst = fe80::/64, nh = ::, mt = 101
IP6.ROUTE[2]:                           dst = ff00::/8, nh = ::, mt = 256, table=255

[root@localhost 桌面]# nmcli device show ens33
GENERAL.DEVICE:                         ens33
GENERAL.TYPE:                           ethernet
GENERAL.HWADDR:                         00:0C:29:1E:A7:5F
GENERAL.MTU:                            1500
GENERAL.STATE:                          100（已连接）
GENERAL.CONNECTION:                     ens33
GENERAL.CON-PATH:                       /org/freedesktop/NetworkManager/ActiveConnection/4
WIRED-PROPERTIES.CARRIER:               开
IP4.ADDRESS[1]:                         192.168.1.100/24
IP4.GATEWAY:                            192.168.1.1
IP4.ROUTE[1]:                           dst = 192.168.1.0/24, nh = 0.0.0.0, mt = 101
IP4.ROUTE[2]:                           dst = 0.0.0.0/0, nh = 192.168.1.1, mt = 101
IP6.ADDRESS[1]:                         fe80::89fd:8d28:6f01:6ee6/64
IP6.GATEWAY:                            --
IP6.ROUTE[1]:                           dst = fe80::/64, nh = ::, mt = 101
IP6.ROUTE[2]:                           dst = ff00::/8, nh = ::, mt = 256, table=255
[root@localhost 桌面]#
```

图 12.39　显示设备的详细信息

（3）set 设置设备属性。语法格式如下：

```
set [ifname] ifname [autoconnect {yes | no}] [managed {yes | no}]
```

例 12.28　设置设备 ens33 的自动连接属性为开或关。

```
[root@localhost 桌面]# nmcli device set ifname ens33 autoconnect on
[root@localhost 桌面]# nmcli device set ifname ens33 autoconnect off
[root@localhost 桌面]# nmcli device set ifname ens33 autoconnect on managed on
[root@localhost 桌面]# nmcli device set ifname ens33 autoconnect off managed off
```

（4）connect 连接设备。语法格式如下：

```
connect ifname
```

NetworkManager 将尝试找到被激活的合适连接。还会尝试未设置自动连接的连接。

例 12.29　连接 ens33 设备。

```
[root@localhost 桌面]# nmcli device connect ens33
```

操作过程如图 12.40 所示。

图 12.40　连接设备

（5）reapply 尝试使用自上次应用以来对当前活动连接的更改来更新设备。语法格式如下：

```
reapply ifname
```

例 12.30　使用自上次应用以来对当前活动连接的更改来更新 ens33 设备。

```
[root@localhost 桌面]# nmcli device reapply ens33
```

操作过程如图 12.41 所示。

图 12.41　更新设备

（6）disconnect 断开设备的连接，防止设备在没有手动干预的情况下自动激活。语法格式如下：

```
disconnect ifname
```

例 12.31　断开 ens33 设备的连接。

```
[root@localhost 桌面]# nmcli device disconnect ens33
```

操作过程如图 12.42 所示。

图 12.42　断开设备的连接

12.2.3　通过修改配置文件配置网络

1. 网卡配置文件

网卡配置文件位于 /etc/sysconfig/network-scripts 目录中，文件名称为"ifcfg- 网卡类型及网卡序号"。网卡配置文件中包含网络接口卡的初始化信息，还可用于配置 IP 地址、子网掩码、网关等网络信息。

网卡标识的名称将根据设备索引信息命名，如 eno1，或根据 PCI-E 扩展插槽命名，如 ens1，或根据硬件接口的位置信息命名，如 enp2s0。其中前两个字符如果是"en"表示以太网，如果是"wl"表示无线局域网，如果是"ww"表示无线广域网。第三个字符根据设备类型，"o<index>"表示集成设备索引号，"s<slot>"表示扩展槽索引号，"p<bus>s<slot>"表示基于总线及槽的拓扑结构进行命名。

使用 VIM 可以编辑网卡配置文件，每一行表示一个配置，"="前面的是配置选项，后面的是值。网络配置文件各参数具体含义如下所示：

```
[root@localhost 桌面]# cat /etc/sysconfig/network-scripts/ifcfg-ens33
TYPE=Ethernet                      #网络类型，Ethernet以太网
PROXY_METHOD=none                  #代理方式，为关闭状态
BROWSER_ONLY=no                    #只是浏览器：否
BOOTPROTO=none                     #引导协议，static：静态IP；dhcp：动态IP；none：不指定
DEFROUTE=yes                       #默认路由，yes表示启用
IPV4_FAILURE_FATAL=no              #是否开启IPv4致命错误检测
IPV6INIT=yes                       #是否自动初始化IPv6
IPV6_AUTOCONF=yes                  #IPv6是否自动配置
IPV6_DEFROUTE=yes                  #IPv6是否可以为默认路由
IPV6_FAILURE_FATAL=no              #是否开启IPv6致命错误检测
IPV6_ADDR_GEN_MODE=stable-privacy  #IPv6地址生成模型
NAME=ens33                         #物理网卡设备名称
UUID=10ab711d-6557-4b7d-8f41-48370a1a27fb  #通用唯一识别码，每个网卡不能重复
DEVICE=ens33                       #网卡设备名称，必须和"NAME"值一样
ONBOOT=no                          #是否开机启动
IPADDR=192.168.1.10                #ip地址(static设置)
PREFIX=24                          #路由前缀，指子网掩码的位数长度
GATEWAY=192.168.1.1                #网关地址
IPV6_PRIVACY=no                    #是否开启IPv6隐私
DNS1=114.114.114.114               #DNS地址
```

例 12.32 通过修改网卡的配置文件修改网络配置。

（1）用 VIM 打开 ifcfg-ens33 配置文件。

```
[root@localhost 桌面]# vim /etc/sysconfig/network-scripts/ifcfg-ens33
```

（2）根据需要，修改 IP 地址、子网掩码、网关地址和 DNS。

（3）保存退出后，重启网络。

例12.32
视频讲解

```
[root@localhost 桌面]# systemctl restart NetworkManager
[root@localhost 桌面]# nmcli connection up ens33
```

（4）查看 IP 地址信息。

```
[root@localhost 桌面]# ip addr
```

2. resolv.conf 配置文件

/etc/resolv.conf 配置文件用于配置客户端 DNS，resolv.conf 文件包含了主机的域名搜索顺序和 DNS 服务器的 IP 地址。在配置文件中，使用 nameserver 指定 DNS 服务器的 IP 地址，在域名查询时，就按 /etc/resolv.conf 配置文件中的 nameserver 顺序进行查询，且只有当第一个

nameserver 域名服务器地址没有反应时,才使用下一个 nameserver 的域名服务器进行域名解析。DNS 配置文件 /etc/resolv.conf 内容如下：

```
[root@localhost 桌面]# cat /etc/resolv.conf
# Generated by NetworkManager
nameserver 192.168.1.11
nameserver 192.168.1.12
```

3. 配置 IP 地址与主机名绑定配置文件 /etc/hosts

主机名和 IP 地址的绑定，又称本地解析，是早期实现主机名称解析的一种方法，hosts 文件中包含了 IP 地址和主机名之间的映射关系。在解析时，系统会直接读取 hosts 文件中设置的 IP 地址和主机名的映射记录，从 hosts 中查找对应的 IP 地址，而不是从 /etc/resolv.conf 中寻找 DNS 服务器进行 IP 解析。/etc/hosts 内容如下：

```
[root@localhost 桌面]# cat /etc/hosts
127.0.0.1    localhost localhost.localdomain localhost4 localhost4.localdomain4
::1          localhost localhost.localdomain localhost6 localhost6.localdomain6
```

在 hosts 文件中，每一行对应一条记录，每行内容为一个主机，每行由三部分组成，分别为网络 IP 地址、主机名 . 域名、主机名（主机别名），每部分用空格分隔。127.0.0.1 和 ::1 地址，绑定 localhost 主机名，不建议删除，很多应用会依赖这个设置。

4. 主机名称配置文件

/etc/hostname 配置文件用于存放主机名，可以通过编辑 hostname 配置文件的方式，更改系统的主机名称。/etc/hostname 内容如下：

```
[root@localhost 桌面]# cat /etc/hostname
localhost.localdomain
```

12.3 常用的网络管理命令

麒麟操作系统中提供了丰富的网络命令，熟练掌握这些命令，对配置和使用网络都十分有必要。

12.3.1 查看和修改主机名称

1. 查看主机名

例 12.33　通过 hostname 命令查看主机名称。

```
[root@localhost 桌面]# hostname
```

操作过程如图 12.43 所示。

图 12.43　查看主机名

例 12.34 通过 hostnamectl 命令查看主机名称。

[root@localhost 桌面]# hostnamectl

操作过程如图 12.44 所示。

图 12.44　hostnamectl 查看主机名称

例 12.35 通过 /etc/hostname 配置文件查看主机名称。

[root@localhost 桌面]# cat /etc/hostname

操作过程如图 12.45 所示。

图 12.45　/etc/hostname 查看主机名称

例 12.36 通过 nmcli 命令查看主机名称。

[root@localhost 桌面]# nmcli general hostname

操作过程如图 12.46 所示。

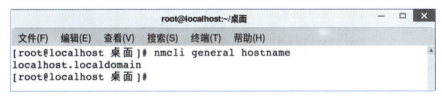

图 12.46　nmcli 命令查看主机名称

2. 修改主机名

例 12.37 通过 hostname 命令临时修改主机名称。

该命令不会将新修改的主机名称保存到 /etc/hostname 文件中，因此，重新启动系统后，主机名将恢复为 /etc/hostname 配置文件中所设置的主机名称。

[root@localhost 桌面] # hostname Kylin.localdomain

操作过程如图 12.47 所示。

图 12.47　hostname 命令临时修改主机名称

例 12.38　通过 /etc/hostname 配置文件修改主机名称。

若要使主机名称的更改永久生效，可以直接修改 /etc/hostname 配置文件，系统启动时，会读取 /etc/hostname 配置文件中所设置的主机名称，并进行主机名的设置。

```
[root@localhost 桌面] # vim /etc/hostname
```

操作过程如图 12.48 所示。

图 12.48　/etc/hostname 修改主机名称

例 12.39　通过 nmcli 命令修改主机名称。

```
[root@localhost 桌面] # nmcli general hostname Kylin.localdomain
```

操作过程如图 12.49 所示。

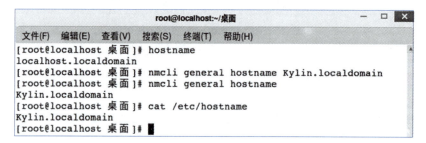

图 12.49　nmcli 命令修改主机名称

例 12.40　通过 hostnamectl 命令修改主机名称。

```
[root@localhost 桌面] # hostnamectl set-hostname Kylin.localdomain
```

操作过程如图 12.50 所示。

图 12.50　hostnamectl 命令修改主机名称

12.3.2 网络配置工具

网络配置工具 ip 命令，可以配置几乎所有的网络参数，功能比传统的网络配置命令更加强大，可以显示/操作路由、网络设备、接口等。

使用 ip 命令时，必须指定相应的操作对象和操作命令。在使用的过程中，可以用 help 查看相关的帮助信息。

ip 命令语法格式如下：

```
ip [ OPTIONS ] OBJECT { COMMAND | help }
```

[OPTIONS] 选项说明：

-V、-Version：显示版本信息。

-s、-stats、-statistics：显示详细的信息。

-f < 协议 > 或 -family < 协议 >：指定协议簇，协议类型可以是 inet（IPv4 协议）、inet6（IPv6 协议）、bridge、mpls 和 link。

-h, -human, -human-readable：输出可读的统计信息。

-d, -details：输出更多详细信息。

-N, -Numeric：打印协议等的编号。

-t, -timestamp：使用监视器选项时显示当前时间。

-ts, -tshort：和 -timestamp 相似，但使用短格式。

OBJECT 操作对象说明：

address：设备上的 IPv4 或 IPv6 协议地址。

link：网络接口设备。

monitor：监视网络链接消息。

neighbour：管理 ARP 或 NDISC 缓存条目。

netns：管理网络命名空间。

ntable：管理邻居缓存的操作。

route：路由表条目。

rule：路由策略数据库中的规则。

1. 管理和查看网络接口

1）显示网络接口属性

使用 ip link show 命令显示接口属性，语法格式如下：

```
ip link show [ DEVICE ] [ up ]
```

例 12.41 通过 ip link show 命令显示设备 ens33 的属性信息。

```
[root@localhost 桌面]# ip link
[root@localhost 桌面]# ip link show
[root@localhost 桌面]# ip link show ens33
[root@localhost 桌面]# ip link show ens33 up
[root@localhost 桌面]# ip -s link show ens33 up
```

操作过程如图 12.51 所示。

图 12.51　显示设备属性信息

2）修改网络接口状态属性

通过 ip link set 命令更改设备的状态，语法格式如下：

```
ip link set [ DEVICE ] [ up | down ]
```

例 12.42　通过 ip link set 命令更改设备 ens33 的状态为"up"或"down"。

启用 ens33 网卡

```
[root@localhost 桌面]# ip link set ens33 up
```

禁用 ens33 网卡

```
[root@localhost 桌面]# ip link set ens33 down
```

操作过程如图 12.52 所示。

图 12.52　修改网络接口状态属性

2. 协议地址管理

1）查看协议地址

使用 ip address 命令查看协议地址，语法格式如下：

```
ip address [ show [ dev IFNAME ]
```

例 12.43　使用 ip address 命令查看 IP 地址、掩码及广播地址。

```
[root@localhost 桌面]# ip address
[root@localhost 桌面]# ip address show
[root@localhost 桌面]# ip address show ens33
```

操作过程如图 12.53 所示。

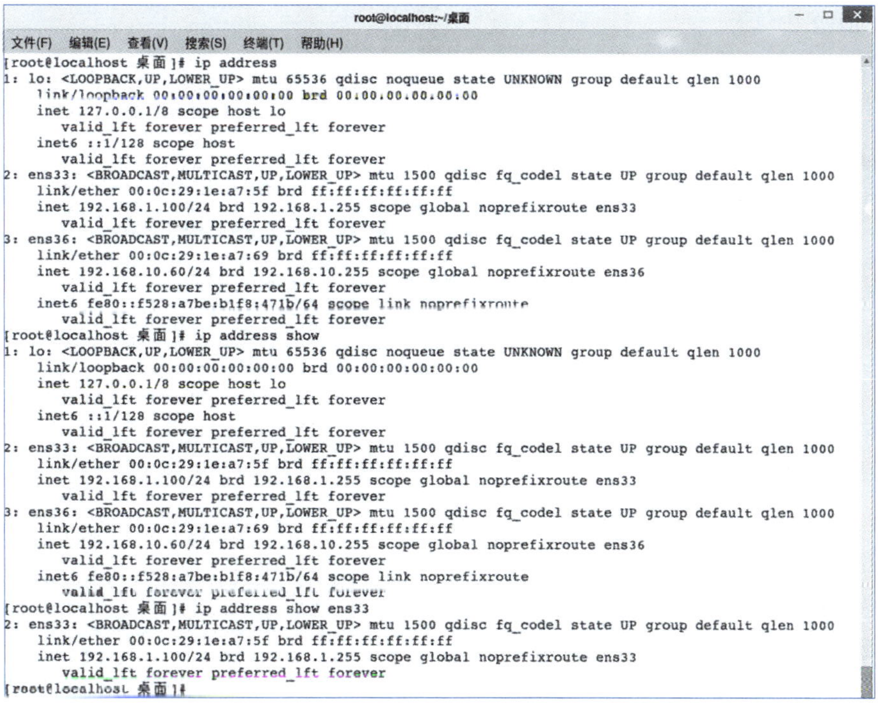

图 12.53　查看协议地址

2）添加删除 IP 地址

使用 ip address 命令添加 / 删除 IP 地址，语法格式如下：

```
ip address { add | change | replace } IFADDR dev IFNAME
ip address del IFADDR dev IFNAME
```

例 12.44　添加 ens33 的 IP 地址为 192.168.1.11，删除 ens33 的 IP 地址。

```
[root@localhost 桌面]# ip address add 192.168.1.11/24 dev ens33
[root@localhost 桌面]# ip address del 192.168.1.11/24 dev ens33
```

操作过程如图 12.54 所示。

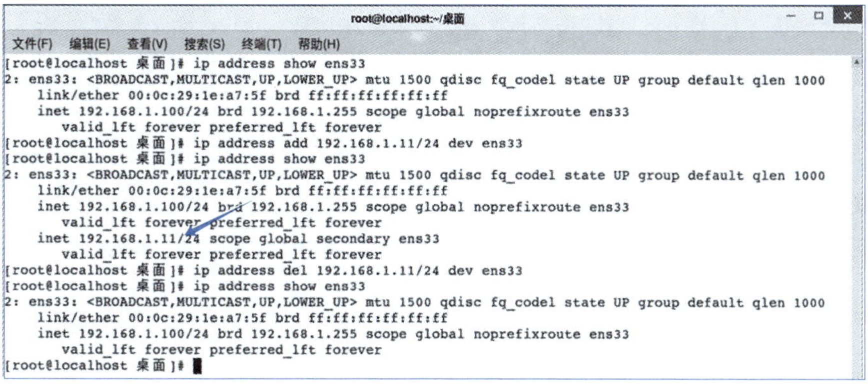

图 12.54　添加删除 IP 地址

3. 路由表管理

ip route 命令主要是路由表的管理，如列出、添加和删除路由信息。

1）列出路由信息

显示路由表信息的操作命令如下：

[root@localhost 桌面]# ip route show

操作过程如图 12.55 所示。

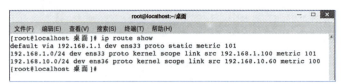

图 12.55　显示路由表

2）获取单个路由信息

ip route get 命令用于获取目标的单个路由。语法格式如下：

ip route get ADDRESS [from ADDRESS] [to ADDRESS]

to ADDRESS (default)：目标地址。

from ADDRESS：源地址。

例 12.45　获取 192.168.1.1 的路由。

[root@localhost 桌面]# ip route get 192.168.1.1

操作过程如图 12.56 所示。

图 12.56　获取目标的单个路由

3）添加 / 删除路由信息

添加 / 删除路由表信息命令的语法格式如下：

ip route add 目的网络地址/掩码长度 via 网关IP地址 dev 网卡设备名
ip route del 目的网络地址/掩码长度 via 网关IP地址 dev 网卡设备名

例 12.46　添加与删除下一跳是 192.168.1.1 的路由。

[root@localhost 桌面]# ip route add 192.168.1.0/24 via 192.168.1.1 dev ens33
[root@localhost 桌面]# ip route del 192.168.1.0/24 via 192.168.1.1 dev ens33

操作过程如图 12.57 所示。

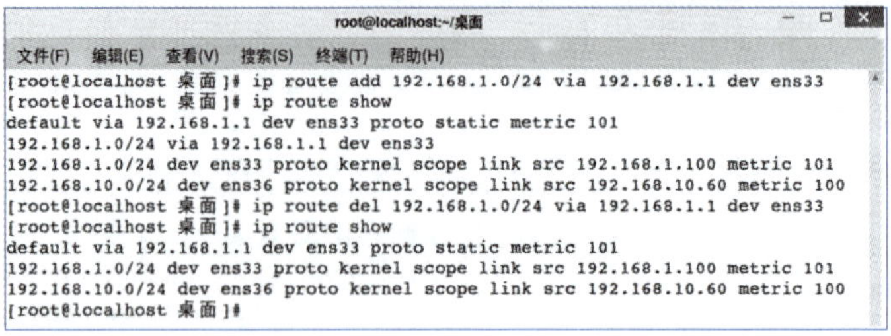

图 12.57　添加 / 删除路由信息

4）添加 / 删除默认网关信息

添加 / 删除默认网关命令的语法格式如下：

```
ip route add 0.0.0.0/0 via 网关IP地址 dev 网卡设备名
ip route del 0.0.0.0/0 via 网关IP地址 dev 网卡设备名
```

例12.47　添加删除默认网关，下一跳是 192.168.1.1。

```
[root@localhost 桌面]# ip route add 0.0.0.0/0 via 192.168.1.1 dev ens33
[root@localhost 桌面]# ip route del 0.0.0.0/0 via 192.168.1.1 dev ens33
```

操作过程如图 12.58 所示。

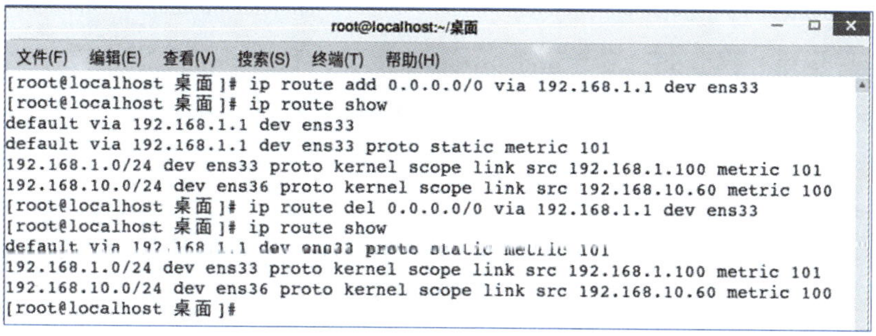

图 12.58　添加 / 删除默认网关信息

5）永久静态路由

ip route 命令对路由的修改不能保存，重启后就丢失了，/etc/sysconfig/network-scripts/ifcfg-ens33 配置文件提供了全局默认网关，ifcfg-ens33 配置文件的 GATEWAY 参数选项提供默认网关的设置。

永久路由信息也可以修改 /etc/sysconfig/network-scripts/route-ens33 配置文件。

例12.48　修改 route-ens33 配置文件，添加路由信息。

```
[root@localhost 桌面]# vim /etc/sysconfig/network-scripts/route-ens33
```

操作过程如图 12.59 所示。

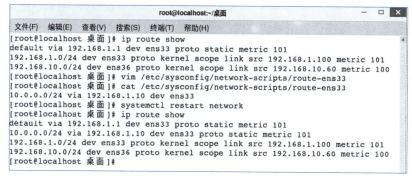

图 12.59　配置永久静态路由

4.arp 管理

ip neighbour 命令可以管理 arp 表。

1）列出邻居

使用 ip neighbour show 命令，显示邻居信息的操作命令如下：

```
[root@localhost 桌面]# ip neighbour show
```

操作过程如图 12.60 所示。

图 12.60　列出邻居

2）添加 / 删除 ARP

添加 / 删除 ARP 命令的语法格式如下：

```
ip neigh add [ip_address] dev [interface]
ip neigh del [ip_address] dev [interface]
```

例 12.49　添加 / 删除 ARP 信息。

```
[root@localhost 桌面]# ip neigh add 192.168.1.1 lladdr 00:50:56:c0:00:08 dev ens33
[root@localhost 桌面]# ip neigh del 192.168.1.1 lladdr 00:50:56:c0:00:08 dev ens33
```

操作过程如图 12.61 所示。

图 12.61　添加 / 删除 ARP

5. 网络命名空间管理

网络命名空间在逻辑上是网络堆栈的另一个副本，具有自己的路由、防火墙规则和网络设备。

1）显示当前命名网络命名空间的列表

例 12.50　显示 /var/run/netns 文件中的所有网络命名空间。

```
[root@localhost 桌面]# ip netns list
```

2）创建 / 删除一个新的网络命名空间

创建 / 删除新的网络命名空间的语法格式如下：

```
ip netns add NAME
ip netns del NAME
```

例 12.51　创建 / 删除一个新的网络命名空间 ns0。

```
[root@localhost 桌面]# ip netns add ns0
[root@localhost 桌面]# ip netns del ns0
```

操作过程如图 12.62 所示。

图 12.62 创建 / 删除网络命名空间

3）在网络命名空间运行命令

在网络命名空间运行命令的语法格式如下：

ip netns exec [NAME] cmd

【例】12.52 在 ns0 命名空间运行 ip link set lo up 命令。

[root@localhost 桌面]# ip netns exec ns0 ip link set lo up

操作过程如图 12.63 所示。

图 12.63 网络命名空间运行命令

4）在网络命令空间增加虚拟网卡

【例】12.53 在两个网络命名空间增加虚拟网卡，并实现互通。

例12.53
视频讲解

（1）创建两个网络命名空间。

创建两个网络命名空间
[root@localhost 桌面]# ip netns add ns0
[root@localhost 桌面]# ip netns add ns1

（2）创建虚拟网卡，并分别加入命名空间。

创建虚拟网卡（Virtual ethernet interface），分别命名为 veth0 和 veth1
[root@localhost 桌面]# ip link add veth0 type veth peer name veth1
将veth0加入ns0，veth1加入ns1
[root@localhost 桌面]# ip link set veth0 netns ns0
[root@localhost 桌面]# ip link set veth1 netns ns1

（3）给 veth0 和 veth1 分配 IP 并启用。

给veth0和veth1分配IP并启用
[root@localhost 桌面]# ip netns exec ns0 ip address add 192.168.10.10/24 dev veth0
[root@localhost 桌面]# ip netns exec ns0 ip link set veth0 up
[root@localhost 桌面]# ip netns exec ns1 ip address add 192.168.10.11/24 dev veth1
[root@localhost 桌面]# ip netns exec ns1 ip link set veth1 up
此时网络命名空间就可以实现互联，从ns0中ping ns1的IP地址
[root@localhost 桌面]# ip netns exec ns0 ping 192.168.10.11

（4）从 ns0 中 ping ns1 的 IP 地址。

```
# 此时网络命名空间就可以实现互联，从ns0中ping ns1的IP地址
[root@localhost 桌面]# ip netns exec ns0 ping 192.168.10.11
```

操作过程如图 12.64 所示。

图 12.64　网络命令空间增加虚拟网卡

5）多个网络命名空间，建立网桥（交换机）

例 12.54　多个网络命名空间，建立一个网桥（交换机），所有的网络命名空间都连接到网桥上，构建星形拓扑。

```
# 创建三个网络命名空间
[root@localhost 桌面]# ip netns add ns01
[root@localhost 桌面]# ip netns add ns02
[root@localhost 桌面]# ip netns add ns03
# 创建一个网桥并启用
[root@localhost 桌面]# ip link add br0 type bridge
[root@localhost 桌面]# ip link set br0 up
# 创建虚拟网卡
[root@localhost 桌面]# ip link add veth01 type veth peer name veth01br
[root@localhost 桌面]# ip link add veth02 type veth peer name veth02br
[root@localhost 桌面]# ip link add veth03 type veth peer name veth03br
# 将veth01、veth02和veth03分别加入ns01、ns02和ns03
[root@localhost 桌面]# ip link set veth01 netns ns01
[root@localhost 桌面]# ip link set veth02 netns ns02
[root@localhost 桌面]# ip link set veth03 netns ns03
# 分配IP并启用
[root@localhost 桌面]# ip netns exec ns01 ip address add 192.168.11.11/24 dev veth01
[root@localhost 桌面]# ip netns exec ns02 ip address add 192.168.11.12/24 dev veth02
[root@localhost 桌面]# ip netns exec ns03 ip address add 192.168.11.13/24 dev veth03
[root@localhost 桌面]# ip netns exec ns01 ip link set veth01 up
[root@localhost 桌面]# ip netns exec ns02 ip link set veth02 up
[root@localhost 桌面]# ip netns exec ns03 ip link set veth03 up
# 将veth01br、veth02br和veth03br插入网桥并启用
```

```
[root@localhost 桌面]# ip link set veth01br master br0
[root@localhost 桌面]# ip link set veth02br master br0
[root@localhost 桌面]# ip link set veth03br master br0
[root@localhost 桌面]# ip link set veth01br up
[root@localhost 桌面]# ip link set veth02br up
[root@localhost 桌面]# ip link set veth03br up
# 三个网络命名空间通过网桥实现互联，从ns01 ping ns02
[root@localhost 桌面]# ip netns exec ns01 ping 192.168.11.12
```

操作过程如图 12.65 所示。

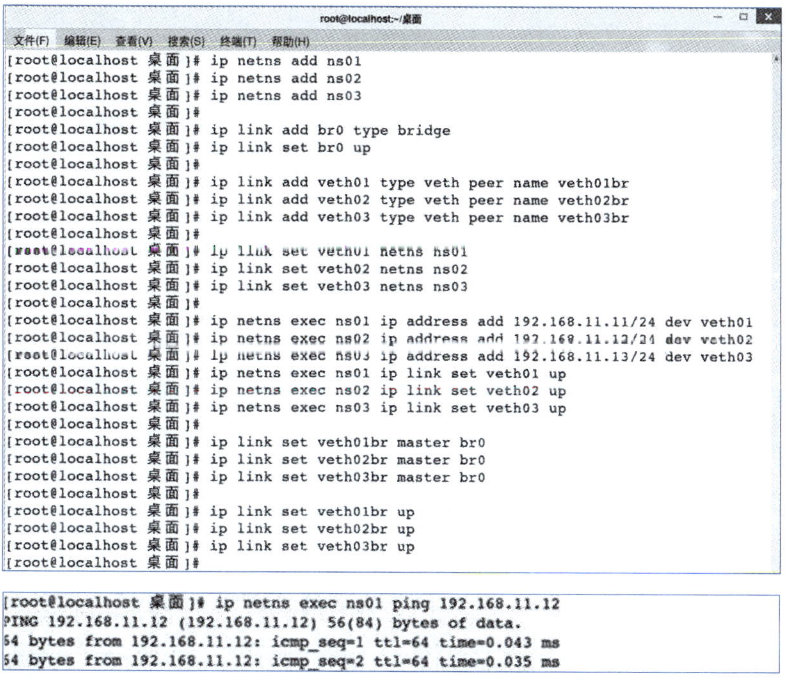

图 12.65　建立网桥

12.3.3　配置和显示网络接口

ifconfig 命令用来配置网络或显示当前网络接口状态。

语法格式如下：

```
ifconfig [选项] [interface] [up|down|netmask|addr|broadcast]
```

选项说明：

-a：显示所有网络接口信息。

-s：显示每个接口的摘要信息。

1. 查看 ifconfig 工具的版本

操作命令如下：

```
[root@localhost 桌面]# ifconfig -V
```

操作过程如图 12.66 所示。

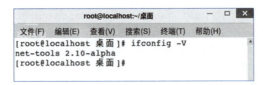

图 12.66　查看 ifconfig 版本

2. 显示网络接口信息

操作命令如下：

[root@localhost 桌面]# ifconfig
[root@localhost 桌面]# ifconfig ens33

操作过程如图 12.67 所示。

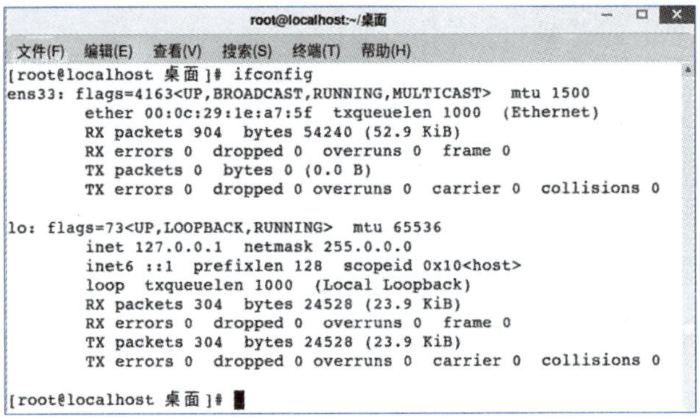

图 12.67　显示网络接口信息

3. 启动 / 关闭网卡

操作命令如下：

[root@localhost 桌面]# ifconfig ens33 up
[root@localhost 桌面]# ifconfig ens33 down

操作过程如图 12.68 所示。

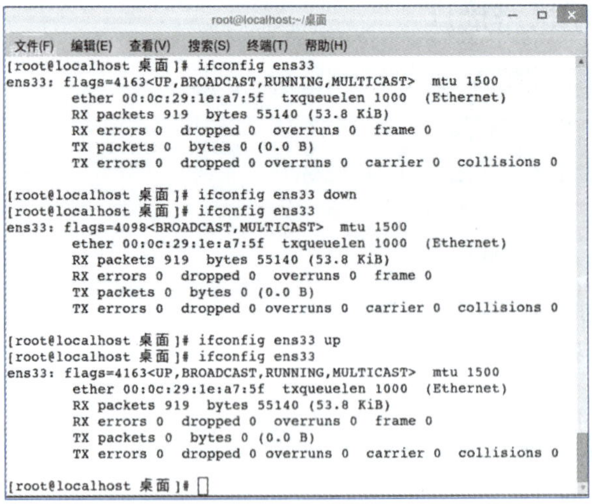

图 12.68　启动 / 关闭网卡

4. 设置最大传输单元

操作命令如下：

```
[root@localhost 桌面]# ifconfig ens33 mtu 1600
```

操作过程如图 12.69 所示。

```
root@localhost:~/桌面
文件(F) 编辑(E) 查看(V) 搜索(S) 终端(T) 帮助(H)
[root@localhost 桌面]# ifconfig ens33 mtu 1600
[root@localhost 桌面]# ifconfig ens33
ens33: flags=4163<UP,BROADCAST,RUNNING,MULTICAST>  mtu 1600
        ether 00:0c:29:1e:a7:5f  txqueuelen 1000  (Ethernet)
        RX packets 919  bytes 55140 (53.8 KiB)
        RX errors 0  dropped 0  overruns 0  frame 0
        TX packets 0  bytes 0 (0.0 B)
        TX errors 0  dropped 0 overruns 0  carrier 0  collisions 0

[root@localhost 桌面]#
```

图 12.69　设置最大传输单元

5. 配置 IP 地址

设置后，IP 地址立即生效，此设置是临时生效，重启服务器后，网卡恢复为原来的 IP 地址。

操作命令如下：

```
[root@localhost 桌面]# ifconfig ens33 192.168.1.200 netmask 255.255.255.0 broadcast
192.168.1.255
```

操作过程如图 12.70 所示。

```
root@localhost:~/桌面
文件(F) 编辑(E) 查看(V) 搜索(S) 终端(T) 帮助(H)
[root@localhost 桌面]# ifconfig ens33 192.168.1.200 netmask 255.255.255.0 broadcast 192.168.1.255
[root@localhost 桌面]# ifconfig ens33
ens33: flags=4163<UP,BROADCAST,RUNNING,MULTICAST>  mtu 1600
        inet 192.168.1.200  netmask 255.255.255.0  broadcast 192.168.1.255
        ether 00:0c:29:1e:a7:5f  txqueuelen 1000  (Ethernet)
        RX packets 932  bytes 55920 (54.6 KiB)
        RX errors 0  dropped 0  overruns 0  frame 0
        TX packets 0  bytes 0 (0.0 B)
        TX errors 0  dropped 0 overruns 0  carrier 0  collisions 0

[root@localhost 桌面]#
```

图 12.70　配置 IP 地址

12.3.4　检查网络状况

netstat 命令可以查看网络连接、路由表、接口统计信息等。

语法格式如下：

```
netstat [选项]
```

选项说明：

-a：显示所有网络连接和监听的所有端口。

-b：显示创建每个连接或者监听端口的相关可执行程序。

-c 秒数：持续列出网络状态，表示每隔几秒刷新显示一次。

-e：显示以太网统计数据，与 -s 组合使用。

-f：显示外部地址的 FQDN 名称（完全限定域名）。

-n：以网络 IP 地址的形式显示当前建立的有效连接和端口。

-o：显示每个连接相关的所属进程的 ID。

-q：显示所有的连接、监听端口及绑定非监听 TCP 端口。

-p：显示连接对应的 PID 与程序名。

-r：显示路由表信息。

-s：显示按协议的统计信息。

-v：显示当前的有效连接。

-t：显示所有 TCP 协议连接情况。

-i：显示自动配置接口的状态。

-l：显示状态为"listen"的服务的网络状态。

netstat 命令输出的各组成部分，见表 12.5。

表 12.5　netstat 命令输出的各组成部分说明

输 出 项	说　　明
Proto	连接协议类型
Recv-Q	网络接收队列
Send-Q	网路发送队列
Local Address	本地端的 IP 地址和端口
Foreign Address	远程主机 IP 地址和端口
State	链路状态： LISTEN：监听 TCP 端口的连接请求 SYN_SENT：发送连接请求后等待匹配的连接请求 SYN_RECV：已从网络收到连接请求 ESTABLISHED：已建立连接 FIN_WAIT1：等待远程连接中断请求 CLOSE_WAIT：等待从本地用户发来的连接中断请求 FIN_WAIT2：从远程等待连接中断请求 LAST_ACK：等待发向远程连接中断请求的确认 TIME_WAIT：等待远程 TCP 接收到连接中断请求的确认 CLOSING：等待远程 TCP 对连接中断的确认 CLOSED：连接结束，没有任何连接状态 UNKNOWN：未知的 Socket 状态
Destination	目标网络或者主机
Gateway	网关地址，如果没有设置，则为 *
Genmask	目标网络掩码，默认路由，则用 "0.0.0.0"
Flags	标志，其中 U（Up）：表示此路由当前为启动状态 H（Host）：表示此网关为主机 G（Gateway）：表示此网关为路由器 R（Reinstate Route）：使用动态路由重新初始化的路由 D（Dynamically）：此路由是动态性地写入 M（Modified）：此路由是由路由守护程序或导向器动态修改 !：表示此路由当前为关闭状态
Iface	数据包将要发送到那个接口（网卡）

1. 显示当前系统的路由信息

操作命令如下：

```
[root@localhost 桌面]# netstat -rn
```

操作过程如图 12.71 所示。

图 12.71　显示当前系统的路由信息

2. 显示有效的 TCP 连接

操作命令如下：

```
[root@localhost 桌面]# netstat -atn
```

操作过程如图 12.72 所示。

图 12.72　显示有效的 TCP 连接

3. 显示启动的网络连接和端口信息

操作命令如下：

```
[root@localhost 桌面]# netstat -tlnpu
```

操作过程如图 12.73 所示。

图 12.73　显示端口信息

4. 显示处于连接状态的资源信息

操作命令如下：

```
[root@localhost 桌面]# netstat -atnup
```

操作过程如图 12.74 所示。

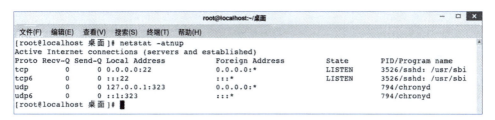

图 12.74　显示处于连接状态的资源信息

5. 显示 TCP 或 UDP 协议的连接

操作命令如下：

```
[root@localhost 桌面]# netstat -at
[root@localhost 桌面]# netstat -au
```

操作过程如图 12.75 所示。

```
[root@localhost 桌面]# netstat -at
Active Internet connections (servers and established)
Proto Recv-Q Send-Q Local Address           Foreign Address         State
tcp        0      0 0.0.0.0:ssh             0.0.0.0:*               LISTEN
tcp6       0      0 [::]:ssh                [::]:*                  LISTEN
[root@localhost 桌面]# netstat -au
Active Internet connections (servers and established)
Proto Recv-Q Send-Q Local Address           Foreign Address         State
udp        0      0 localhost:323           0.0.0.0:*
udp6       0      0 localhost:323           [::]:*
[root@localhost 桌面]#
```

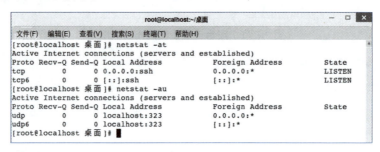

图 12.75　显示 TCP 或 UDP 协议的连接

6. 显示统计数据

操作命令如下：

```
[root@localhost 桌面]# netstat -s
```

操作过程如图 12.76 所示。

```
[root@localhost 桌面]# netstat -s
Ip:
    Forwarding: 2
    336 total packets received
    0 forwarded
    0 incoming packets discarded
    336 incoming packets delivered
    336 requests sent out
    84 outgoing packets dropped
    5 dropped because of missing route
Icmp:
    168 ICMP messages received
    0 input ICMP message failed
    ICMP input histogram:
        destination unreachable: 168
    168 ICMP messages sent
    0 ICMP messages failed
    ICMP output histogram:
        destination unreachable: 168
```

图 12.76　显示统计数据

7. 显示网络接口

操作命令如下：

```
[root@localhost 桌面]# netstat -i
```

操作过程如图 12.77 所示。

```
[root@localhost 桌面]# netstat -i
Kernel Interface table
Iface             MTU    RX-OK RX-ERR RX-DRP RX-OVR    TX-OK TX-ERR TX-DRP TX-OVR Flg
ens33            1600      975      0      0 0           0      0      0      0 BMRU
lo              65536      336      0      0 0         336      0      0      0 LRU
[root@localhost 桌面]#
```

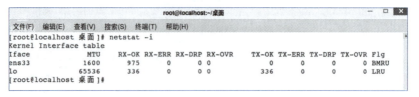

图 12.77　显示网络接口

8. 持续输出

操作命令如下：

[root@localhost 桌面]# netstat -ct

操作过程如图 12.78 所示。

图 12.78　持续输出

9. 显示 active 状态的连接

操作命令如下：

[root@localhost 桌面]# netstat -atnp|grep ESTABLISHED

操作过程如图 12.79 所示。

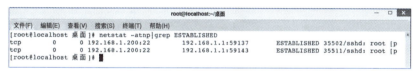

图 12.79　显示 active 状态的连接

12.3.5　网络测试

ping 命令是最常用的网络测试命令，通过向被测试的目的主机发送 ICMP 报文并收取回应报文，来测试当前主机到目的主机的网络连接状态。ping 命令默认会不间断地发送 ICMP 报文直到用户使用【Ctrl+C】组合键终止该命令，可以使用"-c"参数指定报文数量。语法格式如下：

ping -c 报文数 目的主机地址

操作命令如下：

[root@localhost 桌面]# ping -c 4 192.168.1.200

操作过程如图 12.80 所示。

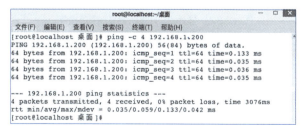

图 12.80　ping 命令网络测试

12.3.6 ss 命令

ss 是 socket statistics 的缩写。ss 命令用来显示处于活动状态的套接字信息。

语法格式如下：

```
ss [选项]
```

选项说明：

-a：显示所有套接字。

-l：显示处于监听状态的套接字。

-n：不解析服务名称，以数字形式显示。

-p：显示使用套接字的进程。

-t：只显示 TCP 协议的套接字。

-u：只显示 UDP 协议的套接字。

1. 显示所有套接字

操作命令如下：

```
[root@localhost 桌面]# ss -a
```

操作过程如图 12.81 所示。

图 12.81　显示所有套接字

2. 显示处于监听状态的套接字

操作命令如下：

```
[root@localhost 桌面]# ss -l
```

操作过程如图 12.82 所示。

图 12.82　显示处于监听状态的套接字

3. 不解析服务名称，以数字形式显示

操作命令如下：

```
[root@localhost 桌面]# ss -n
```

操作过程如图 12.83 所示。

图 12.83　不解析服务名称，以数字形式显示

4. 显示 TCP 协议的套接字

操作命令如下：

```
[root@localhost 桌面]# ss -t
```

操作过程如图 12.84 所示。

图 12.84　显示 TCP 协议的套接字

5. 显示 UDP 协议的套接字

操作命令如下：

```
[root@localhost 桌面]# ss -u
```

6. -antulp 参数输出

操作命令如下：

```
[root@localhost 桌面]# ss -antulp
```

操作过程如图 12.85 所示。

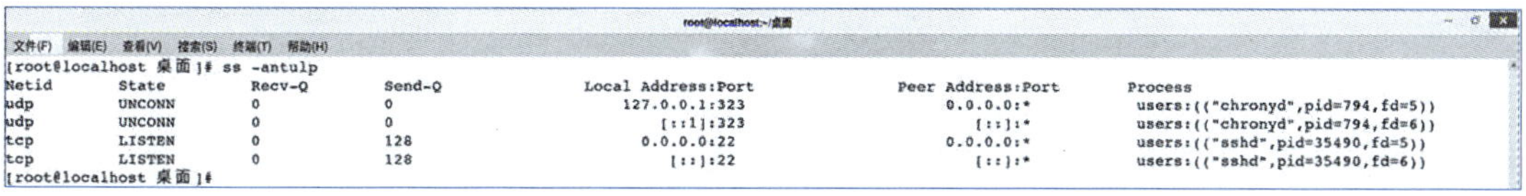

图 12.85　antulp 参数输出

12.3.7　route 命令

route 命令用于显示和操作 IP 路由表。route 命令主要作用是创建一个静态路由，让指定一个主机或者一个网络通过一个网络接口 route 命令添加的路由，不会永久保存，当网卡重启或者机器重启后，该路由将失效。

语法格式如下：

```
route [-f] [-p] [Command [Destination] [mask Netmask] [Gateway] [metric Metric]]
[if Interface]]
```

选项说明：

-c：显示更多信息。

-n：不解析名字。

-v：显示详细的处理信息。

-F：显示发送信息。

-C：显示路由缓存。

-f：清除所有网关入口的路由表。

-p：与 add 命令一起使用时使路由具有永久性。

route 命令输出的各组成部分，见表 12.6。

表 12.6　route 命令输出的各组成部分说明

输 出 项	说　　明
Destination	目标网段或者主机
Gateway	网关地址，"*"表示目标是本主机所属的网络，不需要路由
Genmask	网络掩码
Flags	标记，标记说明如下： U：路由是活动的 H：目标是一个主机 G：路由指向网关 R：恢复动态路由产生的表项 D：由路由的后台程序动态地安装 M：由路由的后台程序修改 !：拒绝路由
Metric	路由距离，到达指定网络所需的中转数
Ref	路由项引用次数
Use	此路由项被路由软件查找的次数
Iface	该路由表项对应的输出接口

1. 添加到主机的路由

主机路由是路由选择表中指向单个 IP 地址或主机名的路由记录，主机路由的 Flags 字段为 H。

操作命令如下：

```
[root@localhost 桌面]# route add -host 192.168.1.1 dev ens33
[root@localhost 桌面]# route add -host 192.168.1.2 gw 192.168.1.1
```

操作过程如图 12.86 所示。

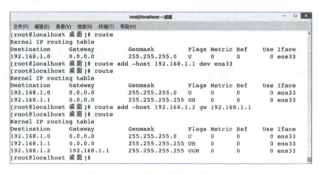

图 12.86　添加到主机的路由

2. 添加到网络的路由

网络路由是代表主机可以到达的网络，网络路由的 Flags 字段为 N。

操作命令如下：

```
[root@localhost 桌面]# route add -net 10.0.0.0 netmask 255.0.0.0 ens33
[root@localhost 桌面]# route add -net 10.10.0.0 netmask 255.0.0.0 gw 10.0.0.1
[root@localhost 桌面]# route add -net 192.168.1.0/24 ens33
```

操作过程如图 12.87 所示。

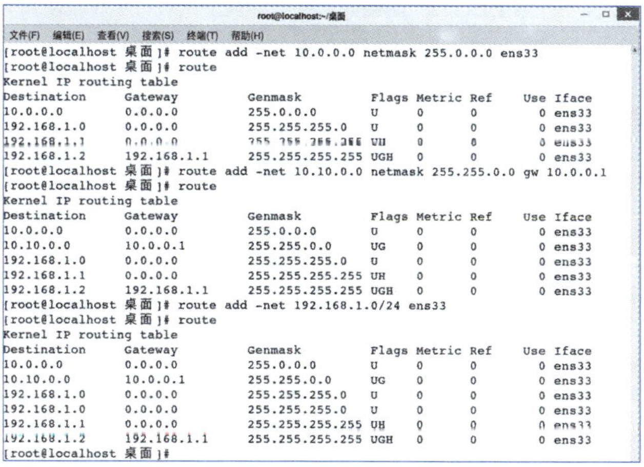

图 12.87　添加到网络的路由

3. 添加默认路由

默认路由是当主机不能在路由表中查找到目标主机的 IP 地址或网络路由时，数据包就被发送到默认路由（默认网关）上，默认路由的 Flags 字段为 G。

操作命令如下：

```
[root@localhost 桌面]# route add default gw 192.168.1.1
```

操作过程如图 12.88 所示。

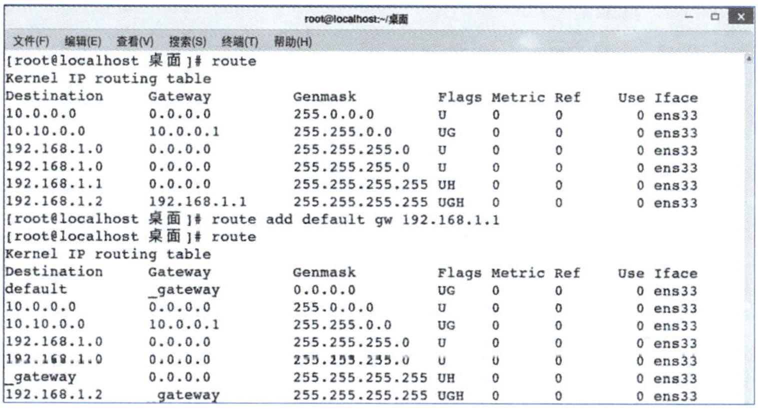

图 12.88　添加默认路由

4. 删除路由

为了防止路由表过大导致网络通信变慢，可以将无用的路由进行删除。可以使用 route del 命令删除路由。

操作命令如下：

```
[root@localhost 桌面]# route del -host 192.168.1.1 dev ens33
```

操作过程如图 12.89 所示。

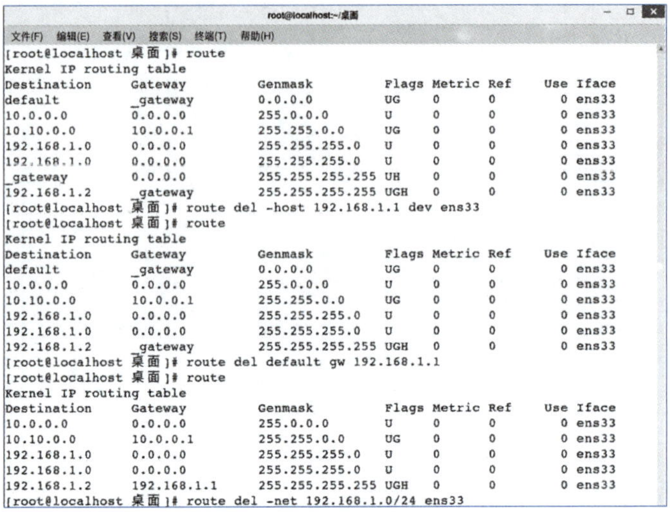

图 12.89 删除路由

删除目标地址为 192.168.1.2 的路由信息,操作命令如下:

`[root@localhost 桌面]# route del -host 192.168.1.2 gw 192.168.1.1`

操作过程如图 12.90 所示。

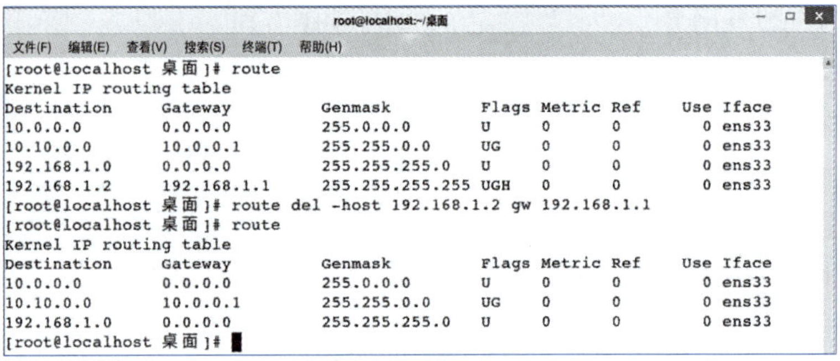

图 12.90 删除到主机的路由

删除目标地址为 10.0.0.0,子网掩码为 255.0.0.0 的路由信息,操作命令如下:

`[root@localhost 桌面]# route del -net 10.0.0.0 netmask 255.0.0.0 ens33`

操作过程如图 12.91 所示。

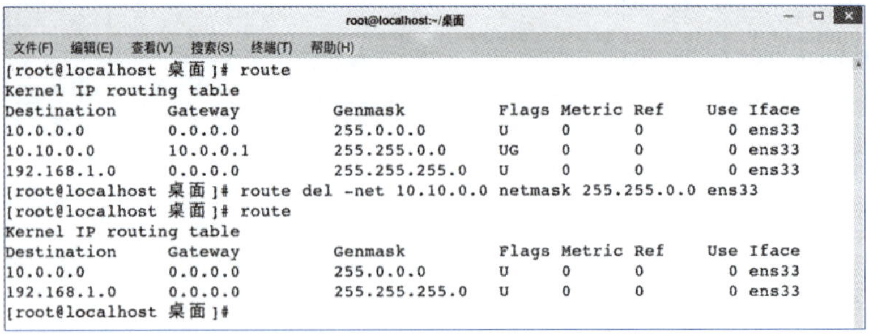

图 12.91 删除目标地址和子网掩码确定的路由

删除路由表的默认网关记录，操作命令如下：

```
[root@localhost 桌面]# route del -net 192.168.1.0/24 ens33
[root@localhost 桌面]# route del default gw 192.168.1.1
```

操作过程如图 12.92 所示。

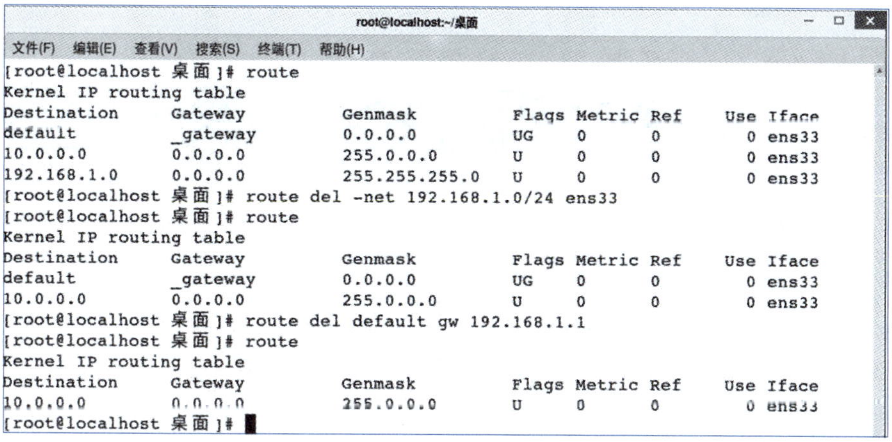

图 12.92　删除网关记录

本章实训

一、实训目的

（1）熟悉图形界面配置网络。
（2）熟练掌握 nmcli、ip 工具。
（3）熟练掌握利用配置文件配置网络。

二、实训环境

（1）操作系统：麒麟操作系统。
（2）硬件要求：至少 2 GB RAM，20 GB 硬盘空间，双核处理器。
（3）终端：用于执行命令行操作。
（4）文本编辑器：如 VIM 或 nano，用于查看或编辑配置文件。

三、实训内容

1. 使用图形界面配置网络

（1）配置网卡 IP 地址、子网掩码、网关和 DNS 地址。
（2）测试是否正常访问互联网。

2. 使用 nmcli 命令

（1）添加网卡，并创建新连接。
（2）利用 VMware 的"NAT 模式"或"仅主机模式"或"桥接模式"中的一种，实现两台麒麟操作系统虚拟主机相互连（ping）通。

3. 利用配置文件配置网络

（1）/etc/sysconfig/network-scripts/ifcfg-ens33 配置 IP 地址、子网掩码、网关等网络信息。

（2）/etc/resolv.conf 配置客户端 DNS。

（3）/etc/hosts 配置 IP 地址与主机名绑定。

（4）/etc/hostname 配置主机名。

习 题

一、选择题

1. 测试自己的主机和某一主机是否通信正常，使用（　　）命令。

A.telnet　　　　　　B.host　　　　　　C.ping　　　　　　D.ifconfig

2. 查看当前主机的路由表信息，以下命令中可以实现的是（　　）。

A.nslokup　　　　　B.Router　　　　　C.route　　　　　D.router

3. 启用网卡的命令是 nmcli connection（　　）。

A.down　　　　　　B.up　　　　　　　C.reload　　　　　D.load

4. 配置静态地址时，nmcli 命令中，type 后面应该跟（　　）。

A. 会话名　　　　　B. 网卡类型　　　　C. 网卡名　　　　D.IP 地址

二、简答题

1. 常用的网络配置文件有哪些？
2. 网络接口有哪几种？
3. 查看当前主机的名称使用哪些命令？

第 13 章 远程连接

Linux 是一个性能稳定的多用户网络操作系统，作为系统管理员，要管理不同建筑物、不同区域、不同城市的 Linux 服务器，通过登录服务器本地控制台的方式执行各种调试和管理，显然是不现实的。因此，利用网络远程连接麒麟操作系统进行远程管理和维护至关重要。远程连接包括字符界面的终端方式、基于 web 方式的远程管理和 VNC 远程桌面。

学习目标

- 了解远程连接方式及特点；
- 掌握 OpenSSH 的安装及启动；
- 掌握字符界面远程连接；
- 掌握 VNC 的启动和配置；
- 掌握通过 Cockpit 和 Webmin 实现远程系统管理。

13.1 远程连接管理简介

作为系统管理员，通过登录本地服务器的方式执行各种调试和管理不同地理位置的麒麟操作系统，显然是不现实的。因此，利用远程连接对服务器进行远程管理和维护至关重要。

远程管理是指由一台计算机通过网络远程控制另一台计算机，系统管理员在客户端即可操控远程服务器的软、硬件资源。远程管理就是将客户端计算机键盘和鼠标的指令通过网络传送给远端的计算机，同时，远端计算机的屏幕界面通过网络线路回传给客户端的计算机。对客户的操作，实质是在远程计算机中实现的。

远程管理计算机的方式主要有三种方式：通过字符界面实现远程连接管理、通过 B/S 方式实现远程系统管理、通过 C/S 方式实现远程桌面连接管理。

13.2 通过字符界面实现远程连接管理

字符界面实现远程连接管理主要有 Telnet 和 SSH 两种方式，Telnet 是最早被使用的远程控制协议，Telnet 以明文的形式传输数据，安全性不好。SSH 采用密文的形式在网络中传输数据，实现了更高的安全级别，是 Telnet 的安全替代。

13.2.1 OpenSSH 简介

1.SSH

SSH（secure Shell，安全外壳）协议是一种加密的网络传输协议，可以在不安全的网络中为网络服务提供安全的传输环境。SSH 建立在应用层基础上，进行远程控制或在计算机之间传输文件，专为远程登录和文件传输提供安全性协议。利用 SSH 协议可以有效防止远程管理过程中的信息泄露问题。SSH 协议目前存在 SSH1.X 和 SSH2.0 两个版本。SSH2.0 协议相比 SSH1.X 协议在结构上做了扩展，可以支持更多的认证方法和密钥交换方法，同时提高了服务能力。

SSH 使用客户端 – 服务端架构，通过在网络中创建安全隧道来实现 SSH 客户端与服务器之间的连接。在整个通信过程中，为建立安全的 SSH 通道，会经历如下几个阶段：

（1）连接建立：SSH 服务器在指定的端口侦听客户端的连接请求，在客户端向服务器发起连接请求后，双方建立一个 TCP 连接。

（2）版本协商：SSH 服务器和 SSH 客户端通过协商确定最终使用的 SSH 版本号。

（3）算法协商：SSH 支持多种加密算法，双方根据各自支持的算法，协商出最终用于产生会话密钥的密钥交换算法、用于数据信息加密的加密算法、用于进行数字签名和认证的公钥算法以及用于数据完整性保护的 HMAC 算法。

（4）密钥交换：服务器和客户端通过密钥交换算法，动态生成共享的会话密钥和会话 ID，建立加密通道。会话密钥主要用于后续数据传输的加密，会话 ID 用于认证过程中标识该 SSH 连接。

（5）用户认证：SSH 客户端向服务器端发起认证请求，服务器端对客户端进行认证。

（6）会话请求：认证通过后，SSH 客户端向服务器端发送会话请求，请求服务器提供某种类型的服务，即请求与服务器建立相应的会话。

（7）会话交互：SSH 服务器端和客户端在该会话上使用会话密钥进行数据信息的交互。

2. OpenSSH

OpenSSH 是 SSH 协议的免费开源实现，OpenSSH 提供了服务端后台程序和客户端工具，用来加密远程控制和文件传输过程中的数据。麒麟操作系统包含 OpenSSH 安装包、OpenSSH 服务端安装包和 OpenSSH 客户端安装包。

麒麟操作系统中的 OpenSSH 使用 SSH 2.0 版本，该版本具有增强的密钥交换算法，不易受到 SSH 1.X 版本中已知漏洞的攻击。为了确保连接的最佳安全性，建议使用只兼容 SSH 2.0 版本的服务端和客户端。

13.2.2 配置 OpenSSH

1. 安装 SSH 服务器

要运行 SSH 服务，首先要确定正确安装 openssh-server 软件包，OpenSSH 最新版本可以从官方网站 www.openssh.org 下载，然后编译安装。在麒麟操作系统中，OpenSSH 默认是集成安装的。可以通过如下命令查询 OpenSSH 的安装情况：

```
[root@localhost 桌面]# rpm -qa|grep openssh
```

操作过程如图 13.1 所示。

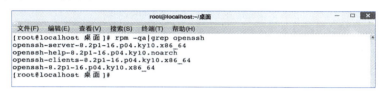

图 13.1 查询是否安装 OpenSSH 软件包

如果默认没有安装，可以使用 dnf install openssh-server 命令进行安装：

```
[root@localhost 桌面]# dnf install openssh-server -y
```

2. OpenSSH 配置文件

OpenSSH 安装后，系统范围的相关配置保存在 /etc/ssh/ 目录下，见表 13.1。

表 13.1 系统范围的配置文件

文 件	描 述
/etc/ssh/moduli	包含了 Diffie-Hellman 密钥交换需要使用的 Diffie-Hellman 组，Diffie-Hellman 密钥交换用于构建安全的传输层。当密钥在一个 SSH 会话的最初阶段被交换的时候，一个共享的密值被创建。这个密值随后被用来提供主机认证
/etc/ssh/ssh_config	默认的 SSH 客户端配置文件 注意：如果 ~/.ssh/config 存在，该文件的配置将被 ~/.ssh/config 覆盖
/etc/ssh/sshd_config	sshd 守护进程的配置文件
/etc/ssh/ssh_host_ecdsa_key	sshd 守护进程所使用的 ECDSA 私钥
/etc/ssh/ssh_host_ecdsa_key.pub	sshd 守护进程所使用的 ECDSA 公钥
/etc/ssh/ssh_host_ed25518_key	SSH 协议版本 1 的 sshd 守护进程所使用的 RSA 私钥
/etc/ssh/ssh_host_ed25518_key.pub	SSH 协议版本 1 的 sshd 守护进程所使用的 RSA 公钥
/etc/ssh/ssh_host_rsa_key	SSH 协议版本 2 的 sshd 守护进程所使用的 RSA 私钥
/etc/ssh/ssh_host_rsa_key.pub	SSH 协议版本 2 的 sshd 守护进程所使用的 RSA 公钥
/etc/pam.d/sshd	sshd 守护进程的 PAM 配置文件
/etc/sysconfig/sshd	sshd 服务的配置文件

特定用户的 SSH 配置信息保存在 ~/.ssh/ 目录下，"~"表示特定用户的家目录，特定用户的配置文件见表 13.2。

表 13.2　特定用户的配置文件

文　　件	描　　述
~/.ssh/authorized_keys	为服务端保留一个授权的公钥列表。当客户端连接到服务端时，服务端通过检查保存在该文件中的签名公钥认证客户端
~/.ssh/id_ecdsa	用户的 ECDSA 私钥
~/.ssh/id_ecdsa.pub	用户的 ECDSA 公钥
~/.ssh/id_rsa	SSH 协议版本 2 所使用的 RSA 私钥
~/.ssh/id_rsa.pub	SSH 协议版本 2 所使用的 RSA 公钥
~/.ssh/identity	SSH 协议版本 1 所使用的 RSA 私钥
~/.ssh/identity.pub	SSH 协议版本 1 所使用的 RSA 公钥
~/.ssh/known_hosts	包含用户访问的 SSH 服务端的主机密钥。该文件用于确保 SSH 客户端正在连接正确的 SSH 服务端

3. 启动 OpenSSH 服务端

安装 openssh-server 软件包后，首先需要在 OpenSSH 服务端启动 sshd 守护进程，然后才能从客户端连接到 OpenSSH 服务端。以 root 用户在 Shell 提示符输入以下命令，启动 sshd 守护进程。

```
systemctl start sshd.service
```

以 root 用户在 Shell 提示符输入以下命令，停止 sshd 守护进程。

```
systemctl stop sshd.service
```

以 root 用户在 Shell 提示符输入以下命令，重新启动 sshd 守护进程。

```
systemctl restart sshd.service
```

以 root 用户在 Shell 提示符输入以下命令，查看 sshd 守护进程状态。

```
systemctl status sshd.service
```

以 root 用户在 Shell 提示符输入以下命令，实现在系统启动时自动启动 sshd 守护进程。

```
systemctl enable sshd.service
```

以 root 用户在 Shell 提示符输入以下命令，实现在系统启动时禁止自动启动 sshd 守护进程。

```
systemctl disable sshd.service
```

sshd 是 OpenSSH 服务器端的守护进程。SSH 服务的默认端口是 22/TCP，使用 netstat -tnlp 命令查看全部被监听的 TCP 端口。

```
netstat -tnlp
```

13.2.3　使用 SSH 客户端程序

启动 sshd 守护进程后，在客户端主机和服务器端主机网络互通的前提下，可以通过远程连接到服务器主机。

1. 使用 SSH 命令远程连接

1）查看 OpenSSL 版本

操作命令如下：

```
[root@localhost 桌面]# openssl version
```

操作过程如图 13.2 所示。

第 13 章 远程连接

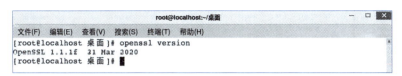

图 13.2　查看 OpenSSL 版本

2）查看 SSH 版本

操作命令如下：

```
[root@localhost 桌面]# ssh -V
```

操作过程如图 13.3 所示。

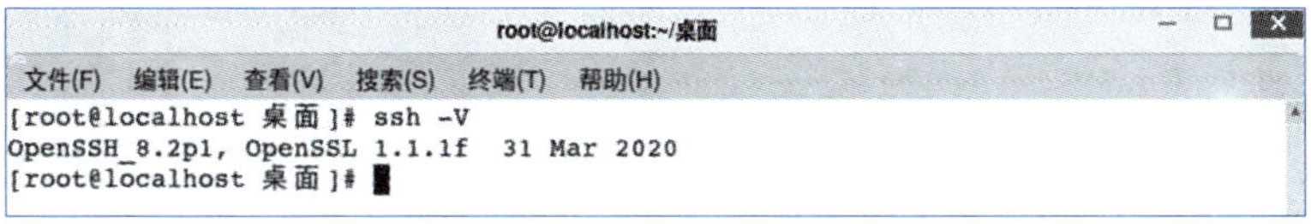

图 13.3　查看 SSH 版本

3）使用 ssh 命令远程连接

使用 ssh 命令在远程主机上登录本地主机。命令格式如下：

```
ssh [选项] [用户@]主机名或IP地址
ssh [-l login_name] [-p port_number] [-i identity_file] remote_host
```

选项说明：

remote_host：要连接的远程主机地址。

-l：指定登录用户名，如果不指定，将使用本地登录用户名。

-p：指定远程 SSH 服务器监听的端口号，默认为 22。

-i：指定身份验证文件（公钥），用于身份验证。

例 13.1　使用 ssh 命令，以 user01 用户连接到 192.168.1.1 主机。

操作命令如下：

```
[root@localhost 桌面]# ssh user01@192.168.1.10
```

操作过程如图 13.4 所示。

图 13.4　使用 ssh 命令，以 user01 用户连接到远程主机

例 13.2 以 root 用户连接到 192.168.1.1 主机。

操作命令如下：

```
[root@localhost 桌面]# ssh root@192.168.1.10
```

操作过程如图 13.5 所示。

```
root@localhost:~
文件(F) 编辑(E) 查看(V) 搜索(S) 终端(T) 帮助(H)
[root@localhost 桌面]# ssh root@192.168.1.10

Authorized users only. All activities may be monitored and reported.
root@192.168.1.10's password:

Authorized users only. All activities may be monitored and reported.
Activate the web console with: systemctl enable --now cockpit.socket

Last login: Sat Sep 30 11:36:24 2023
[root@localhost ~]# whoami
root
[root@localhost ~]#
```

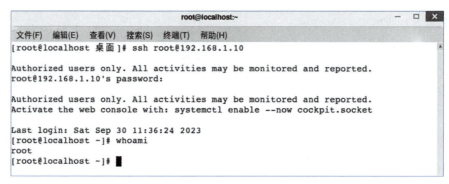

图 13.5 使用 ssh 命令以 root 用户连接到远程主机

4）禁用 root 用户登录

为防止攻击者入侵系统，要求禁用 root 用户使用 SSH 服务登录系统。要禁用 root 用户，需要修改 /etc/ssh/sshd_config 配置文件，将“PermitRootLogin yes”改为“PermitRootLogin no”，PermitRootLogin 将阻止 root 用户使用 SSH 登录，然后重启 sshd 服务。

微视频

例13.3 视频讲解

例 13.3 禁用 root 用户登录。

操作命令如下：

```
[root@localhost 桌面]# vim /etc/ssh/sshd_config
[root@localhost 桌面]# systemctl restart sshd
```

操作过程如图 13.6 所示。

```
root@localhost:~/桌面
文件(F) 编辑(E) 查看(V) 搜索(S) 终端(T) 帮助(H)
[root@localhost 桌面]# cat /etc/ssh/sshd_config |grep "PermitRootLogin yes"
PermitRootLogin yes
[root@localhost 桌面]# vim /etc/ssh/sshd_config
[root@localhost 桌面]# cat /etc/ssh/sshd_config |grep "PermitRootLogin no"
PermitRootLogin no
[root@localhost 桌面]# systemctl restart sshd
[root@localhost 桌面]# ssh root@192.168.1.10

Authorized users only. All activities may be monitored and reported.
root@192.168.1.10's password:
Permission denied, please try again.
root@192.168.1.10's password:
```

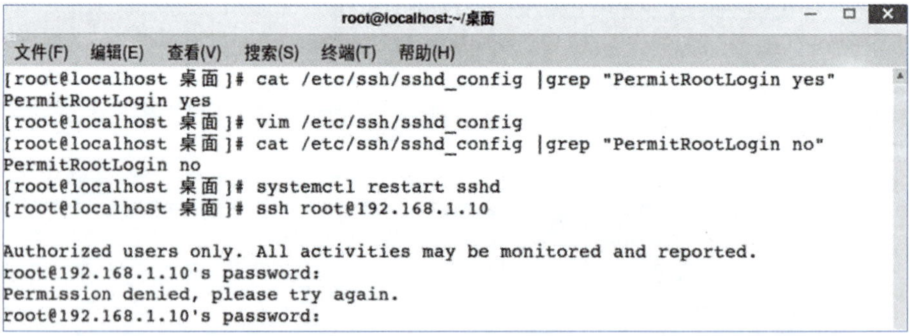

图 13.6 禁用 root 用户登录

5）更改默认端口

SSH 默认端口是 22，要更改默认端口，需要修改 /etc/ssh/sshd_config 配置文件，将“Port 22”改为“Port 2209”，然后重启 sshd 服务，此时端口为 2209。运行 netstat -tlpn 命令查看 SSH 端口号。

例 13.4 更改默认端口。

操作命令如下：

```
[root@localhost 桌面]# vim /etc/ssh/sshd_config
[root@localhost 桌面]# systemctl restart sshd
```

操作过程如图 13.7 所示。

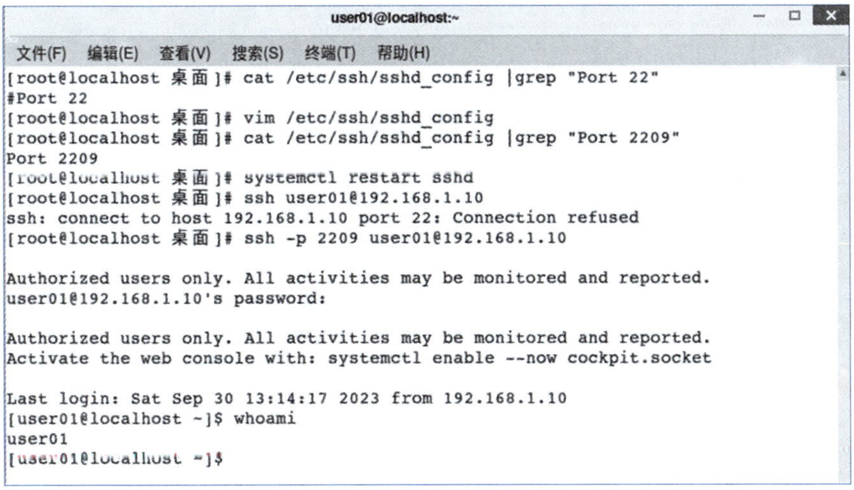

图 13.7　更改默认端口

6）限制登录访问尝试次数

为防止尝试通过多次输入密码远程登录，需要指定允许的密码尝试次数，当尝试一定次数后自动终止 ssh 连接。要更改密码尝试次数，需要修改 /etc/ssh/sshd_config 配置文件，将 "MaxAuthTries" 的值设置为需要尝试的次数。然后重启 sshd 服务。

例 13.5　限制登录访问尝试次数。

操作命令如下：

```
[root@localhost 桌面]# vim /etc/ssh/sshd_config
[root@localhost 桌面]# systemctl restart sshd
```

操作过程如图 13.8 所示。

图 13.8　限制登录访问尝试次数

7）仅允许指定用户远程登录（白名单）

例 13.6　允许指定用户远程登录。

例13.6
视频讲解

操作命令如下：

[root@localhost 桌面]# vim /etc/ssh/sshd_config
增加AllowUsers参数选项
[root@localhost 桌面]# systemctl restart sshd

操作过程如图 13.9 所示。

图 13.9　允许指定用户远程登录

8）拒绝指定用户进行登录（黑名单）

例 13.7　拒绝指定用户进行登录。

操作命令如下：

[root@localhost 桌面]# vim /etc/ssh/sshd_config
增加DenyUsers参数选项
[root@localhost 桌面]# systemctl restart sshd

操作过程如图 13.10 所示。

图 13.10　拒绝指定用户进行登录

9）设置登录提示信息

在 /etc/ssh 目录下，创建 bannertest 文件，文件内容 "hello,Welcome to login to my virtual host!"，编辑 /etc/ssh/sshd_config 文件，将 "Banner" 选项值更改为 /etc/ssh/bannertest，然后重启 sshd 服务。

例 13.8 设置登录提示信息。

操作命令如下：

```
[root@localhost 桌面]# vim /etc/ssh/sshd_config
[root@localhost 桌面]# systemctl restart sshd
```

操作过程如图 13.11 所示。

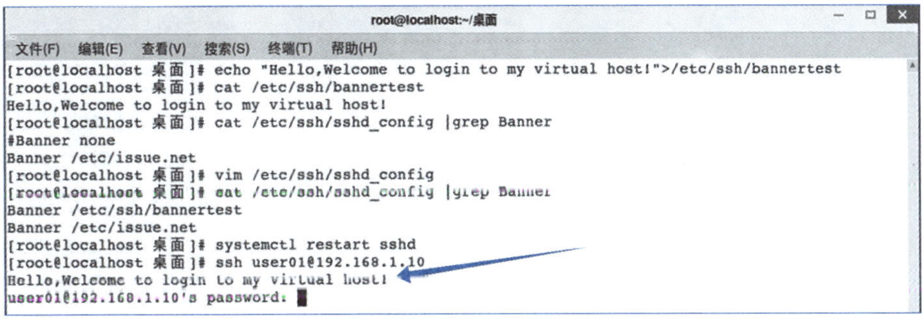

图 13.11 设置登录提示信息

2. 使用基于 SSH 协议的客户端工具远程连接

基于 SSH 协议的客户端工具有很多，常用的有 putty、Xshell、SecureCRT、MobaXterm 等。MobaXterm 是一款全能型终端神器。MobaXterm 功能十分强大，支持 SSH、FTP、串口、VNC、X server 等功能，连接 SSH 终端后支持 SFTP 传输文件，且有丰富的插件，可以进一步增强功能。

下面以 MobaXterm 工具为例，连接远程主机，打开 MobaXterm 后，在工具栏选择 Session 图标，如图 13.12 所示。

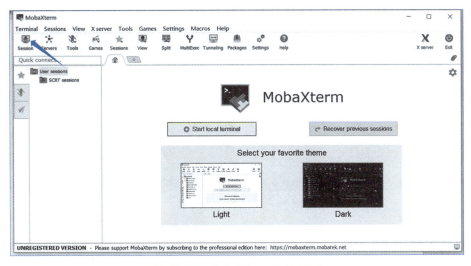

图 13.12 MobaXterm 工作界面

在 Session settings 对话框的工具栏中选择 SSH 图标，如图 13.13 所示，Remote host 文本框中输入远程主机的 IP 地址。

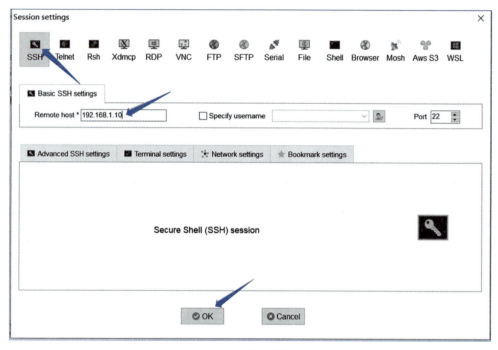

图 13.13　SSH 设置界面

在 login as 后输入用户名，然后输入远程登录的用户密码，如图 13.14 所示，验证成功后，远程连接成功，如图 13.15 所示。

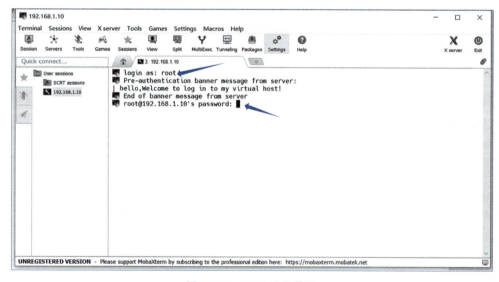

图 13.14　SSH 登录界面

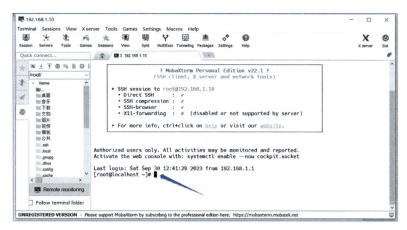

图 13.15　SSH 远程登录

3. 文件传输

基于 SSH 协议的文件传输工具有很多，如 scp、sftp 命令，sftp 需要安装 openssh-clients 软件包。scp 是非交互式的命令行工具，sftp 是交互式的命令行工具。

1）scp

语法格式如下：

scp [-P 端口] [-r] <[[用户名@ssh服务器]:]源文件> <[[用户名@ssh服务器]:]目的文件>

例 13.9　将本地文件 file.txt 上传到 192.168.1.10 主机的 /tmp 目录。

操作命令如下：

[root@localhost 桌面]# scp file.txt 192.168.1.10:/tmp

操作过程如图 13.16 所示。

图 13.16　scp 上传文件

例 13.10　将 192.168.1.10 主机中 /tmp 目录下的 file.txt 文件下载到本地 /root 目录下。

操作命令如下：

[root@localhost 桌面]# scp 192.168.1.10:/tmp/file.txt /root

操作过程如图 13.17 所示。

图 13.17　scp 下载文件

2) SFTP

SFTP（secure file transfer protocol，安全文件传输协议）提供文件存取和管理的网络传输协议，基于 SSH 协议。与 FTP 协议相比，SFTP 在客户端与服务器之间提供了更为安全的文件传输方式。

语法格式如下：

```
sftp 选项 [-P 端口] 用户@主机
```

sftp 命令见表 13.3。

表 13.3　sftp 命令

命令	说明
bye	退出 sftp
cd path	改变远端主机的目录到"path"
df [-hi] [path]	显示文件的统计信息
exit	退出 sftp
get [-afpR] remote [local]	下载文件
lcd path	将本地目录更改为"路径"
lls [ls-options [path]]	显示本地目录的列表
lmkdir path	创建本地目录
lpwd	显示本地工作目录
ls [-1afhlnrSt] [path]	显示远程目录列表
mkdir path	创建远程目录
put [-afpR] local [remote]	上传文件
pwd	显示远端主机的工作目录
quit	退出 sftp
rename oldpath newpath	重命名远程文件
rm path	删除远程文件
rmdir path	删除远程目录
version	显示 SFTP 版本
!command	在本地 Shell 中执行命令

例 13.11　使用 root 用户与 192.168.1.10 主机建立文件传输会话。

操作命令如下：

```
[root@localhost 桌面]# sftp root@192.168.1.10
```

操作过程如图 13.18 所示。

图 13.18　sftp 传输文件

3）WinSCP

WinSCP 是一个 Windows 环境下使用 SSH 的开源图形化 SFTP 客户端。同时支持 SCP 协议。WinSCP 主要功能是在本地与远程计算机间安全的复制文件。WinSCP 工作界面如图 13.19 所示。

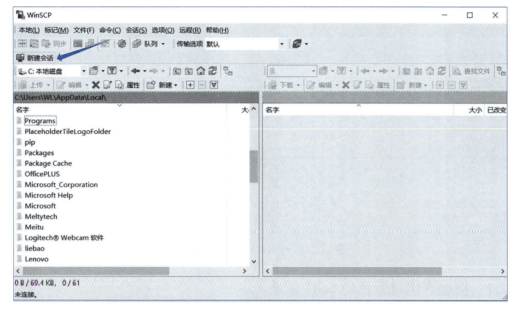

图 13.19　WinSCP 工作界面

选择"新建会话"，在"登录"对话框中，文件协议选择"SFTP"，在主机名文框中输入远程主机的 IP 地址，端口号默认 22，正确输入用户名和密码后，单击"登录"按钮，如图 13.20 所示。

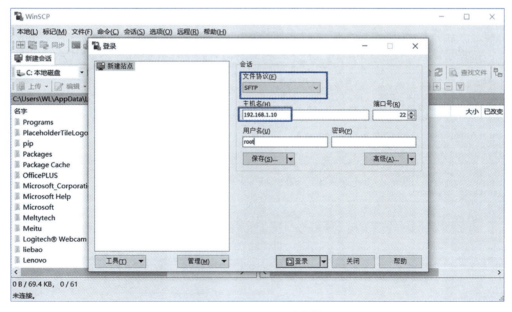

图 13.20　WinSCP 登录界面

登录后，左边窗口是本地主机的窗口，右边窗口是远程主机的窗口。可以通过按住【Ctrl】键的同时，用鼠标选择多个文件进行下载或上传，如图 13.21 所示。

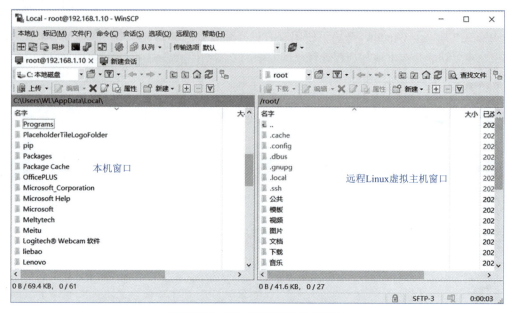

图 13.21　WinSCP 登录成功界面

13.2.4　构建密钥对验证的 SSH 体系

微视频

例13.12
视频讲解

SSH 还支持使用密钥对进行登录，这种登录方式比密码更加安全。使用 SSH 密钥时，无须密码，即可访问服务器。创建 SSH 密钥时，有 Public 密钥和 Private 密钥，即公钥和私钥。公钥上传到要连接的服务器，私钥则存储在将用来建立连接的计算机上。

例 13.12　使用密钥对验证 SSH 体系。

1. 生成密钥对

在客户端 192.168.1.10 主机，使用 ssh-keygen 命令生成密钥对，即公钥和私钥。按提示输入要保存密钥对的文件名、密码等信息，操作过程如图 13.22 所示。

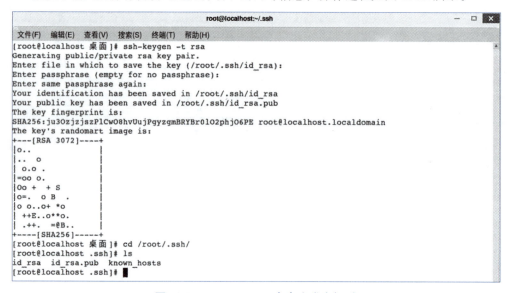

图 13.22　ssh-keygen 命令生成密钥对

2. 客户端存放私钥

将私钥存放在客户端的 $HOME/.ssh 目录下，即登录用户家目录的 .ssh 目录下，并将权限修改为仅有该用户可读。

3. 远程主机存放公钥

将公钥上传到远程主机 192.168.1.11 的 $HOME/.ssh 目录下，公钥文件为 authorized_keys。即上传到远程主机的 ~/.ssh/authorized_keys。将公钥上传到远程主机的操作命令如下：

[root@localhost 桌面]# ssh-copy-id root@192.168.1.11

操作过程如图 13.23 所示。

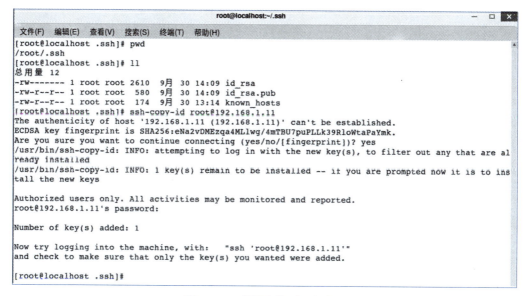

图 13.23　公钥上传到远程主机

4. 登录远程主机

在客户端 192.168.1.10 的主机，使用 ssh 命令登录远程主机 192.168.1.11。

操作命令如下：

[root@localhost 桌面]# ssh root@192.168.1.11

操作过程如图 13.24 所示。

图 13.24　登录远程主机

13.3 通过 B/S 方式实现远程连接

● 微视频
Cockpit 远程管理

13.3.1 Cockpit 远程管理

1. Cockpit 简介

Cockpit 是一个 Web 控制台，通过连接到远程服务器上执行管理任务。Cockpit Web 控制台可以执行多种管理任务，包括管理服务、管理用户账号、管理和监视系统服务、配置网络接口和防火墙、查看系统日志、管理虚拟机等。

Cockpit Web 控制台使用与终端相同的系统 API，并且在终端中执行的任务会迅速在 Web 控制台中显示。

2. 启动和查看 Cockpit 服务

使用 systemct 命令启动和查看 Cockpit 服务，操作命令如下：

```
[root@localhost 桌面]# systemctl enable --now cockpit.socket
[root@localhost 桌面]# systemctl status cockpit.socket
```

操作过程如图 13.25 所示。

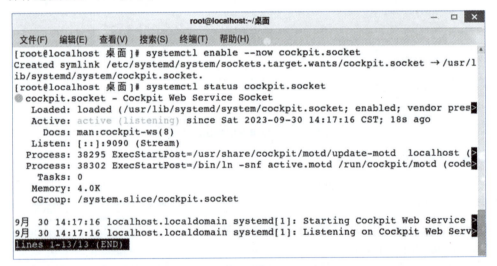

图 13.25 启动和查看 Cockpit 服务

3. Cockpit Web 控制台

Cockpit 使用 9090 端口，使用 SSL 加密访问，通过 URL 打开 Cockpit 网络控制台。操作命令如下：

```
本地：使用localhost
https://localhost:9090
远程：使用服务器的主机名或者 IP 地址
https://192.168.17.205:9090
```

登录时浏览器会提示连接不安全，如图 13.26 所示。

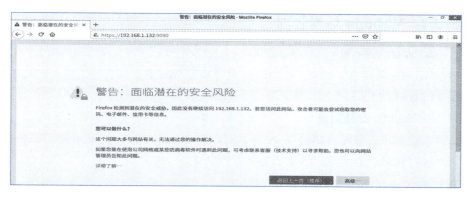

图 13.26　浏览器登录

4. 登录

在 Web 控制台的登录界面，输入系统用户名（root）和密码进行登录，如图 13.27 和图 13.28 所示。

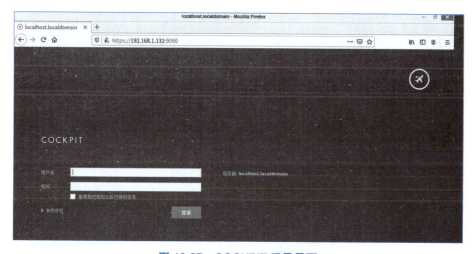

图 13.27　COCKPIT 登录界面

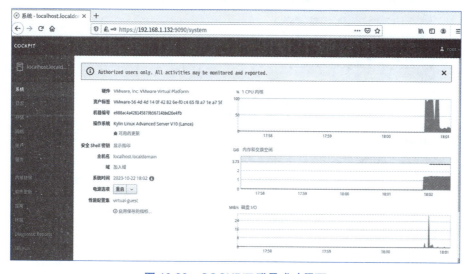

图 13.28　COCKPIT 登录成功界面

13.3.2 Webmin 远程管理

1. Webmin 简介

Webmin 采用 B/S 模式，是功能强大的基于 Web 的系统管理工具，能够在远程使用支持 HTTPS 协议的 Web 浏览器，通过 Web 界面管理远程主机。

2. Webmin 安装配置

麒麟操作系统没有集成 Webmin，可以在 https://webmin.com 下载。Webmin 现有 rpm 包、tar.gz 包和 zip 包。下面以 zip 包为例进行安装。

1）解压 webmin-2.101.zip

```
[root@localhost 桌面]# unzip webmin-2.101.zip
```

2）执行 setup.sh 脚本

安装过程中会询问，Webmin 安装目录 /etc/webmin、Log 目录 /var/webmin、Perl 解释器路径 /usr/bin/perl、系统的监听端口，默认是 10000、卸载 Webmin 的文件 /etc/webmin/uninstall.sh，按默认提示"回车"即可。还会提示设置登录的管理员用户名和密码。

安装脚本还会把 Webmin 安装成系统的守护进程，询问在开启系统时，是否自动启动"Start Webmin at boot time(y/n)"。

操作命令如下：

```
[root@localhost 桌面]# cd webmin
[root@localhost 桌面]# ./setup.sh
```

操作过程如图 13.29 所示。

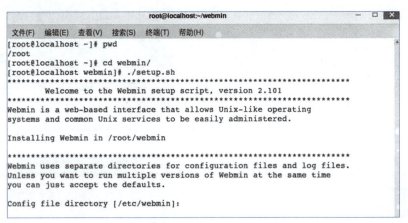

图 13.29 执行 setup.sh 脚本

3）登录 Webmin

安装完后，运行 Webmin，需要启动服务器端的 Apache 服务支持，在客户端浏览器中输入"http:// 服务器 IP 地址: 10000"，其中 10000 是默认的访问端口号。如图 13.30 所示，打开浏览器，在地址栏中输入 http://localhost.localdomain:10000。

4）更改中文环境

单击页面左上角的 Webmin，选择 Change Language and Theme，在右侧窗口中，更改语言为"中文（简体）"，如图 13.31 所示。

图 13.30 Webmin 登录界面

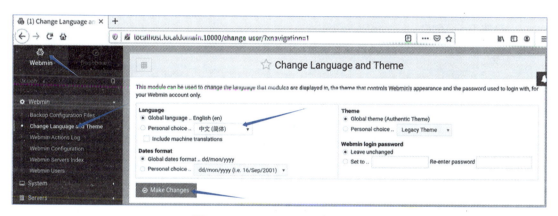

图 13.31 Webmin 更改中文环境

13.4 通过 C/S 方式实现远程连接

13.4.1 TigerVNC 简介

TigerVNC（tiger virtual network computing）是 VNC 远程访问的实现，是一个开源的、高性能的、与平台无关的远程工具。TigerVNC 基于 Virtual Network Computing (VNC) 协议，是一个图形化桌面共享系统，允许用户在不同的系统之间分享图形界面，远程控制其他计算机，支持 Linux、Windows 和 MacOS 等各种平台。

TigerVNC 采用服务端 – 客户端架构，主要由 vncserv、vncviewer 和 vncpasswd 程序组成。vncserv 是 VNC 服务器程序，用来启动 VNC 桌面，将操作系统的桌面共享给远程客户端。vncviewer 是 VNC 客户端程序，可以连接至 VNC 服务器，访问共享的桌面。vncpasswd 是 VNC 密码管理程序，可以设置 VNC 服务器的访问密码。

麒麟操作系统中的 TigerVNC 使用 systemd 守护进程。/etc/sysconfig/ 目录下的 vncserver 配置文件替换为 vncserver@.service。

13.4.2 TigerVNC 安装

1. 查看 TigerVNC

`[root@localhost 桌面]# rpm -qa |grep vnc`

操作过程如图 13.32 所示。

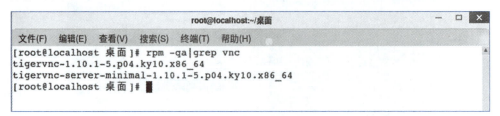

图 13.32　使用 rpm 命令查看 TigerVNC

系统自带 TigerVNC 服务器端为简易版。

2. 安装 TigerVNC

通过 yum 方式安装 TigerVNC，操作命令如下：

`[root@localhost 桌面]# yum install tigervnc-server`

操作过程如图 13.33 所示。

图 13.33　使用 yum 安装 TigerVNC

13.4.3 启动查看与关闭 TigerVNC 服务

1. 启动 TigerVNC

第一次启动 TigerVNC，需要设置登录密码。以后启动就可以沿用第一次启动 TigerVNC 时的设置。启动 TigerVNC，可以在终端使用 vncserver 命令创建初始化设置，并且设置密码，操作命令如下：

`[root@localhost 桌面]# vncserver`

操作过程如图 13.34 所示。

图 13.34 中的 localhost.localdomain:1，其中 localhost.localdomain 表示主机，1 表示会话的编号。再次执行 vncserver 命令，会话编号为 2。不同的用户可以用不同的会话编号同时登录同一个 VNC 服务器。VNC 支持多用户方式的远程桌面。

图 13.34 vncserver-kill 命令启动 TigerVNC

2. 查看端口开启情况

操作命令如下：

[root@localhost 桌面]# vncserver -list

操作过程如图 13.35 所示。

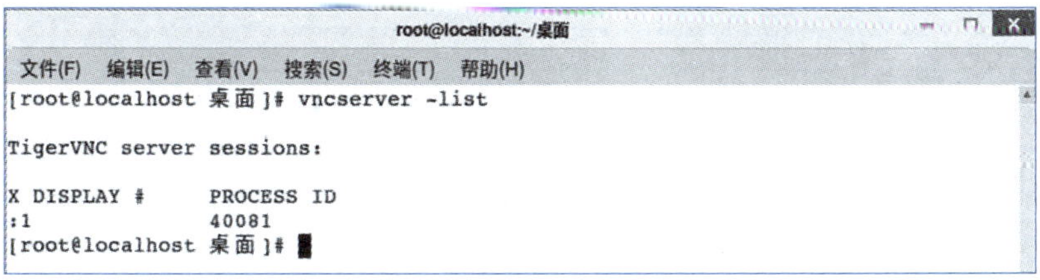

图 13.35 查看端口开启情况

3. 关闭 TigerVNC

不需要 VNC 时，建议关闭 VNC。使用"vncserver -kill : 编号"命令关闭 VNC，其中，kill 后有空格，1 表示会话编号。

关闭 TigerVNC 的操作命令如下：

[root@localhost 桌面]# vncserver -kill :1

操作过程如图 13.36 所示。

图 13.36 使用 vncserver-kill 命令关闭 TigerNVC

13.4.4 配置 TigerVNC

1. 设置开机自动开启服务

1）设置 VNC 密码

操作命令如下：

[root@localhost 桌面]# vncpasswd

操作过程如图 13.37 所示。

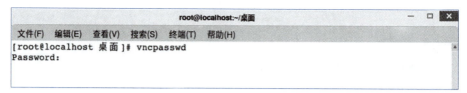

图 13.37 使用 vncpasswd 命令设置 VNC 密码

2）复制配置文件

操作命令如下：

```
[root@localhost 桌面]# cp /lib/systemd/system/vncserver@.service /etc/systemd/system/vncserver@:1.service
```

操作过程如图 13.38 所示。

图 13.38 使用 cp 命令复制文件

3）修改配置文件

操作命令如下：

```
[root@localhost 桌面]# vim /etc/systemd/system/vncserver@:1.service
```

修改 WorkingDirectory 为 /root 目录，User 为 root 用户，Group 为 root 组，PIDFile 为 /root/.vnc/%H%i.pid。

操作过程如图 13.39 所示。

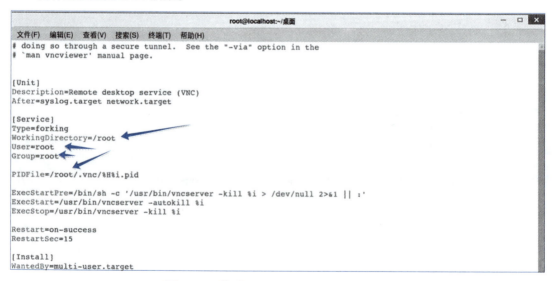

图 13.39 修改 vncserver@:1.service 文件

4）加载配置文件

操作命令如下：

```
[root@localhost 桌面]# systemctl daemon-reload
```
操作过程如图 13.40 所示。

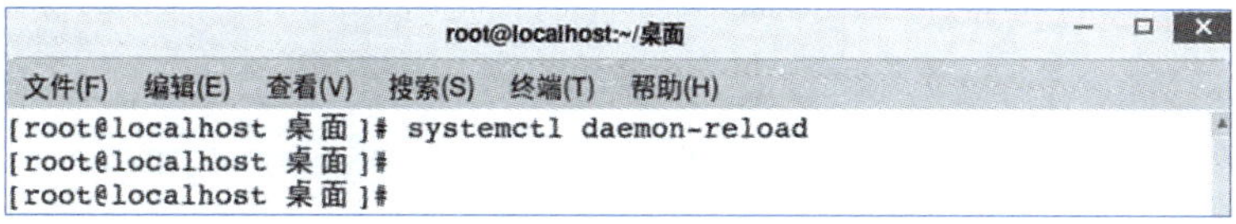

图 13.40　重新加载配置文件

5）启动 VNC 服务

操作命令如下：

```
[root@localhost 桌面]# systemctl start vncserver@:1.service
```
操作过程如图 13.41 所示。

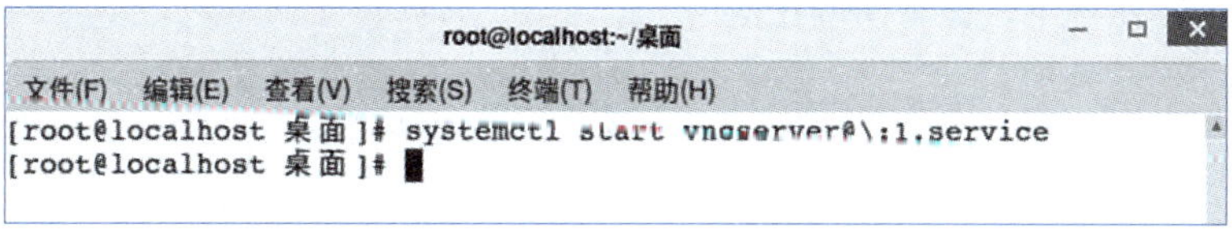

图 13.41　启动 VNC 服务

6）开机自动启动 VNC 服务

操作命令如下：

```
[root@localhost 桌面]# systemctl enable vncserver@:1.service
```
操作过程如图 13.42 所示。

图 13.42　开机自动启动 VNC 服务

7）查看端口开启情况

操作命令如下：

```
[root@localhost 桌面]# vncserver -list
```
操作过程如图 13.43 所示。

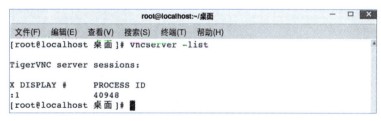

图 13.43　查看端口开启情况

2. 设置普通用户 VNC 服务

1）创建 user01 用户

操作命令如下：

设置普通用
户VNC服务

```
[root@localhost 桌面]# useradd user01
[root@localhost 桌面]# passwd user01
```

操作过程如图 13.44 所示。

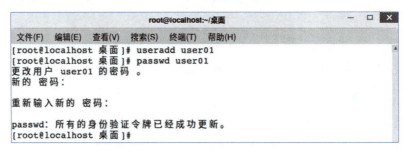

图 13.44　使用 useradd 命令创建用户

2）在 user01 用户下，设置 VNC 密码

操作命令如下：

```
[root@localhost 桌面]# su - user01
[root@localhost ~]$ vncpasswd
```

操作过程如图 13.45 所示。

图 13.45　设置 VNC 密码

3）复制配置文件

操作命令如下：

```
[root@localhost 桌面]# cp /lib/systemd/system/vncserver@.service /etc/systemd/system/vncserver-user01@:1.service
```

4）修改配置文件

操作命令如下：

```
[root@localhost 桌面]# vim /etc/systemd/system/vncserver-user01@:1.service
```

修改 WorkingDirectory 为 /home/user01 目录，User 为 user01 用户，Group 为 user01 组，PIDFile 为 /home/user01/.vnc/%H%i.pid。

操作过程如图 13.46 所示。

图 13.46　修改 vncserver-user01@:1.service 文件

5）加载配置文件

操作命令如下：

[root@localhost 桌面]# systemctl daemon-reload

操作过程如图 13.47 所示。

图 13.47　加载配置文件

6）启动 VNC 服务

操作命令如下：

[root@localhost 桌面]# systemctl start vncserver-user01@:1.service

操作过程如图 13.48 所示。

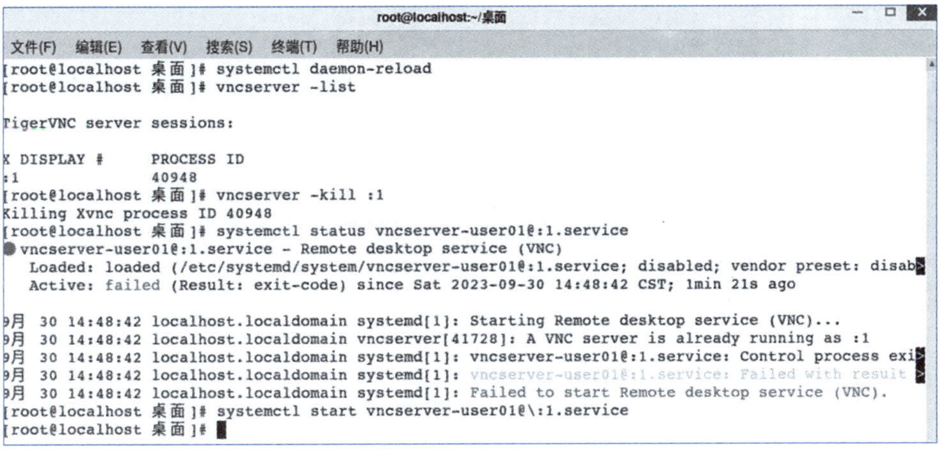

图 13.48　启动 VNC 服务

7）开机自动启动 VNC 服务

操作命令如下：

```
[root@localhost 桌面]# systemctl enable vncserver-user01@:1.service
```

操作过程如图 13.49 所示。

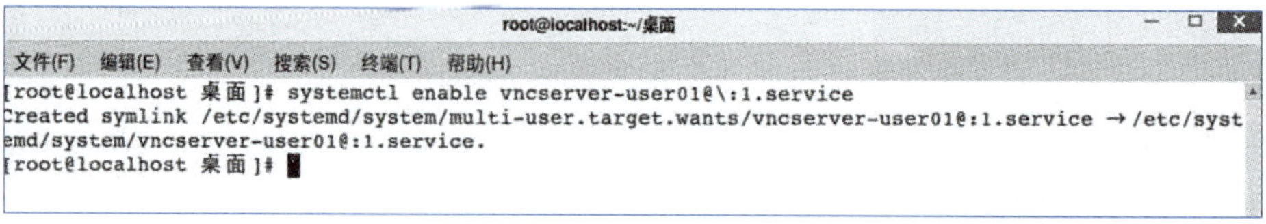

图 13.49　开机自动启动 VNC 服务

8）查看端口开启情况

操作命令如下：

```
[root@localhost ~]$ vncserver -list
```

操作过程如图 13.50 所示。

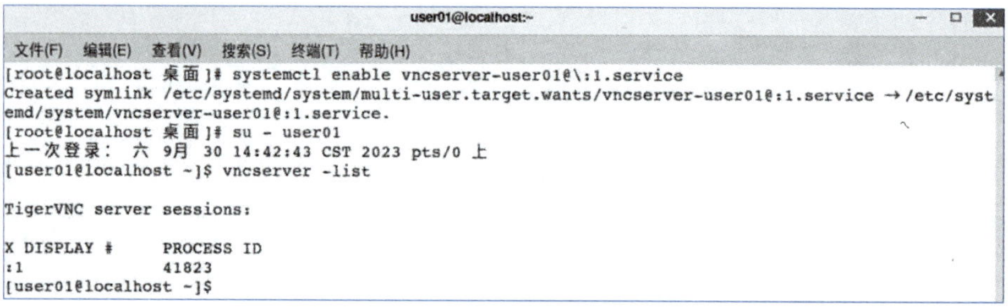

图 13.50　查看端口开启情况

3. 修改防火墙

VNC 服务默认端口号是 5900，如果建立了一个新用户远程登录桌面，它的端口号为 5901，依此类推，这里修改防火墙，放行 VNC 服务和端口。

操作命令如下：

```
[root@localhost 桌面]# firewall-cmd --add-service=vnc-server --permanent
[root@localhost 桌面]# firewall-cmd --add-port=5901/tcp --permanent
[root@localhost 桌面]# firewall-cmd --reload
[root@localhost 桌面]# systemctl restart firewalld
```

操作过程如图 13.51 所示。

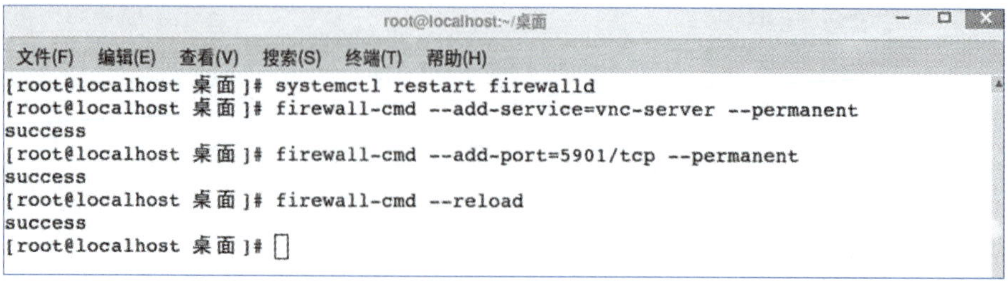

图 13.51　放行 vnc 服务

13.4.5　VNC 客户机连接 VNC 服务器

微视频

连接VNC服务器

在远程麒麟操作系统终端中执行 vncserver 后，不用进行任何配置，就可以使用 VNC 客户端进行登录。

使用 vncviewer 连接 VNC 服务的操作命令如下：

```
[root@localhost 桌面]# vncviewer
```

操作过程如图 13.52 所示。

图 13.52　使用 vncviewer 连接 VNC 服务

在"VNC 服务器"文本框中输入远程主机的地址和编号，单击"连接"按钮后，即可登录到远程主机的桌面，如图 13.53 所示。

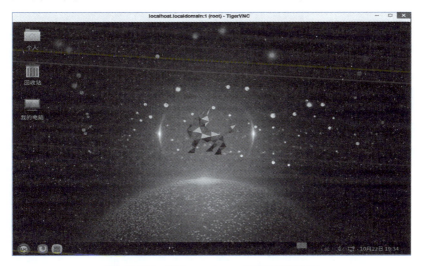

图 13.53　使用 vncviewer 远程登录界面

本章实训

一、实训目的

（1）掌握终端方式的字符界面远程管理方法。

（2）掌握 B/S 方式的远程管理方法，webmin、Cockpit。

（3）掌握 C/S 方式远程管理方法，vncserver、vncviewer。

二、实训环境

基础环境：

（1）操作系统：麒麟操作系统。

（2）硬件要求：至少 2 GB RAM，20 GB 硬盘空间，双核处理器。

软件环境：

（1）OpenSSH：已预装在麒麟操作系统中。

（2）MobaXterm：远程终端工具。

（3）Webmin：基于 Web 的系统管理工具。

（4）TigerVNC：远程控制应用程序。

实验工具：

（1）终端：用于执行命令行操作。

（2）文本编辑器：如 VIM 或 nano，用于查看或编辑配置文件。

三、实训内容

（1）构建密钥对验证的 SSH 体系。

（2）Webmin 远程管理。

（3）设置普通用户 VNC 服务，并连接。

习 题

一、选择题

1. 实现 OpenSSH 服务器功能的软件包是（　　）。

   A.openssh-server　　　　　　　　B.openssh-clients

   C.openssh-askpass　　　　　　　 D.openssh-askpass-gonme

2. 启动 sshd 服务的命令是（　　）。

   A.systemctl stop sshd　　　　　　B.systemctl start sshd

   C.systemctl restart sshd　　　　　D.systemctl status sshd

3. （　　）是 VNC 客户端程序，可以连接至 VNC 服务器，访问共享的桌面。

   A.vncserv　　　　　　　　　　　B.vncviewer

   C.vncpasswd　　　　　　　　　　D.vnc

4. 创建 ssh 密钥的命令是（　　）。

   A.ssh-keyge　　B.vncpasswd　　C.passwd　　D.openssh-askpass

二、简答题

1. 什么是远程管理？远程管理方式有哪几种？

2. 如何安装 Webmin？

3. vncserver、vncviewer 和 vncpasswd 的作用是什么？

第 14 章 磁盘管理

磁盘是计算机系统存储数据的重要介质。本章将详细介绍磁盘管理的基本概念、文件系统和磁盘分区管理,同时也会深入讲解磁盘阵列的应用和 LVM 技术。

学习目标

- 了解磁盘的分区、文件系统、磁盘阵列、LVM 等概念;
- 了解常见的文件系统;
- 能够使用 fdisk 命令创建、删除、修改分区;
- 能够使用 mkfs 命令对磁盘进行格式化;
- 了解磁盘阵列的类型;
- 能够创建磁盘阵列;
- 能够使用 LVM 命令创建、删除、修改逻辑卷。

14.1 磁盘的基本管理

14.1.1 磁盘的基本概念

磁盘是计算机系统中用于存储数据的关键硬件组件之一。它通常由一个或多个物理驱动器组成,这些驱动器使用磁性存储技术来存储数据。磁盘可以分为内部磁盘(通常是计算机内部的硬盘驱动器)和外部磁盘(例如 USB 驱动器、移动硬盘等)。

磁盘的物理组成有扇区、块/簇、磁道、起始柱面、结束柱面。这些元素在磁盘驱动器中起着重要的作用,磁盘物理组成位置如图 14.1 所示。

1. 扇区(Sector)

扇区是磁盘上的最小数据存储单元。它通常是一个固定大小的数据块,常见的大小是 512 字节或 4KB。每个扇区都有一个唯一的地址,通过这个地址可以精确地定位和访问数据。

操作系统和文件系统通常以扇区为基本单位来读取和写入数据。当文件被创建或修改时,数据将以扇区为单位存储在磁盘上。

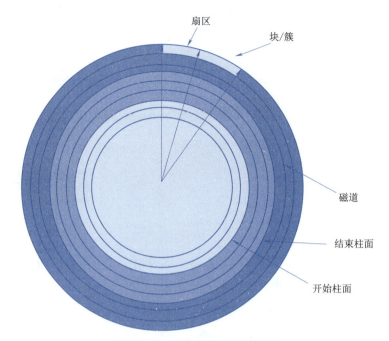

图 14.1　磁盘物理组成位置图

2. 块/簇（Block/Cluster）

块或簇是一组连续的扇区，它们在文件系统级别被视为一个单元。块的大小可以根据文件系统的不同而变化，通常在几个扇区到数百个扇区之间。

文件系统将数据分配给块或簇，而不是单独的扇区，以减少寻道时间和提高数据访问的效率。这有助于减少碎片并提高文件系统性能。

3. 磁道（Track）

磁道是磁盘上的一个圆形轨迹，位于磁盘盘片的表面上。磁盘通常由多个同心圆的磁道组成。

数据存储在磁盘的不同磁道上，可以通过磁头的移动来读取或写入数据。不同的磁道可以容纳不同的扇区或块。

4. 起始柱面和结束柱面

柱面是一个虚拟的圆柱形区域，由多个磁道组成，这些磁道在磁盘的不同盘片上。柱面的概念是为了简化磁盘寻址，将相邻的磁道组织在一个柱面上。

起始柱面表示磁盘访问的起始位置，而结束柱面表示磁盘访问的结束位置。操作系统和磁盘控制器使用柱面信息来定位数据，以进行读取或写入操作。

硬盘和主机系统通常有两种接口，一种是 IDE 接口，另一种是 SATA 接口。IDE 接口是老式机器的常见接口，SATA 是现在的主流接口，目前大部分机器都是使用 SATA 接口。

对 IDE 接口的设备都是以 hd 命名的，第一个 IDE 设备是 hda，第二个是 hdb，依此类推。

对 SCSI 接口的设备都是用 sd 命名的，第一个 SCSI 设备是 sda，第二个是 sdb，依此类推。

麒麟操作系统采用的 MBR 模式分区，MBR 是一种古老的分区方案，最早出现在 IBM PC 和兼容机上，MBR 是广泛支持的分区模式，适用于传统 BIOS 系统。它使用一个特殊的 512 字节的引导记录来存储分区表和引导加载程序。MBR 分区模式支持最多四个主分区或三个主分区和一个扩展分区。每个主分区或扩展分区可以包含一个文件系统，如图 14.2 所示。

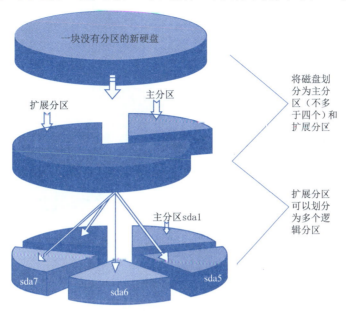

图 14.2　麒麟操作系统的分区模式

在 MBR 分区模式下，可以创建主分区和扩展分区。主分区是可以直接引导的分区，而扩展分区是一种特殊的分区，它可以容纳多个逻辑分区。这意味着用户可以在扩展分区内创建多个逻辑分区，从而允许用户在磁盘上创建更多的分区。

Windows 系统中采用的是以字母命名的盘符分区命名，比如 C 盘、D 盘、E 盘等，而麒麟操作系统采用的是"设备名称 + 分区号码"标明硬盘的各个分区。

麒麟操作系统命名规则（见图 14.3）如下：

（1）以 a-z 区别同一类型的不同设备，再以数字区分同一设备的不同分区。

（2）主分区的号码的编号为 1~4，逻辑分区的分区号码编号从 5 开始。

磁盘分区情况如图 14.4 所示，磁盘的命名是由内向外递增命名。

图 14.3　Windows 分区和麒麟系统分区

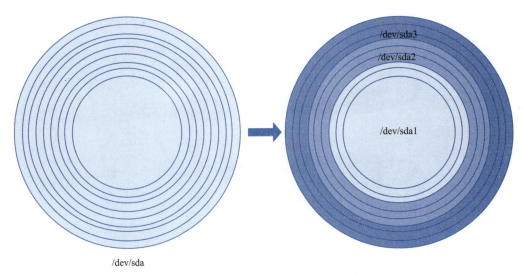

图 14.4　磁盘分区情况

14.1.2　文件系统

操作系统中，负责管理和存储文件信息的软件机构称为文件管理系统（简称文件系统）。文件系统是操作系统用于明确磁盘或分区上的文件的方法和数据结构（即在磁盘上组织文件的方法）。它提供了一种结构化的方式来存储、访问和管理文件和目录。在 Linux 系统中，常见的文件系统包括 EXT4、XFS、Btrfs 等。

分区格式化是在磁盘上创建文件系统以准备存储数据的过程。格式化会清除分区上的所有数据，并为文件系统创建必要的数据结构。一般情况下一个分区分配一个文件系统，分区格式化的分区情况如图 14.5 所示。

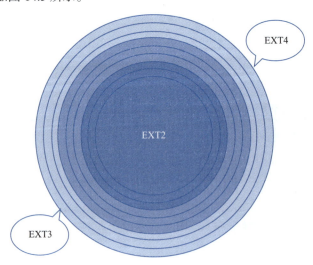

图 14.5　分区格式化

在图 14.5 中出现的 EXT2，EXT3，EXT4 都是文件系统的类型，详细的文件系统类型见表 14.1。在麒麟操作系统中，在终端中输入 df -Th 可以查看在系统中的所有分区表，如图 14.6 所示。

表 14.1 文件系统组成

文件系统类型	说明
EXT2	早期 Linux 中常用的文件系统
EXT3	EXT2 的升级版，带日志功能，能够在系统异常宕机时避免文件系统资料丢失
EXT4	EXT3 的改进版，能够有无限多子目录，更高地读写效率
NFS	网络文件系统，由 SUN 发明，主要用于远程文件共享
FAT	Windows XP 操作系统采用的文件系统
NTFS	Windows NT/XP 操作系统采用的文件系统
ISO9660	大部分光盘所采用的文件系统
SMBFS	Samba 的共享文件系统
XFS	高性能的日志文件系统，优势在于系统宕机快速恢复，支持超大容量文件
tmpfs	临时文件系统，是一种基于内存的文件系统

```
[root@localhost 桌面]# df -Th
文件系统            类型        容量    已用   可用  已用% 挂载点
devtmpfs           devtmpfs    16G     0     16G    0%   /dev
tmpfs              tmpfs       16G     0     16G    0%   /dev/shm
tmpfs              tmpfs       16G   9.1M    16G    1%   /run
tmpfs              tmpfs       16G     0     16G    0%   /sys/fs/cgroup
/dev/mapper/klas-root xfs     134G   8.8G   125G    7%   /
tmpfs              tmpfs       16G   4.0K    16G    1%   /tmp
/dev/sda1          xfs       1014M   239M   776M   24%   /boot
tmpfs              tmpfs      3.1G    44K   3.1G    1%   /run/user/0
/dev/sr0           iso9660    4.4G   4.4G     0   100%   /run/media/root/Kylin-Ser
ver-10
```

图 14.6 麒麟操作系统分区表

分区格式化和文件系统类型是创建和使用文件系统所必需的步骤。它们定义了磁盘上数据的组织方式。而文件存储结构是将数据存储在文件中，将文件组织到目录中，并将目录组织到目录和子目录层次结构中的一种方式。EXT2 文件系统在格式化时区分为多个块组（block group），每个块组都有独立的 inode/block/superblock 系统，如图 14.7 所示。

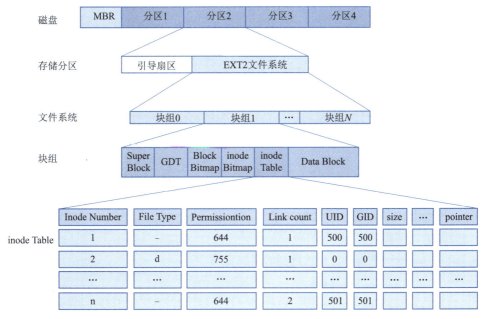

图 14.7 文件系统块

各块组具体介绍如下：

1）SuperBlock

记录整个文件系统相关信息。SuperBlock 记录的主要信息有：

（1）block 与 inode 的总量。

（2）未使用与已使用的 inode / block 数量。

（3）一个 validbit 数值，若此文件系统已被挂载，则 validbit 为 0，若未被挂载，则 validbit 为 1。

（4）block 与 inode 的大小（block 为 1 KB、2 KB、4 KB，inode 为 128 bytes 或 512 bytes）。

（5）其他各种文件系统相关信息：filesystem 的挂载时间、最近一次写入资料的时间、最近一次检验磁碟 (fsck) 的时间。

（6）SuperBlock 是非常重要的，没有 SuperBlock，就没有这个文件系统了，因此如果 SuperBlock 死掉了，文件系统可能就需要花费很多时间去挽救。

2）GDT

全局描述表，一般是对整个文件系统的描述。GDT 记录的主要信息有：

（1）每个 block group 的开始与结束的 block 号码。

（2）每个区段 (SuperBlock, BitMap, InodeMap, Data Block) 分别介于哪一个 block 号码之间。

3）Block Bitmap——块参照表

（1）记录空 block 块，为新增文件匹配空 block。

（2）删除文件后，释放 block 编号。

4）inode Bitmap——inode 参照表

（1）记录空 inode 块，为新增文件匹配空 inode。

（2）删除文件后，释放 inode 编号。

5）inode Table

主要记录文件的属性以及该文件实际数据是放置在哪些 block 中。

（1）大小、真正内容的 block 号码（一个或多个）；访问模式 (read/write/excute)；拥有者与群组。

（2）各种时间：建立或状态改变的时间、最近一次的读取时间、最近修改的时间。

（3）一个文件占用一个 inode，每个 inode 有编号。

（4）inode 的数量与大小在格式化时就已经固定了，每个 inode 大小有 128 bytes、256 bytes 或 512 bytes。

（5）文件系统能够建立的文件数量与 inode 的数量有关，存在空间还够但 inode 不够的情况。

（6）系统读取文件时需要先找到 inode，并分析 inode 所记录的权限与使用者是否符合，若符合才能够开始实际读取 block 的内容。

6）DataBlock——数据块，存放数据的存储空间

（1）放置文件内容数据的地方。

（2）在格式化时 block 的大小就固定了（1 KB、2 KB、4 KB），且每个 block 都有编号。

（3）每个 block 内最多只能够放置一个文件的资料，但一个文件可以放在多个 block 中。

（4）若文件小于 block，则该 block 的剩余容量就不能够再被使用了(磁盘空间会浪费)。

使用 df 命令调出目前挂载的设备，dumpe2fs 命令是用来看 Ext* 文件系统的详细情况，而 xfs_growfs 命令是用来看 xfs 文件系统的详细情况，如图 14.8 所示。

```
[root@localhost 桌面]# df -Th
文件系统           类型        容量    已用    可用  已用% 挂载点
devtmpfs          devtmpfs    16G     0      16G    0%   /dev
tmpfs             tmpfs       16G    4.0K    16G    1%   /dev/shm
tmpfs             tmpfs       16G    9.1M    16G    1%   /run
tmpfs             tmpfs       16G     0      16G    0%   /sys/fs/cgroup
/dev/mapper/klas-root xfs    134G   0.8G   125G    7%   /
tmpfs             tmpfs       16G    20K    16G    1%   /tmp
/dev/sda1         xfs        1014M  239M   776M   24%   /boot
tmpfs             tmpfs      3.1G    56K    3.1G   1%   /run/user/0
/dev/sr0          iso9660    4.4G   4.4G     0    100%  /run/media/root/Kylin-Server-10
[root@localhost 桌面]# xfs_growfs /dev/sda1
meta-data=/dev/sda1              isize=512    agcount=4, agsize=65536 blks
         =                       sectsz=512   attr=2, projid32bit=1
         =                       crc=1        finobt=1, sparse=1, rmapbt=0
         =                       reflink=1
data     =                       bsize=4096   blocks=262144, imaxpct=25
         =                       sunit=0      swidth=0 blks
naming   =version 2              bsize=4096   ascii-ci=0, ftype=1
log      =internal log           bsize=4096   blocks=2560, version=2
         =                       sectsz=512   sunit=0 blks, lazy-count=1
realtime =none                   extsz=4096   blocks=0, rtextents=0
```

图 14.8　xfs 文件系统的详细情况

在系统中多个磁盘分区存在多种文件系统时，为了使用户在读取或写入文件时不用关心底层的硬盘结构，Linux 内核中的软件层为用户程序提供了一个 VFS（virtual file system，虚拟文件系统）接口，这样用户实际上在操作文件时就是统一对这个虚拟文件系统进行操作了，实际文件系统在 VFS 下隐藏了自己的特性和细节，这样用户在日常使用时会觉得"文件系统都是一样的"，也就可以随意使用各种命令在任何文件系统中进行各种操作了（比如使用 cp 命令来复制文件）。

Linux 文件系统中最重要的概念就是 VFS，VFS 是一个文件系统的中间层。上层用户都直接和 VFS 打交道，文件系统开发者再把 VFS 转换为自己的格式，如图 14.9 所示。这样做的好处主要有：

（1）用户层应用使用统一的标准接口进行文件操作。

（2）不同分区使用不同的文件系统时，他们之间可以通过 VFS 交互。

（3）可以动态支持很多文件系统。添加一个文件系统只需要安装驱动就可以了，不需要内核重新编译。

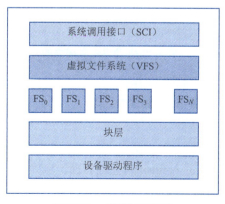

图 14.9　虚拟文件系统

14.1.3 磁盘分区管理

一块磁盘能够被系统使用需要经过以下步骤，如图 14.10 所示。

图 14.10　磁盘使用前的步骤

在麒麟操作系统中经常使用 fdisk 命令来进行磁盘分区的管理。

> **注意：**
> （1）运行 fdisk 需要 root 权限执行，如果不是 root 用户，则需要在命令行首部添加 sudo 命令。
> （2）如若对某分区进行修改或删除等操作时，需将此分区卸载，再进行修改或删除操作。
> （3）fdisk 命令仅能处理小于 2 T 以下的分区，如若超过 2 T，可使用 parted 命令。

例 14.1　使用 fdisk 命令查看磁盘 /dev/sda 的分区信息。

操作命令如下：

```
[root@localhost 桌面]# fdisk -l /dev/sda
```

选项说明：-l 选项后未填写磁盘设备名是列出系统所有磁盘分区内容，如若 fdisk -l 添加磁盘名，则仅列出指定的磁盘分区信息。

操作过程如图 14.11 所示，根据图 14.11 可以看到磁盘的各种信息，例如磁盘型号、单元、扇区大小、I/O 大小、磁盘标签类型、磁盘标识符和设备的分区情况。

```
[root@localhost 桌面]# fdisk -l /dev/sda
Disk /dev/sda: 50 GiB, 53687091200 字节, 104857600 个扇区
磁盘型号：QEMU HARDDISK
单元：扇区 / 1 * 512 = 512 字节
扇区大小(逻辑/物理)：512 字节 / 512 字节
I/O 大小(最小/最佳)：512 字节 / 512 字节
磁盘标签类型：dos
磁盘标识符：0x0aacee35

设备        启动    起点       末尾      扇区    大小  Id 类型
/dev/sda1   *       2048       2099199   2097152  1G  83 Linux
/dev/sda2           2099200    104857599 102758400 49G 8e Linux LVM
```

图 14.11　使用 fdisk 命令查看磁盘的分区管理

fdisk 命令还可以在磁盘中创建新的分区。

例 14.2　使用 fdisk 命令创建 /dev/sdb 新的分区。

操作命令如下：

```
[root@localhost 桌面]# fdisk /dev/sdb
```

操作过程如图 14.12 所示，进入 fdisk 的管理界面，输入 p 打印 /dev/sdb 的信息，输入 n 创建新分区，然后输入 p 创建主分区，输入分区号，默认为 1，指定主分区大小，最后输入 w 保存修改。

第 14 章 磁盘管理

```
[root@localhost 桌面]# fdisk /dev/sdb
欢迎使用 fdisk (util-linux 2.35.2)。
更改将停留在内存中，直到您决定将更改写入磁盘。
使用写入命令前请三思。

设备不包含可识别的分区表。
创建了一个磁盘标识符为 0x47eb193a 的新 DOS 磁盘标签。

命令(输入 m 获取帮助): p    ← 打印/dev/sdb分区信息
Disk /dev/sdb: 32 GiB, 34359738368 字节, 67108864 个扇区
磁盘型号: QEMU HARDDISK
单元: 扇区 / 1 * 512 = 512 字节
扇区大小(逻辑/物理): 512 字节 / 512 字节
I/O 大小(最小/最佳): 512 字节 / 512 字节
磁盘标签类型: dos
磁盘标识符: 0x47eb193a

命令(输入 m 获取帮助): n    ← 新建分区命令
分区类型
   p   主分区 (0 primary, 0 extended, 4 free)
   e   扩展分区 (逻辑分区容器)
选择 (默认 p): p    ← 创建主分区，如若创建拓展分区则输入c
分区号 (1-4, 默认  1):    ← 输入分区号，默认为1
第一个扇区 (2048-67108863, 默认 2048):    ← 如果默认，则直接按【Enter】键
最后一个扇区, +/-sectors 或 +size{K,M,G,T,P} (2048-67108863, 默认 67108863): +512M

创建了一个新分区 1, 类型为"Linux", 大小为 512 MiB。    ← 此处为定义主分区，分区号为
                                                         1的容量为512 M。可以直接指
命令(输入 m 获取帮助): w    ← 保存修改                    定大小，单位可为K、M、G、
分区表已调整。                                           T等，也可以指定扇区号码
将调用 ioctl() 来重新读分区表。
正在同步磁盘。
```

图 14.12　使用 fdisk 创建新的分区

fdisk 命令不仅能在磁盘中创建新的分区，还可以删除磁盘中的分区。

例 14.3　使用 fdisk 命令删除 /dev/sdb 分区。

操作命令如下：

```
[root@localhost 桌面]# fdisk /dev/sdb
```

操作过程如图 14.13 所示，输入 d 命令进行分区的删除，输入 wq 命令保存删除操作。

```
[root@localhost 桌面]# fdisk /dev/sdb
欢迎使用 fdisk (util-linux 2.35.2)。
更改将停留在内存中，直到您决定将更改写入磁盘。
使用写入命令前请三思。

命令(输入 m 获取帮助): p
Disk /dev/sdb: 32 GiB, 34359738368 字节, 67108864 个扇区
磁盘型号: QEMU HARDDISK
单元: 扇区 / 1 * 512 = 512 字节
扇区大小(逻辑/物理): 512 字节 / 512 字节
I/O 大小(最小/最佳): 512 字节 / 512 字节
磁盘标签类型: dos
磁盘标识符: 0x47eb193a

设备       启动   起点    末尾    扇区    大小 Id 类型
/dev/sdb1         2048 1050623 1048576  512M 83 Linux

命令(输入 m 获取帮助): d    ← 删除命令
已选择分区 1
分区 1 已删除。

命令(输入 m 获取帮助): wq    ← 保存删除操作
分区表已调整。
将调用 ioctl() 来重新读分区表。
正在同步磁盘。
```

图 14.13　使用 fdisk 删除分区

例 14.4　在一个未使用的磁盘中，分别创建一个主分区和一个逻辑分区，两个分区大小分别为 100 M B 和 1 GB。

操作命令如下：

例14.4
视频讲解

```
[root@localhost 桌面]# fdisk /dev/sdb
```

操作过程如图 14.14 所示，先创建主分区，在创建逻辑分区前需要先创建一个拓展分区，然后在创建逻辑分区。

```
[root@localhost 桌面]# fdisk /dev/sdb
欢迎使用 fdisk (util-linux 2.35.2)。
更改将停留在内存中，直到您决定将更改写入磁盘。
使用写入命令前请三思。

命令(输入 m 获取帮助)：n
分区类型
   p   主分区 (0 primary, 0 extended, 4 free)
   e   扩展分区 (逻辑分区容器)
选择 (默认 p)：p        ← 创建主分区
分区号 (1-4, 默认  1)：
第一个扇区 (2048-67108863, 默认 2048)：
最后一个扇区, +/-sectors 或 +size{K,M,G,T,P} (2048-67108863, 默认 67108863)：+100M

创建了一个新分区 1，类型为"Linux"，大小为 100 MiB。

命令(输入 m 获取帮助)：n
分区类型
   p   主分区 (1 primary, 0 extended, 3 free)
   e   扩展分区 (逻辑分区容器)
选择 (默认 p)：e     ← 创建逻辑分区前，先创建拓展分区       拓展分区容量需大于或
分区号 (2-4, 默认  2)：                                        等于逻辑分区
第一个扇区 (206848-67108863, 默认 206848)：
最后一个扇区, +/-sectors 或 +size{K,M,G,T,P} (206848-67108863, 默认 67108863)：+1.5G

创建了一个新分区 2，类型为"Extended"，大小为 1.5 GiB。

命令(输入 m 获取帮助)：n
分区类型
   p   主分区 (1 primary, 1 extended, 2 free)
   l   逻辑分区 (从 5 开始编号)
选择 (默认 p)：l      ← 创建逻辑分区，默认编号为5
添加逻辑分区 5
第一个扇区 (208896-3352575, 默认 208896)：
最后一个扇区, +/-sectors 或 +size{K,M,G,T,P} (208896-3352575, 默认 3352575)：+1G

创建了一个新分区 5，类型为"Linux"，大小为 1 GiB。    ← 设定容量为1 G

命令(输入 m 获取帮助)：w
分区表已调整。
将调用 ioctl() 来重新读分区表。
正在同步磁盘。
```

图 14.14　创建主分区和逻辑分区

在创建新分区之前，都需要格式化才能投入使用，在麒麟操作系统中的格式化命令为 mkfs。

mkfs 有两种使用格式，一种是 mkfs [-t filesystem-type] partition；另一种是 mksf.[filesystem-type] partition。

选项说明：

（1）-t filesystem-type 指定将分区格式化成 filesystem-type 类型。

（2）filesystem-type 包含 EXT2、EXT3、EXT4、fat、vfat、ntfs 等。

（3）partition 代表需要格式化的分区，如 /dev/hda3，/dev/sdb1 等。

例 14.5　将 /dev/sdb1 格式化成 EXT4 类型的文件系统。

操作命令如下：

```
[root@localhost 桌面]# mkfs.ext4 /dev/sdb1
```

操作过程如图 14.15 所示，通过 mkfs 命令将 /dev/sdb1 磁盘格式化成 EXT4 的文件格式。

```
[root@localhost 桌面]# mkfs.ext4 /dev/sdb1
mke2fs 1.45.6 (20-Mar-2020)
丢弃设备块．完成
创建含有 102400 个块 (每块 1k) 和 25688 个inode的文件系统
文件系统UUID: fb0b23c2-feaf-4507-bcb6-5d5aa822210a
超级块的备份存储于下列块：
        8193, 24577, 40961, 57345, 73729

正在分配组表：完成
正在写入inode表：完成
创建日志 (4096 个块) 完成
写入超级块和文件系统账户统计信息：已完成
```

图 14.15　将 /dev/sdb1 格式化成 EXT4 文件系统

例14.6　将 /dev/sdb1 格式化成 ntfs 文件系统。

操作命令如下：

```
[root@localhost 桌面]# mkfs -t ntfs /dev/sdb1
```

操作过程如图 14.16 所示，使用 mkfs 命令将 /dev/sdb1 格式化成 ntfs 文件系统。

```
[root@localhost 桌面]# mkfs -t ntfs /dev/sdb1
Cluster size has been automatically set to 4096 bytes.
Initializing device with zeroes: 100% - Done.
Creating NTFS volume structures.
mkntfs completed successfully. Have a nice day.
```

图 14.16　将 /dev/sdb1 格式化成 ntfs 文件系统

创建完磁盘之后，需要将磁盘挂载到文件目录中才能正式使用，麒麟操作系统的挂载命令如下：

```
mount [-afFhnrvVw]  [-L<标签>]  [-o<选项>]  [-t<文件系统类型>]  [设备名][挂载点]
```

挂载点：分区或文件系统挂载的目录，是访问此分区或文件系统的入口。

选项功能见表 14.2。

表 14.2　mount 命令主要选项介绍

选项	功　　能
-a	挂载 /etc/fstab 中所有的分区
-t	指定文件系统类型，包含 EXT2、EXT3、EXT4、fat 等类型
-L	挂载文件系统标签为 <标签> 的分区
-l	额外显示标签名称
-n	挂载信息不记录到 /etc/mtab 中
-o	挂载的额外选项
	ro,rw：ro 是以只读权限挂载，rw 是以读写权限挂载
	async,sync：sync 是同步写入，async 是异步写入
	auto,noauto：auto 允许自动挂载，noauto 不允许自动挂载
	dev,nodev：dev 允许在此分区创建设备文件，nodev 不允许
	suid,nosuid：suid 允许含有 suid/sgid 文件格式，nosuid 不允许
	exec,noexec：exec 允许分区有二进制文件，noexec 不允许
	user,nouser：user 允许任何用户挂载，nouser 仅 root 能挂载
	iocharset：指定访问文件系统所用字符集，例如 iocharset=utf8
	defaults：默认使用 rw、suid、dev、exec、auto、nouser 和 sync 选项
	remount：分区不能卸载且需要改变挂载选项时，使用此选项重新挂载，并同时修改挂载选项

例 14.7 将 EXT4 格式的 /dev/sdb1 挂载到 /mnt 中。

操作步骤如下：

（1）将 /dev/sdb1 磁盘格式化成 EXT4 格式。

```
[root@localhost 桌面]# mkfs.ext4 /dev/sdb1
```

（2）将 /dev/sdb1 磁盘挂载到 /mnt 目录。

```
[root@localhost 桌面]# mount /dev/sdb1 /mnt/
```

（3）查看挂载情况。

```
[root@localhost 桌面]# df -h
```

操作过程如图 14.17 所示，使用 mount 命令将 /dev/sdb1 挂载到 /mnt 中。

```
[root@localhost 桌面]# mkfs.ext4 /dev/sdb1
mke2fs 1.45.6 (20-Mar-2020)
丢弃设备块： 完成
创建含有 262144 个块（每块 4k）和 65536 个inode的文件系统
文件系统UUID：07b7b112-4707-411b-b44f-bcdb7be2e4f5
超级块的备份存储于下列块：
        32768, 98304, 163840, 229376

正在分配组表： 完成
正在写入inode表： 完成
创建日志（8192 个块）完成
写入超级块和文件系统账户统计信息： 已完成

[root@localhost 桌面]# mount /dev/sdb1 /mnt/
[root@localhost 桌面]# df -h
文件系统              容量   已用   可用 已用% 挂载点
devtmpfs              3.3G     0   3.3G   0% /dev
tmpfs                 3.3G     0   3.3G   0% /dev/shm
tmpfs                 3.3G  9.1M   3.3G   1% /run
tmpfs                 3.3G     0   3.3G   0% /sys/fs/cgroup
/dev/mapper/klas-root  44G   7.8G    37G  18% /
tmpfs                 3.3G   16K   3.3G   1% /tmp
/dev/sda1            1014M  238M   777M  24% /boot
tmpfs                 662M   44K   662M   1% /run/user/0
/dev/sdb1             976M  2.6M   907M   1% /mnt
```

图 14.17 将 /dev/sdb1 挂载到 /mnt 目录中

例 14.8 将 test.iso 挂载到 /mnt/iso 目录中。

操作步骤如下：

（1）先创建 /mnt/iso 目录。

```
[root@localhost 桌面]# mkdir /mnt/iso
```

（2）将 test.iso 挂载到 /mnt/iso 目录。

```
[root@localhost 桌面]# mount -o loop test.iso /mnt/iso
```

（3）查看挂载情况。

```
[root@localhost 桌面]# df -h
```

操作过程如图 14.18 所示，先创建 /mnt/iso 目录，再将 test.iso 挂载到 /mnt/iso 目录上，然后查看挂载结果。

```
[root@KylinServer 桌面]# mkdir /mnt/iso
[root@KylinServer 桌面]# mount -o loop test.iso /mnt/iso
mount: /mnt/iso: WARNING: source write-protected, mounted read-only.
[root@KylinServer 桌面]# df -h
文件系统                容量    已用   可用  已用% 挂载点
devtmpfs                3.3G      0   3.3G    0% /dev
tmpfs                   3.3G      0   3.3G    0% /dev/shm
tmpfs                   3.3G   9.2M   3.3G    1% /run
tmpfs                   3.3G      0   3.3G    0% /sys/fs/cgroup
/dev/mapper/klas-root    44G    11G    34G   24% /
tmpfs                   3.3G    16K   3.3G    1% /tmp
/dev/sda1              1014M   241M   774M   24% /boot
tmpfs                   662M    52K   662M    1% /run/user/0
/dev/loop0               52M    52M      0  100% /mnt/iso
```

图 14.18　将 test.iso 挂载到 /mnt/iso 目录中

麒麟系统手动挂载和开机挂载都是使用 mount 命令。开机挂载是将挂载选项写进了 /etc/fstab，系统开机时，读取此文件，完成挂载操作。

查看 /etc/fstab 的内容，输入命令 cat /etc/fstab 查看磁盘开机挂载，如图 14.19 所示。

```
[root@localhost 桌面]# cat /etc/fstab

#
# /etc/fstab
# Created by anaconda on Mon Sep 25 04:16:38 2023
#
# Accessible filesystems, by reference, are maintained under '/dev/disk/'.
# See man pages fstab(5), findfs(8), mount(8) and/or blkid(8) for more info.
#
# After editing this file, run 'systemctl daemon-reload' to update systemd
# units generated from this file.
#
/dev/mapper/klas-root    /                        xfs     defaults        0 0
/dev/mapper/klas-backup  /backup                  xfs     noauto          0 0
UUID=8501a2cc-d642-431d-909a-7fc9cb796369 /boot                xfs     defaults        0 0
/dev/mapper/klas-swap    none                     swap    defaults        0 0
```

图 14.19　查看磁盘开机挂载

/etc/fstab 文件共分成六个字段，见表 14.3。

表 14.3　fstab 文件详解

名称	含义
file system（第一列）	此列可以是磁盘设备文件名、该设备的 Label，或者是 uuid。磁盘 uuid 可使用 blkid 查看
mount point（第二列）	挂载点，表示需要挂载的目的目录
type（第三列）	磁盘分区的文件系统类型。手动挂载时可省略，但此文件内必须填写
options（第四列）	即表 14.2 中 -o 选项后的选项
dump（第五列）	是否使用 dump 备份，0 代表不做备份，1 代表每天转储，2 代表不定期转储。通常为 0 或 1
pass（第六列）	表示是否使用 fsck 检查文件系统。0 代表不检验，1 表示最早检验，2 表示要稍晚于系统检验。一般分区设置为 1，其他分区设置为 2，swap 分区一般不检验

例 14.9　将 /dev/sdb1 设置成开机自动挂载到 /mnt/file。

操作步骤如下：

（1）创建 /mnt/file 文件夹。

```
[root@localhost 桌面]# mkdir /mnt/file
```

（2）使用 vim 编辑器打开 /etc/fstab。

```
[root@localhost 桌面]# vim /etc/fstab
```

（3）添加以下内容。

```
/dev/sdb1 /mnt/flie/ ext4 defaults 0 0
```

（4）挂载 /etc/fstab 中所有的分区。

```
[root@localhost 桌面]# mount -a
```

第（4）步还有一个作用是检查写入命令是否正确。

操作过程如图 14.20 和图 14.21 所示，先创建 /mnt/file 文件夹，再使用 vim 编辑器添加挂载磁盘以及其他相关信息，然后使用 mount -a 自动挂载。

```
[root@localhost 桌面]# mkdir /mnt/file
[root@localhost 桌面]# vim /etc/fstab
[root@localhost 桌面]# mount -a
```

图 14.20　设置开机自动挂载

```
#
# /etc/fstab
# Created by anaconda on Mon Sep 25 04:16:38 2023
#
# Accessible filesystems, by reference, are maintained under '/dev/disk/'.
# See man pages fstab(5), findfs(8), mount(8) and/or blkid(8) for more info.
#
# After editing this file, run 'systemctl daemon-reload' to update systemd
# units generated from this file.
#
/dev/mapper/klas-root       /                xfs     defaults        0 0
/dev/mapper/klas-backup     /backup          xfs     noauto          0 0
UUID=8501a2cc-d642-431d-909a-7fc9cb796369 /boot    xfs     defaults        0 0
/dev/mapper/klas-swap       none             swap    defaults        0 0
/dev/sdb1                   /mnt/file/       ext4    defaults        0 0
```

图 14.21　/etc/fstab 文件编辑

通常情况下，运维人员会使用 lsblk 命令列出所有可用块设备的信息，在默认情况下，这个工具将会以树状格式显示（除了内存虚拟磁盘外的）所有块设备，如图 14.22 所示。

```
[root@localhost 桌面]# lsblk
NAME            MAJ:MIN RM   SIZE RO TYPE MOUNTPOINT
loop0             7:0    0  43.5M  0 loop /mnt/iso
sda               8:0    0   200G  0 disk
├─sda1            8:1    0     1G  0 part /boot
└─sda2            8:2    0   199G  0 part
  ├─klas-root   253:0    0 133.2G  0 lvm  /
  ├─klas-swap   253:1    0  15.8G  0 lvm  [SWAP]
  └─klas-backup 253:2    0    50G  0 lvm
sdb               8:16   0    32G  0 disk
├─sdb1            8:17   0   100M  0 part /mnt/file
├─sdb2            8:18   0     1K  0 part
└─sdb5            8:21   0     1G  0 part
sr0              11:0    1   4.4G  0 rom  /run/media/root/Kylin-Server-10
```

图 14.22　使用 lsblk 命令查看可用块设备信息

除了使用 lsblk，运维人员还会使用 blkid 命令查看可用块设备的属性信息。blkid 主要用来对系统的块设备（包括交换分区）所使用的文件系统类型、LABEL（标签）、UUID（通用唯一识别码）等信息进行查询。

语法格式如下：

```
blkid [选项]
```

使用方法如下：

```
blkid 或者 blkid /dev/sda1
```

操作过程如图 14.23 所示。

```
[root@localhost 桌面]# blkid
/dev/sdb1: UUID="c5e700d2-5111-43d7-b44e-f64235ddc1b8" BLOCK_SIZE="1024" TYPE="ext4" PARTUUID="f04b8
15e-01"
/dev/mapper/klas-swap: UUID="d5f6528e-2b65-4aca-92a7-c1c2ce383b31" TYPE="swap"
/dev/sdb5: PARTUUID="f04b815e-05"
/dev/sr0: BLOCK_SIZE="2048" UUID="2022-12-08-21-18-37-00" LABEL="Kylin-Server-10" TYPE="iso9660"
/dev/mapper/klas-backup: LABEL="KYLIN-BACKUP" UUID="95783cde-b66a-417f-a9f1-9d97c8cf496e" BLOCK_SIZE
="512" TYPE="xfs"
/dev/loop0: BLOCK_SIZE="2048" UUID="2023-09-08-16-52-46-00" LABEL="CDROM" TYPE="iso9660"
/dev/mapper/klas-root: UUID="fce2b063-4b11-4330-a883-590a2b318ac7" BLOCK_SIZE="512" TYPE="xfs"
/dev/sda2: UUID="ax27kA-NR41-1qjT-QsHB-3I7v-eHZm-WM3PAF" TYPE="LVM2_member" PARTUUID="e076c808-02"
/dev/sda1: UUID="8501a2cc-d642-431d-909a-7fc9cb796369" BLOCK_SIZE="512" TYPE="xfs" PARTUUID="e076c80
8-01"
[root@localhost 桌面]# blkid /dev/sda1
/dev/sda1: UUID="8501a2cc-d642-431d-909a-7fc9cb796369" BLOCK_SIZE="512" TYPE="xfs" PARTUUID="e076c80
8-01"
```

图 14.23　使用 blkid 查看可用块设备的属性信息

当磁盘需要卸载当前挂载的文件系统，可以使用 umount 命令进行卸载。
语法格式如下：

umount [选项] [选项]

选项功能见表 14.4。

表 14.4　umount 常见的选项

选项	功能
-a	卸载 /etc/mtab 中记录的所有文件系统
-n	卸载时不将信息写入 /etc/mtab 文件
-f	强制卸载
-r	无法卸载时，尝试以只读方式重新挂载文件系统
-v	执行时显示详细信息
-V	显示版本信息
-h	打印帮助信息

例 14.10　使用 umount 命令卸载 /dev/sdb1。
操作命令如下：

```
[root@localhost 桌面]# umount /mnt/file    <---使用挂载点卸载
[root@localhost 桌面]# umount /dev/sdb1    <---使用设备名卸载
```

使用 umount 利用设备名卸载 /dev/sdb1，操作过程如图 14.24 所示。

```
[root@localhost 桌面]# umount /dev/sdb1
[root@localhost 桌面]#
```

图 14.24　使用设备名卸载 /dev/sdb1

14.2　磁盘阵列

14.2.1　磁盘阵列概述

1988 年，加利福尼亚大学伯克利分校首次提出并定义了 RAID（redundant array of independent disks，独立冗余磁盘阵列）技术的概念。RAID 技术通过把多个硬盘设备组合成一个容量更大、安全性更好的磁盘阵列，并把数据切割成多个区段后分别存放在各个不同的物理硬盘设备上，然后利用分散读写技术来提升磁盘阵列整体的性能，同时把多个重要数据的副本同步到不同的物理硬盘设备上，从而起到了非常好的数据冗余备份效果。

RAID 的优劣势如下：

优势：（1）冗余备份，降低硬盘故障导致的数据丢失概率。（2）硬盘吞吐量的提升，提升了硬盘的读写速度。

劣势：成本支出提升，但企业更注重的是数据本身价值。

出于成本和技术方面的考虑，需要针对不同的需求在数据可靠性及读写性能上作出权衡，制定出满足各自需求的不同方案。目前已有的 RAID 磁盘阵列的方案至少有十几种，接下来会详细讲解 RAID 0、RAID 1、RAID 5 与 RAID 10 这四种最常见的方案。

1. RAID0（数据条带化）

数量：2 块及以上的硬盘，性能和容量随硬盘数递增。

优势：所有 RAID 级别中，速度最快。

缺点：无冗余或错误修复能力，无法容忍硬盘损坏。

RAID 0 形态如图 14.25 所示。

2. RAID 1（数据镜像）

数量：2 块以上的硬盘（偶数个）。

优势：数据在每组磁盘中各有一份，读性能好，一组磁盘损坏，不影响数据访问。

缺点：写性能下降，因为要写双份数据。

RAID 1 形态如图 14.26 所示。

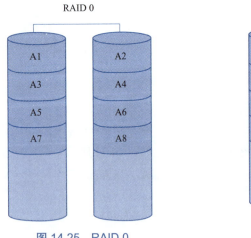
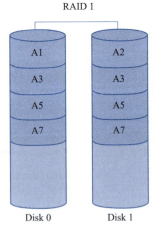

图 14.25　RAID 0　　　　　　　　　图 14.26　RAID 1

3. RAID5（奇偶校验）

数量：3 块以上的硬盘。

能容忍任意坏掉一块硬盘，奇偶校验恢复接近 RAID 0 的数据读取速度，具有一定的容灾能力，写速度比 RAID 1 慢。

RAID 5 形态如图 14.27 所示。

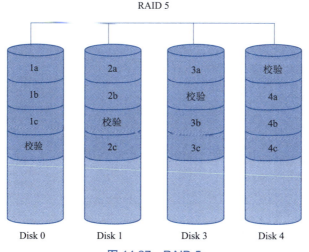

图 14.27　RAID 5

4. RAID 10 和 RAID 01

RAID 10 是 RAID 1 和 RAID 0 的组合。数据被同时复制到多个硬盘上，然后这些硬盘又被条带化。这提供了性能提升和冗余备份，但需要更多硬盘。

RAID 01（RAID 0+1）也是 RAID 0 和 RAID 1 的组合，但顺序不同。首先，数据被条带化（RAID 0），然后这些条带化的数据被镜像（RAID 1）。这提供了性能提升和冗余备份，但需要更多硬盘。如果一块硬盘出现问题，整个硬盘组仍然能继续工作，但如果两块硬盘出现问题，数据会丢失。

RAID 10 和 RAID 01 形态如图 14.28 所示。通常使用 RAID 10，而不是 RAID 01。

数量：至少 4 块磁盘。

优势：更好的性能，更好的可靠性。

缺点：成本高，容量小。

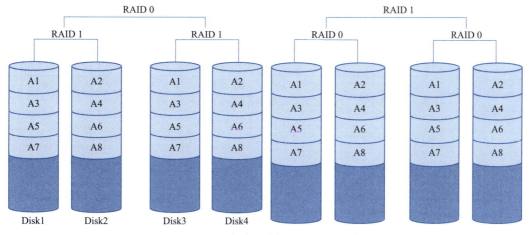

图 14.28　RAID 10（左边）和 RAID 01（右边）

在不同的使用情况，RAID 的选择上也不同，不同 RAID 之间的差异见表 14.5。

表 14.5　RAID 之间的差异分析

性能	读：都可以同时读取多块硬盘 写：RAID 0 > RAID 10 > RAID 1 > RAID 5
容量	RAID 0 > RAID 5 > RAID 1 = RAID 10 RAID 0：DiskSize * N RAID 1：(DiskSize * N) / 2 RAID 5：((N-1) / N * (DiskSize * N)) = (N-1) * DiskSize RAID 10：(DiskSize * N / 2) / 2 + (DiskSize * N / 2) / 2 = (Disksize * N) / 2
选择	RAID 0：无容灾，很少单独使用 RAID 1：操作系统、日志文件 RAID 5：数据文件、备份文件 RAID 10：所有类型适用，成本影响较大

14.2.2　使用 mdadm 管理磁盘阵列

mdadm 是一种在麒麟操作系统上使用的命令行工具，它用于创建、管理和监控软件 RAID（冗余磁盘阵列），允许配置不同的 RAID 级别、添加或删除硬盘驱动器、执行故障检测和修复操作，以及监视磁盘阵列的性能和状态。这个工具是在麒麟操作系统中构建强大的数据冗余和性能解决方案的重要组成部分。

使用 rpm 命令查看 mdadm 工具是否已经安装，操作命令如下：

```
[root@localhost 桌面]# rpm -qa mdadm
```

操作过程如图 14.29 所示，使用 rpm 命令查看 mdadm 工具是否安装。

```
[root@localhost 桌面]# rpm -qa mdadm
mdadm-4.1-rc2.0.9.ky10.x86_64
[root@localhost 桌面]#
```

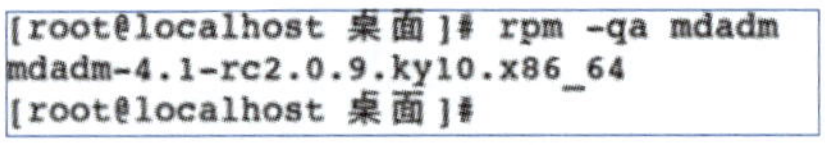

图 14.29　查看 mdadm 工具是否安装

mdadm 的基本语法如下：

```
mdadm [mode] [options]
```

选项说明见表 14.6。

表 14.6　mdadm 命令选项说明

选项	说明
-C	创建一个新的阵列，每个设备具有 superblocks 选项
-v	详细输出模式
-l	设定磁盘阵列的级别
-n	磁盘的个数
-c	设定阵列的条带大小，单位为 KB
-A	激活磁盘阵列
-S	停止磁盘阵列
-D	磁盘阵列的详细情况
-f	将设备状态设定为故障
-r	移除磁盘
-s	显示或生成一个包含 RAID 配置信息的摘要
-a	添加磁盘

例 14.11　创建 RAID 5 卷并将其设置为激活 RAID。

微视频

例14.11
视频讲解

操作步骤如下：

（1）查看已添加的硬盘数量。

操作命令如下：

```
[root@localhost 桌面]# lsblk
```

操作过程如图 14.30 所示。

```
[root@localhost 桌面]# lsblk
NAME              MAJ:MIN RM   SIZE RO TYPE MOUNTPOINT
sda                 8:0    0   200G  0 disk
├─sda1              8:1    0     1G  0 part /boot
└─sda2              8:2    0   199G  0 part
  ├─klas-root     253:0    0 133.2G  0 lvm  /
  ├─klas-swap     253:1    0  15.8G  0 lvm  [SWAP]
  └─klas-backup   253:2    0    50G  0 lvm
sdb                 8:16   0    15G  0 disk
sdc                 8:32   0    15G  0 disk
sdd                 8:48   0    15G  0 disk
sde                 8:64   0    15G  0 disk
sr0                11:0    1   4.4G  0 rom  /run/media/root/Kylin-Server-10
```

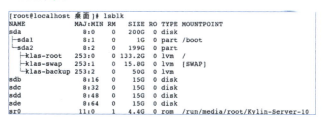

图 14.30　查看待操作硬盘数量

（2）对待操作的硬盘进行分区和格式化。

操作命令如下：

```
[root@localhost 桌面]# fdisk /dev/sdb
[root@localhost 桌面]# fdisk /dev/sdc
[root@localhost 桌面]# fdisk /dev/sdd
[root@localhost 桌面]# fdisk /dev/sde
[root@localhost 桌面]# mkfs.ext4 /dev/sdb1
[root@localhost 桌面]# mkfs.ext4 /dev/sdc1
[root@localhost 桌面]# mkfs.ext4 /dev/sdd1
[root@localhost 桌面]# mkfs.ext4 /dev/sde1
```

操作过程如图 14.31 和图 14.32 所示，以 /dev/sdb 磁盘为例，其他磁盘操作与其相同。

```
[root@localhost 桌面]# fdisk /dev/sdb

欢迎使用 fdisk (util-linux 2.35.2)。
更改将停留在内存中，直到您决定将更改写入磁盘。
使用写入命令前请三思。

设备不包含可识别的分区表。
创建了一个磁盘标识符为 0x85eb41bc 的新 DOS 磁盘标签。

命令(输入 m 获取帮助)：n
分区类型
   p   主分区 (0 primary, 0 extended, 4 free)
   e   扩展分区 (逻辑分区容器)
选择 (默认 p)：p
分区号 (1-4, 默认  1)：
第一个扇区 (2048-67108863, 默认 2048)：
最后一个扇区，+/-sectors 或 +size{K,M,G,T,P} (2048-67108863, 默认 67108863)：+1G

创建了一个新分区 1，类型为“Linux”，大小为 1 GiB。

命令(输入 m 获取帮助)：t
已选择分区 1
Hex code or alias (type L to list all): fd
已将分区“Linux”的类型更改为“Linux raid autodetect”。

命令(输入 m 获取帮助)：p
Disk /dev/sdb：32 GiB，34359738368 字节，67108864 个扇区
磁盘型号：QEMU HARDDISK
单元：扇区 / 1 * 512 = 512 字节
扇区大小(逻辑/物理)：512 字节 / 512 字节
I/O 大小(最小/最佳)：512 字节 / 512 字节
磁盘标签类型：dos
磁盘标识符：0x85eb41bc

设备         启动  起点     末尾     扇区 大小 Id 类型
/dev/sdb1          2048 2099199 2097152   1G fd Linux raid 自动检测

命令(输入 m 获取帮助)：w
分区表已调整。
将调用 ioctl() 来重新读分区表。
正在同步磁盘。
```

图 14.31　对待操作的硬盘进行分区操作

```
[root@localhost 桌面]# mkfs.ext4 /dev/sdb1
mke2fs 1.45.6 (20-Mar-2020)
丢弃设备块：   完成
创建含有 262144 个块（每块 4k）和 65536 个inode的文件系统
文件系统UUID：0344c5f1-7355-44f5-8668-170c28c9b8a8
超级块的备份存储于下列块：
        32768, 98304, 163840, 229376

正在分配组表：   完成
正在写入inode表：   完成
创建日志（8192 个块）完成
写入超级块和文件系统账户统计信息：   已完成
```

图 14.32　对待操作的硬盘进行格式化操作

（3）使用 mdadm 命令创建管理 RAID。

操作命令如下：

```
[root@localhost 桌面]# mdadm -Cv /dev/md5 -l5 -n4 /dev/sdb1 /dev/sdc1 /dev/sdd1 /dev/sde1
```

操作过程如图 14.33 所示，具体选项作用参考表 14.6。

```
[root@localhost 桌面]# mdadm -Cv /dev/md5 -l5 -n4 /dev/sdb1 /dev/sdc1 /dev/sdd1 /dev/sde1
mdadm: layout defaults to left-symmetric
mdadm: layout defaults to left-symmetric
mdadm: chunk size defaults to 512K
mdadm: size set to 1046528K
mdadm: Defaulting to version 1.2 metadata
mdadm: array /dev/md5 started.
```

图 14.33　创建管理 RAID5 阵列

（4）访问 RAID 卷。

操作命令如下：

```
[root@localhost 桌面]# mdadm -D /dev/md5
```

操作过程如图 14.34 所示，使用 -D 选项查看 RAID 卷的详细情况。

```
[root@localhost 桌面]# mdadm -D /dev/md5
/dev/md5:
           Version : 1.2
     Creation Time : Wed Oct 11 18:19:35 2023
        Raid Level : raid5
        Array Size : 3139584 (2.99 GiB 3.21 GB)
     Used Dev Size : 1046528 (1022.00 MiB 1071.64 MB)
      Raid Devices : 4
     Total Devices : 4
       Persistence : Superblock is persistent

       Update Time : Wed Oct 11 18:19:41 2023
             State : clean
    Active Devices : 4
   Working Devices : 4
    Failed Devices : 0
     Spare Devices : 0

            Layout : left-symmetric
        Chunk Size : 512K

Consistency Policy : resync

              Name : localhost.localdomain:5  (local to host localhost.localdomain)
              UUID : a307c2d3:98d46fda:8653d95d:f7d9d474
            Events : 18

    Number   Major   Minor   RaidDevice State
       0       8       17        0      active sync   /dev/sdb1
       1       8       33        1      active sync   /dev/sdc1
       2       8       49        2      active sync   /dev/sdd1
       4       8       65        3      active sync   /dev/sde1
```

图 14.34　使用 mdadm 命令查看 RAID 卷的详细情况

（5）创建配置文件。

操作命令如下：

```
[root@localhost 桌面]# mdadm -D -s >> /etc/mdadm.conf
```

/etc/mdadm.conf 配置文件用来帮助维护做好的 RAID，操作过程如图 14.35 所示，将打印出来的信息写入 /etc/mdadm.conf 的文件中。

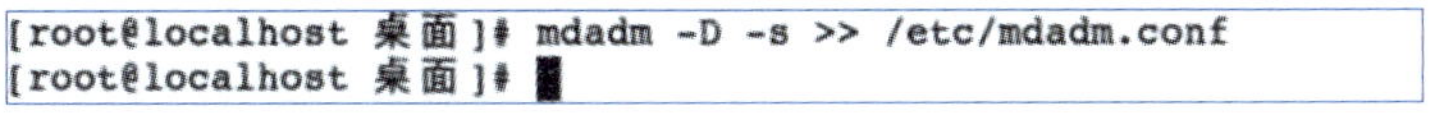

```
[root@localhost 桌面]# mdadm -D -s >> /etc/mdadm.conf
[root@localhost 桌面]#
```

图 14.35　将信息写入 /etc/mdadm.conf 文件中

（6）激活 RAID。

操作命令如下：

```
[root@localhost 桌面]# mdadm -A /dev/md5
```

操作过程如图 14.36 所示，使用 -A 选项激活 RAID。

```
[root@localhost 桌面]# mdadm -A /dev/md5
[root@localhost 桌面]#
```

图 14.36　激活 RAID

例 14.12　访问例 14.11 创建的 RAID 5 并且实现开机自动挂载。

操作步骤如下：

（1）创建一个挂载点并挂载 RAID。

操作命令如下：

```
[root@localhost 桌面]# mkdir mkfs.ext4 /dev/md5
[root@localhost 桌面]# mkdir /mnt/md5
[root@localhost 桌面]# mount /dev/md5 /mnt/md5
```

操作过程如图 14.37 所示，先格式化 RAID 5，再创建挂载点文件夹，然后使用 mount 命令进行挂载。

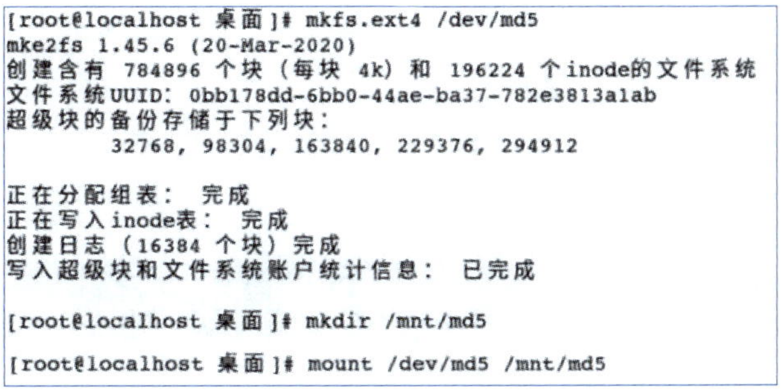

```
[root@localhost 桌面]# mkfs.ext4 /dev/md5
mke2fs 1.45.6 (20-Mar-2020)
创建含有 784896 个块（每块 4k）和 196224 个 inode 的文件系统
文件系统 UUID: 0bb178dd-6bb0-44ae-ba37-782e3813a1ab
超级块的备份存储于下列块：
        32768, 98304, 163840, 229376, 294912

正在分配组表： 完成
正在写入 inode 表： 完成
创建日志（16384 个块）完成
写入超级块和文件系统账户统计信息： 已完成

[root@localhost 桌面]# mkdir /mnt/md5

[root@localhost 桌面]# mount /dev/md5 /mnt/md5
```

图 14.37　挂载 RAID

（2）设置开机自动挂载。

操作命令如下：

```
[root@localhost 桌面]# vim /etc/fstab
```

添加以下内容。

```
/dev/md5 /mnt/md5/ auto defaults 0 0
```

挂载 /etc/fstab 中所有的分区。

```
[root@localhost 桌面]# mount -a
```

操作过程如图 14.38 所示，使用 vim 编辑器修改 /etc/fstab 文件，修改内容如图 14.39 所示。

```
[root@localhost 桌面]# vim /etc/fstab
[root@localhost 桌面]# mount -a
```

图 14.38　设置开机自动挂载

```
#
# /etc/fstab
# Created by anaconda on Mon Sep 25 04:16:38 2023
#
# Accessible filesystems, by reference, are maintained under '/dev/disk/'.
# See man pages fstab(5), findfs(8), mount(8) and/or blkid(8) for more info.
#
# After editing this file, run 'systemctl daemon-reload' to update systemd
# units generated from this file.
#
/dev/mapper/klas-root    /                                      xfs      defaults        0 0
/dev/mapper/klas-backup  /backup                                xfs      noauto          0 0
UUID=8501a2cc-d642-431d-909a-7fc9cb796369 /boot                 xfs           defaults        0 0
/dev/mapper/klas-swap    none                                   swap     defaults        0 0
/dev/md5                 /mnt/md5                               auto     defaults        0 0
```

图 14.39　vim 修改内容

例 14.13　更换例 14.11 的 RAID 5 的新磁盘。

操作命令如下：

```
[root@localhost 桌面]# mdadm /dev/md5 -f /dev/sdb1
[root@localhost 桌面]# mdadm /dev/md5 -r /dev/sdb1
[root@localhost 桌面]# mdadm /dev/md5 -a /dev/sdb2
```

操作过程如图 14.40 所示，选项参考表 14.6。

```
[root@localhost 桌面]# mdadm /dev/md5 -f /dev/sdb1
mdadm: set /dev/sdb1 faulty in /dev/md5
[root@localhost 桌面]# mdadm /dev/md5 -r /dev/sdb1
mdadm: hot removed /dev/sdb1 from /dev/md5
[root@localhost 桌面]# mdadm /dev/md5 -a /dev/sdb2
mdadm: added /dev/sdb2
[root@localhost 桌面]#
```

图 14.40　更换新磁盘

14.3　LVM

14.3.1　LVM 概述

LVM（logical volume manager，逻辑卷管理器），其作用是动态调整磁盘容量，如果硬件支持可以添加一个硬盘到一个正在运行中的卷组，从而提高磁盘管理的灵活性。LVM 提供了对硬盘分区和存储卷的高度抽象，使系统管理员能够更灵活地管理存储空间，而无须关心物理硬盘的具体细节。

注意：

/boot 分区用于存放引导文件，不能基于 LVM 创建。

LVM 的核心概念包括物理卷（physical volume，PV）、卷组（volume group，VG）和逻辑卷（logical volume，LV）。

PV 是 LVM 最基本的物理组成部分，可以是整个硬盘，或是普通分区。利用 fdisk 命令把实际的分区转化成 8e 的系统格式，然后利用 pvcreate 把分区变成能够利用的物理卷，PV 示意图如图 14.41 所示。

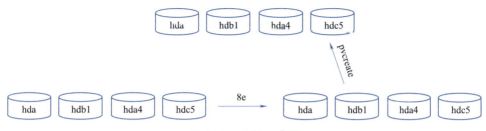

图 14.41　PV 示意图

VG 是一个或多个物理卷组合而成的整体。一个卷组可以包含多个物理卷，但是一个物理卷只能属于一个卷组。在创建卷组时，需要指定一个名称和一个或多个物理卷。PE 是 LVM 最小的存储单位，一般为 4 MB，它是构成 VG 的基本单位，VG 示意图如图 14.42 所示。

图 14.42　VG 示意图

LV 是在卷组上创建出的逻辑存储卷，可看作是虚拟的硬盘分区。一个卷组可以包含多个逻辑卷，逻辑卷的大小可以随时更改。在创建逻辑卷时，需要指定一个名称、大小和所属的卷组，LV 示意图如图 14.43 所示。

图 14.43　LV 示意图

14.3.2　LVM 管理

部署 LVM 需要逐个配置物理卷、卷组和逻辑卷，管理命令与功能见表 14.7。

表 14.7　PV、VG、LV 功能管理命令

功　　能	物理卷（PV）管理	卷组（VG）管理	逻辑卷（LV）管理
scan 扫描	pvscan	vgscan	lvscan
create 建立	pvcreate	vgcreate	lvcreate
display 显示	pvdisplay	vgdisplay	lvdisplay
remove 删除	pvremove	vgremove	lvremove
extend 扩展		vgextend	lvextend
reduce 减少		vgreduce	lvreduce

LVM 常用命令语法见表 14.8。

表 14.8 LVM 常用命令语法

命　　令	参　　数
pvcreate	设备名
vgcreate	卷组名 物理卷名 1 物理卷名 2
lvcreate	-L 容量大小 -n 逻辑卷名 卷组名 -l PE 的个数 -n 逻辑卷名 卷组名
lvextend	-L 容量大小 逻辑卷绝对路径 -l PE 的个数 逻辑卷绝对路径

例14.14 视频讲解

例 14.14　部署逻辑卷。

操作步骤如下：

（1）让新添加的两块硬盘设备支持 LVM 技术。

操作命令如下：

`[root@localhost 桌面]# pvcreate /dev/sdb /dev/sdc`

操作过程如图 14.44 所示，使用 pvcreate 命令让新添加的两块硬盘设备支持 LVM 技术。

```
[root@localhost 桌面]# pvcreate /dev/sdb /dev/sdc
  Physical volume "/dev/sdb" successfully created.
  Physical volume "/dev/sdc" successfully created.
```

图 14.44　让新添加的两块硬盘设备支持 LVM 技术

（2）把两块硬盘设备加入到自定义卷组 myvg 中，查看卷组的状态。

操作命令如下：

`[root@localhost 桌面]# vgcreate myvg /dev/sdb /dev/sdc`

操作过程如图 14.45 所示，使用 vgcreate 命令把两块硬盘设备加入自定义卷组 myvg 中。

```
[root@localhost 桌面]# vgcreate myvg /dev/sdb /dev/sdc
  Volume group "myvg" successfully created
```

图 14.45　把两块硬盘设备加入自定义卷组 myvg 中

（3）切割出一个约为 150 MB 的逻辑卷设备。

操作命令如下：

`[root@localhost 桌面]# lvcreate -n mylv -l 40 myvg`

操作过程如图 14.46 所示，在对逻辑卷进行切割时有两种计量单位。第一种是以容量为单位，所使用的选项为 -L。例如，使用 -L 150 M 生成一个大小为 150 MB 的逻辑卷。另外一种是以基本单元的个数为单位，所使用的选项为 -l。每个基本单元的大小默认为 4 MB。例如，使用 -l 40 可以生成一个大小为 40×4 MB=160 MB 的逻辑卷。

```
[root@localhost 桌面]# lvcreate -n mylv -l 40 myvg
  Logical volume "mylv" created.
```

图 14.46　向自定义卷组 myvg 添加逻辑卷

（4）把生成好的逻辑卷进行格式化，然后挂载使用。

操作命令如下：

```
[root@localhost 桌面]# mkfs.ext4 /dev/myvg/mylv
[root@localhost 桌面]# mkdir -p /data/mylv
[root@localhost 桌面]# mount /dev/myvg/mylv /data/mylv
```

操作过程如图 14.47 所示，把生成好的逻辑卷进行格式化，然后挂载使用。

图 14.47　格式化硬盘并且挂载

（5）查看挂载状态，并写入到配置文件 /etc/fstab，使其永久生效。

操作命令如下：

```
[root@localhost 桌面]# df -h | grep -v tmpfs
[root@localhost 桌面]# echo "/dev/myvg/mylv /data/mylv ext4 defaults 0 0" >>/etc/fstab
```

操作过程如图 14.48 所示，查看挂载状态，并写入到配置文件，使其永久生效。

图 14.48　查看挂载状态，并写入到配置文件，使其永久生效

例 14.15　扩容逻辑卷。

操作步骤如下：

（1）卸载设备和挂载点的关联。

操作命令如下：

```
[root@localhost 桌面]# umount /data/mylv
```

操作过程如图 14.49 所示，使用 umount 命令卸载设备和挂载点的关联。

图 14.49　卸载设备和挂载点的关联

（2）把上一个例题中的逻辑卷 mylv 扩展至 300 MB。

操作命令如下：

```
[root@localhost 桌面]# lvextend -L 300M /dev/myvg/mylv
```

操作过程如图 14.50 所示，使用 lvextend 命令将逻辑卷 mylv 扩展至 300 MB。

图 14.50　将逻辑卷 mylv 扩展至 300 MB

(3)检查硬盘完整性,并重置硬盘容量。

操作命令如下:

```
[root@localhost 桌面]# e2fsck -f /dev/myvg/mylv
[root@localhost 桌面]# resize2fs /dev/myvg/mylv
```

操作过程如图 14.51 所示,检查硬盘完整性,并重置硬盘容量。

```
[root@localhost 桌面]# e2fsck -f /dev/myvg/mylv
e2fsck 1.45.6 (20-Mar-2020)
第 1 步: 检查inode、块和大小
第 2 步: 检查目录结构
第 3 步: 检查目录连接性
第 4 步: 检查引用计数
第 5 步: 检查组概要信息
/dev/myvg/mylv: 11/40960 文件 (0.0% 为非连续的), 10825/163840 块
[root@localhost 桌面]# resize2fs /dev/myvg/mylv
resize2fs 1.45.6 (20-Mar-2020)
将 /dev/myvg/mylv 上的文件系统调整为 307200 个块(每块 1k)。
/dev/myvg/mylv 上的文件系统现在为 307200 个块(每块 1k)。
```

图 14.51 检查硬盘完整性,并重置硬盘容量

(4)重新挂载硬盘设备并查看挂载状态。

操作命令如下:

```
[root@localhost 桌面]# mount -a
[root@localhost 桌面]# df -h |grep -v tmpfs
```

操作过程如图 14.52 所示,重新挂载硬盘设备并查看挂载状态。

```
[root@localhost 桌面]# mount -a
[root@localhost 桌面]# df -h | grep -v tmpfs
文件系统              容量   已用  可用 已用% 挂载点
/dev/mapper/klas-root  44G   7.8G  37G   18%  /
/dev/sda1             1014M  238M  777M  24%  /boot
/dev/mapper/myvg-mylv  287M  2.1M  266M   1%  /data/mylv
```

图 14.52 重新挂载硬盘设备并查看挂载状态

例 14.16 缩小逻辑卷。

操作步骤如下:

(1)卸载设备和挂载点的关联。

操作命令如下:

```
[root@localhost 桌面]# umount /data/mylv
```

(2)检查系统的完整性。

操作命令如下:

```
[root@localhost 桌面]# e2fsck -f /dev/myvg/mylv
```

操作过程如图 14.53 所示,使用 e2fsck 命令检查系统的完整性。

```
[root@localhost 桌面]# e2fsck -f /dev/myvg/mylv
e2fsck 1.45.6 (20-Mar-2020)
第 1 步: 检查inode、块和大小
第 2 步: 检查目录结构
第 3 步: 检查目录连接性
第 4 步: 检查引用计数
第 5 步: 检查组概要信息
/dev/myvg/mylv: 11/77824 文件 (0.0% 为非连续的), 15987/307200 块
```

图 14.53 使用 e2fsck 命令检查系统的完整性

(3)把逻辑卷 mylv 的容量减小至 160 MB。

操作命令如下:

```
[root@localhost 桌面]# resize2fs /dev/myvg/mylv 160M
```
操作过程如图 14.54 所示，使用 resize2fs 命令把逻辑卷 mylv 的容量减小至 160 MB。

```
[root@localhost 桌面]# resize2fs /dev/myvg/mylv 160M
resize2fs 1.45.6 (20-Mar-2020)
将 /dev/myvg/mylv 上的文件系统调整为 163840 个块（每块 1k）。
/dev/myvg/mylv 上的文件系统现在为 163840 个块（每块 1k）。
```

图 14.54　使用 resize2f 命令缩小逻辑卷

（4）重新挂载文件系统并查看系统状态。

操作命令：

```
[root@localhost 桌面]# mount -a
[root@localhost 桌面]# df -h |grep -v tmpfs
```

操作过程如图 14.55 所示，重新挂载文件系统并查看系统状态。

```
[root@localhost 桌面]# mount -a
[root@localhost 桌面]# df -h | grep -v tmpfs
文件系统                容量    已用    可用    已用%  挂载点
/dev/mapper/klas-root   44G    7.8G    37G     18%    /
/dev/sda1               1014M  238M    777M    24%    /boot
/dev/mapper/myvg-mylv   151M   1.6M    139M    2%     /data/mylv
```

图 14.55　重新挂载文件系统并查看系统状态

例 14.17　删除逻辑卷。

当生产环境中想要重新部署 LVM 或者不再需要使用 LVM 时，则需要执行 LVM 的删除操作。为此，需要提前备份好重要的数据信息，然后依次删除逻辑卷、卷组、物理卷设备，这个顺序不可颠倒。

操作步骤如下：

（1）卸载设备和挂载点的关联并且删除配置文件 /etc/fstab 中永久生效的设备选项。

操作命令如下：

```
[root@localhost 桌面]# umount /data/mylv
[root@localhost 桌面]# vim /etc/fstab
```

使用 umount 命令卸载设备和挂载点的关联，如图 14.56 所示，删除配置文件 /etc/fstab 的选项，如图 14.57 所示。

```
[root@localhost 桌面]# umount /data/mylv
[root@localhost 桌面]# vim /etc/fstab
```

图 14.56　卸载设备和挂载点的关联

```
#
# /etc/fstab
# Created by anaconda on Mon Sep 25 04:16:38 2023
#
# Accessible filesystems, by reference, are maintained under '/dev/disk/'.
# See man pages fstab(5), findfs(8), mount(8) and/or blkid(8) for more info.
#
# After editing this file, run 'systemctl daemon-reload' to update systemd
# units generated from this file.
#
/dev/mapper/klas-root    /                                       xfs     defaults        0 0
/dev/mapper/klas-backup  /backup                                 xfs     noauto          0 0
UUID=8501a2cc-d642-431d-909a-7fc9cb796369 /boot                  xfs     defaults        0 0
/dev/mapper/klas-swap    none                                    swap    defaults        0 0
~
```

图 14.57　删除配置文件 /etc/fstab 的选项

（2）删除逻辑卷设备。

操作命令如下：

```
[root@localhost 桌面]# lvremove /dev/myvg/mylv
```

操作过程如图 14.58 所示，使用 lvremove 命令删除逻辑卷设备。

```
[root@localhost 桌面]# lvremove /dev/myvg/mylv
Do you really want to remove active logical volume myvg/mylv? [y/n]: y
  Logical volume "mylv" successfully removed
```

图 14.58　删除逻辑卷设备

（3）删除卷组。

此处只写卷组名称即可，不需要设备的绝对路径。

操作命令如下：

```
[root@localhost 桌面]# vgremove myvg
```

操作过程如图 14.59 所示，使用 vgremove 命令删除卷组。

```
[root@localhost 桌面]# vgremove myvg
  Volume group "myvg" successfully removed
```

图 14.59　删除卷组

（4）删除物理卷设备。

操作命令如下：

```
[root@localhost 桌面]# pvremove /dev/sdb /dev/sdc
```

操作过程如图 14.60 所示，使用 pvremove 命令删除物理卷设备。

```
[root@localhost 桌面]# pvremove /dev/sdb /dev/sdc
  Labels on physical volume "/dev/sdb" successfully wiped.
  Labels on physical volume "/dev/sdc" successfully wiped.
```

图 14.60　删除物理卷设备

本章实训

一、实训目的

（1）理解磁盘阵列的概念。

（2）掌握文件系统的设置。

（3）掌握挂载目录的方法。

（4）掌握磁盘阵列的组建。

二、实训环境

（1）操作系统：麒麟服务器操作系统。

（2）终端：用于执行命令行操作。

（3）文本编辑器：如 Vi 或 nano，用于查看或编辑配置文件。

（4）4 块以上的虚拟硬盘（10 GB 以上）。

三、实训内容

（1）创建 2 个新的分区，要求主分区容量大小为 512 MB，逻辑分区大小为 2 GB，文件系统为 EXT4，挂在到 /mnt 目录下。

（2）请创建 1 个 RAID 5 的磁盘阵列，要求容量大小为 8 GB，文件系统为 EXT4，能实现开机自动挂载到 /RAID 5 目录。

（3）在麒麟操作系统上使用 LVM 创建逻辑卷和文件系统，要求文件系统为 EXT4，逻辑卷大小为 10 GB，挂载到 /data/lvm 目录中。

习 题

一、选择题

1. 磁盘管理的基本组成部分是（　　）。
   A. CPU　　　　　　B. 内存　　　　　　C. 磁盘　　　　　　D. 显卡
2. 文件系统是（　　）。
   A. 一种操作系统　　　　　　B. 存储文件和目录的方法
   C. 一种硬件设备　　　　　　D. 用于网络通信的协议
3. 磁盘分区管理的目的是（　　）。
   A. 增加磁盘容量　　　　　　B. 增加磁盘性能
   C. 将磁盘分成多个逻辑部分　　D. 从计算机中删除磁盘
4. 磁盘阵列是（　　）。
   A. 一种磁盘分区方案　　　　B. 一种文件系统
   C. 多个物理磁盘组合成一个逻辑磁盘　　D. 用于网络连接的设备
5. （　　）工具可以管理磁盘阵列。
   A. mdadm　　　　B. fdisk　　　　C. ls　　　　D. grep

二、简答题

1. 简述文件系统的作用和重要性。
2. 简述 PV、VG 和 LV 的作用。